Python 最优化算法实战

苏振裕◎著

北京大学出版社
PEKING UNIVERSITY PRESS

内容简介

本书以理论结合编程开发为原则，使用Python作为开发语言，讲解最优化算法的原理和应用，详细介绍了Python基础、Gurobi优化器、线性规划、整数规划、多目标优化、动态规划、图与网络分析、智能优化算法。对于算法部分的每一种算法都包含原理和编程实践，使读者对最优化算法的认识更加深入。

本书分为3篇共9章。第1篇（第1～3章）是最优化算法与编程基础：第1章介绍了什么是最优化算法及其在生产和生活中的应用；第2章介绍Python编程基础和Python数据分析库及绘图库；第3章讲解Gurobi优化器的基础和高级特性。第2篇（第4～6章）是数学规划方法：第4章详细讲解线性规划的知识，包括单纯形法、内点法、列生成法、拉格朗日乘子法、对偶问题；第5章讲解整数规划解法的分支定界法和割平面法；第6章讲解多目标优化的概念及基于单纯形法的目标规划法。第3篇（第7～9章）是启发式算法：第7章介绍动态规划算法；第8章讲解图与网络分析，介绍最小生成树、最短路径、网络流、路径规划等问题的建模；第9章讲解了粒子群算法和遗传算法求解各种类型优化算法问题的方法。

本书内容丰富，实例典型，实用性强，适合各个层次从事最优化算法研究和应用的人员，尤其适合有一定算法基础而没有编程基础的人员阅读。

图书在版编目(CIP)数据

Python最优化算法实战 / 苏振裕著. — 北京 : 北京大学出版社, 2020.10
ISBN 978-7-301-31533-0

Ⅰ. ①P… Ⅱ. ①苏… Ⅲ. ①软件工具－程序设计Ⅳ. ①TP311.561

中国版本图书馆CIP数据核字(2020)第149714号

书　　名 Python最优化算法实战
Python ZUI YOUHUA SUANFA SHIZHAN
著作责任者 苏振裕　著
责任编辑 张云静　刘　云
标准书号 ISBN 978-7-301-31533-0
出版发行 北京大学出版社
地　　址 北京市海淀区成府路205号　100871
网　　址 http://www.pup.cn　　新浪微博：@北京大学出版社
电子信箱 pup7@pup.cn
电　　话 邮购部 010-62752015　发行部 010-62750672　编辑部 010-62570390
印 刷 者 河北滦县鑫华书刊印刷厂
经 销 者 新华书店
787毫米×1092毫米　16开本　15.75印张　357千字
2020年10月第1版　2023年1月第4次印刷
印　　数 10001－13000册
定　　价 69.00元

前言

INTRODUCTION

为什么要写这本书?

在大数据时代,敏捷、准确的数据分析和预测将成为现实,各类大数据算法和AI(Artificial Intelligence,人工智能)算法不断涌现,在各行各业得到了广泛应用。当前大数据算法可分为两大类,一类是以统计和机器学习为代表的算法,另一类是以数学规划和启发式算法为代表的最优化算法。由于机器学习算法被广泛应用,对应的算法有大量的标准化工具,工程师和研究人员只需要将问题建模成算法对应的形式即可应用这些工具包。相比之下,数学规划和启发式算法则没有标准化的算法工具包可用,在建模过程中,工程师和研究人员不仅需要对问题有深入的理解,还需要编写对应的模型代码,因此,对他们的综合能力提出了更高的要求。

市场中的最优化算法类书籍,大多侧重算法原理的阐述,对案例的讲解也多使用手动计算的方式,在实际应用过程中往往要花费大量的时间,在问题规模较大时手动计算往往不再适用,所以这也是本书编写的初衷。在学习算法知识过程中,往往我们对书本的知识了然于胸,但尝试应用这些知识解决实际问题时却无从下手。因此,我决定写最优化算法的书籍,一方面介绍最优化算法的原理,另一方面通过代码实现最优化算法,将原理与实践相结合,在编程中思考算法的计算过程,并通过代码将算法应用在实际问题中,达到解决问题的目的。

本书特色

1. 理论联系实际,应用性强

本书的案例多从生活中提取,针对实际问题讲解算法原理和计算方法,使读者在阅读过程中能较好地联系实际场景,从而更容易理解本书内容。

2. 理论与编程相结合，提高应用能力

本书的定位是理论与编程相结合，因此除了理论部分的公式推导，还结合图形化方法演示各种算法的优化过程，使读者对复杂问题有一个直观的感受，可更好地理解迭代求解问题，将实际问题建模成数学问题，以及使用数学工具求解。

3. 一个问题多种方法，提高学习效率

本书中大部分例题既可以用数学规划法解决，也可以用智能优化算法解决，通过比较多种不同方法的差异，可深入理解算法原理和应用场景。

本书读者对象

- 从事优化计算的研究人员及工程师。
- 算法研究方向的开发技术人员。
- 希望学习最优化算法的人员。
- 希望提升算法编程能力的开发技术人员。

资源下载

本书所涉及的源代码已上传至百度网盘，供读者下载。请读者关注封底“博雅读书社”微信公众号，找到“资源下载”栏目，根据提示获取即可。

第1篇　最优化算法与编程基础

第2篇 数学规划方法

第3篇 启发式算法

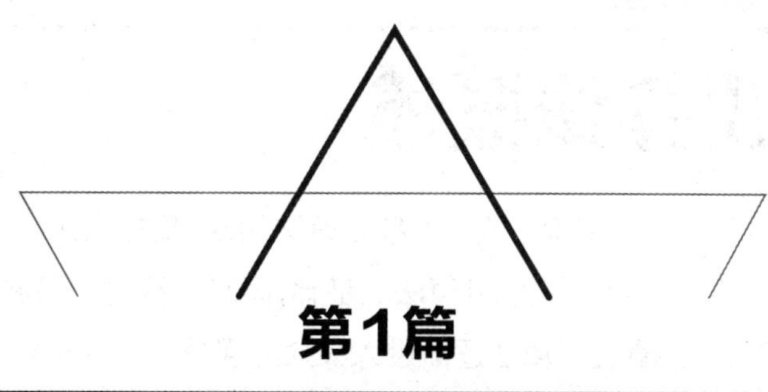

第1篇

最优化算法与编程基础

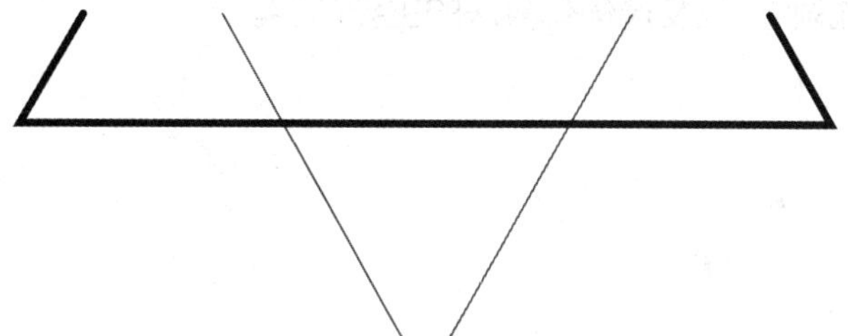

第 1 章

最优化算法概述

随着大数据时代的到来，各类大数据算法和AI算法不断涌现，并在各行各业中得到广泛应用。作为AI算法的基础，同时也是另一门被广泛研究和应用的算法分支，最优化算法逐渐进入大众的视野。不同于AI标准工具如Sklearn、TensorFlow等，最优化算法目前还没有标准化的工具，在不同的问题领域有不同的形式。本章将介绍什么是最优化算法，最优化算法当前应用在哪些领域，以及最优化算法的主要内容。

本章主要内容：

- 最优化算法简介
- 最优化算法的内容

1.1 最优化算法简介

最优化算法，即最优计算方法，也是运筹学，主要介绍最优化问题的算法及其应用，在第二次世界大战及战后经济恢复期间，一些由多学科专家组成的运筹组织在军事决策、资源合理利用和提高生产效率等领域做出了很大贡献，他们的工作促使运筹学逐步形成一门新兴的学科，并迅速得到普及和发展。

最优化同运筹学一样，是利用现代数学、系统科学、计算机科学及其他学科的最新成果，来研究人类从事的各种活动中处理事务的数量化规律，使有限的人、物、财、时空、信息等资源得到充分和合理的利用，以期获得尽可能满意的经济和社会效果。

最优化算法最早研究经济活动和军事活动中能用数量来表达的有关策划、管理方面的问题。随着客观实际的发展，它在生产生活中也得到了广泛的应用，经常用于解决现实生活中的复杂问题，特别是改善或优化现有系统的效率。最优化算法本身也在不断发展，涵盖线性规划、非线性规划、整数规划、组合规划、图论、网络流、决策分析、排队论、可靠性数学理论、仓储库存论、物流论、博弈论、搜索论和模拟等分支。

当前最优化算法的应用领域如下。

(1)市场销售：多应用在广告预算和媒体的选择、竞争性定价、新产品开发、销售计划的编制等方面。如美国杜邦公司在20世纪50年代起就非常重视对广告、产品定价和新产品引入的算法研究。

(2)生产计划：从总体确定生产、储存和劳动力的配合等计划以适应变动的需求计划，主要采用线性规划和仿真方法等。此外，还可用于日程表的编排，以及合理下料、配料、物料管理等方面。

(3)库存管理：存货模型将库存理论与物料管理信息系统相结合，主要应用于多种物料库存量的管理，确定某些设备的能力或容量，如工厂库存量、仓库容量、新增发电装机容量、计算机的主存储器容量、合理的水库容量等。

(4)运输问题：涉及空运、水运、陆路运输，以及铁路运输、管道运输和厂内运输等，包括班次调度计划及人员服务时间安排等问题。

(5)财政和会计：涉及预算、贷款、成本分析、定价、投资、证券管理、现金管理等，采用的方法包括统计分析、数学规划、决策分析，以及盈亏点分析和价值分析等。

(6)人事管理：主要涉及以下6个方面。

①人员的获得和需求估计。

②人才的开发，即进行教育和培训。

③人员的分配，主要是各种指派问题。

④各类人员的合理利用问题。

⑤人才的评价,主要是测定一个人对组织及社会的贡献。

⑥人员的薪资和津贴的确定。

(7)设备维修、更新、可靠度及项目选择和评价:如电力系统的可靠度分析、核能电厂的可靠度及风险评估等。

(8)工程的最佳化设计:在土木、水利、信息、电子、电机、光学、机械、环境和化工等领域皆有作业研究的应用。

(9)计算机信息系统:可将作业研究的最优化算法应用于计算机的主存储器配置,如等候理论在不同排队规则下对磁盘、磁鼓和光盘工作性能的影响。利用整数规划寻找满足一组需求档案的寻找次序,并通过图论、数学规划等方法研究计算机信息系统的自动设计。

(10)城市管理:包括各种紧急服务救难系统的设计和运用,如消防车、救护车、警车等分布点的设立。美国采用等候理论方法来确定纽约市紧急电话站的值班人数,加拿大采用该方法研究城市警车的配置和负责范围,以及事故发生后警车应走的路线等。此外,还涉及城市垃圾的清扫、搬运和处理,以及城市供水和污水处理系统的规划等相关问题。

1.2 最优化算法的内容

最优化算法的内容包括:规划论(线性规划、非线性规划、整数规划和动态规划)、库存论、图论、排队论、可靠性理论、对策论、决策论、搜索论等,下面将具体介绍这些内容。

1.2.1 规划论

规划论(数学规划)是运筹学的一个重要分支,早在1939年苏联的康托罗维奇(Leonid V.Kantorovich)和美国的希奇柯克(F.L.Hitchcock)等人就在生产组织管理和编制交通运输方案时研究和应用了线性规划方法。

1947年美国的旦茨格(G.B. Dantzig)等人提出了求解线性规划问题的单纯形法,为线性规划的理论与计算奠定了基础,特别是计算机的出现和日益完善,更使规划论得到迅速的发展,它采用计算机处理成千上万个约束条件和变量的大规模线性规划问题,从解决技术问题的最优化,到工业、农业、商业、交通运输业和决策分析部门都可以发挥作用。

从应用范围来看,小到一个班组的计划安排,大至整个部门乃至国民经济计划的最优化方案分析都有用武之地，因此，它具有适应性强、应用面广、计算技术比较简便的特点。非线性规划的基础性工作是在1951年由库恩(H.W.Kuhn)和塔克(A.W.Tucker)等人完成的，到了20世纪70年代，数学规划无论是在理论和方法上，还是在应用的深度和广度上都得到了进一步的发展。

数学规划的研究对象是计划管理工作中有关安排和估值的问题，即在给定条件下，按某个衡量指标来寻找安排的最优方案。它可以表示为求函数在满足约束条件下的极大值或极小值问题。

现代的数学规划和古典的求极值的问题有本质的不同。古典的求极值方法只能处理具有简单表达式和简单约束条件的情况，而现代的数学规划中的问题目标函数和约束条件都很复杂，而且要求给出某种精确度的数字解答，因此算法的研究受到了特别的重视。

数学规划中最简单的一类问题就是线性规划。如果约束条件和目标函数都属于线性关系就叫线性规划。要解决线性规划问题，从理论上讲要解线性方程组，因此解线性方程组的方法，以及关于行列式、矩阵的知识，在线性规划中非常重要。

线性规划及其解法(单纯形法)的出现，对最优化算法的发展起了很大的推动作用。许多实际问题都可以转化成线性规划来解决，而单纯形法又是一个行之有效的算法，加上计算机的出现，能够使一些大型复杂的实际问题得以解决。

非线性规划是线性规划的进一步发展和延伸。许多实际问题如设计问题、经济平衡问题都属于非线性规划的范畴。非线性规划扩大了数学规划的应用范围，同时也给数学工作者提出了许多基本的理论问题，使数学中的如凸分析、数值分析等也得到了发展。还有一种规划问题和时间有关，即“动态规划”，它已经成为在工程控制、技术物理和通信中最佳控制问题的重要工具。

1.2.2 库存论

库存论(存贮论)是运筹学中发展较早的分支。早在1915年，哈里斯(F.Harris)就针对银行货币的储备问题进行了详细的研究，建立了一个确定性的存贮费用模型，并求得了最佳批量公式。1934年威尔逊(R.H.Wilson)重新得出经济订购批量公式(EOQ公式)。

库存论真正作为一门理论发展起来是在20世纪50年代。1958年威汀(T.M.Whitin)发表了《存贮管理的理论》，随后阿罗(K.J.Arrow)等发表了《存贮和生产的数学理论研究》，莫兰(P.A.Moran)在1959年编写了《存贮理论》。此后，库存论成了运筹学中的一个独立的分支，有关学者相继对随机或非平稳需求的存贮模型进行了广泛深入的研究。

现代化的生产和经营活动都离不开存贮，为了使生产和经营活动能有条不紊地进行，工商企业都需要进行一定数量的物资贮备。例如，工厂为了进行连续生产，就需要贮备一定数量的原材料或半成品；商店为了满足顾客的需求，就必须有足够的商品库存；农业部门为了确保正常生产，就需要贮备一定数量的种子、化肥、农药；军事部门为了战备的需要，就要存贮各种武器弹药等军用物品；银行为了进行正常的业务，就需要有一定的资金贮备；在如今的信息社会，人们又建立了各种数据库和信息库，用以存贮大量的信息。

因此,存贮问题是人类社会活动,特别是生产活动中一个普遍存在的问题。物资的存贮,除了用来支持日常生产经营活动,库存调节还可以满足高于平均水平的需求,同时也可以防止低于平均水平的供给。此外,大批量物资的订货或利用物资季节性价格的波动,也可以得到价格上的优惠。

但是,存贮物资需要占用大量的资金、人力和物力,有时甚至造成资源的严重浪费。大量的库存物资所占用的资金,无论从相对数值还是绝对数值上来看都是十分惊人的。此外,大量的库存物资还会引起货物的劣化变质而造成巨大损失,如药品、水果、蔬菜等,长期存放就会引起变质。特别是在市场经济条件下,过多地存贮物资还要承受市场价格波动的风险。

那么,一个企业究竟应存放多少物资最为适宜呢? 对于这个问题,很难笼统地给出准确回答,必须根据企业自身的实际情况和外部的经营环境来决定,若能通过科学的存贮管理,建立一套控制库存的有效方法,从而降低物资的库存水平,减少资金的占用量,提高资源的利用率,这对企业来讲,所带来的经济效益无疑是十分可观的。这正是现代存贮论所要研究的问题。

物资的存贮按其目的的不同可分为以下3种。

(1)生产存贮。它是企业为了维持正常生产而储备的原材料或半成品。

(2)产品存贮。它是企业为了满足其他部门的需要而存贮的半成品或成品。

(3)供销存贮。它是指存贮在供销部门的各种物资,可直接满足顾客的需要。

但不论哪种类型的存贮系统,一般都可以使用如图1.1所示的形式来表示。

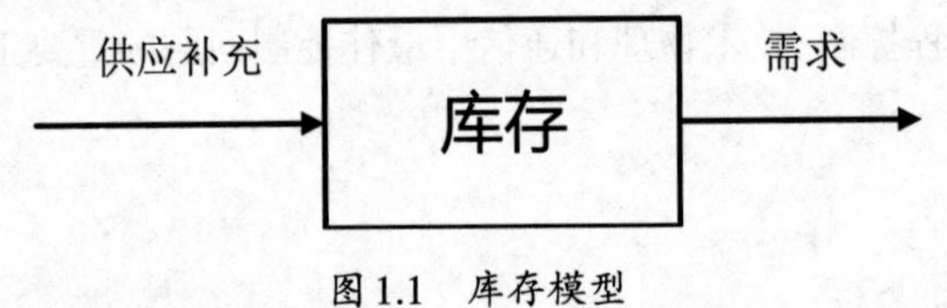

图1.1　库存模型

库存论可以用"供、存、销"3个字来描述,即一个存贮系统,通过订货和进货后的存贮与销售来满足顾客的需求。或者说,由于生产或销售的需求,从存贮系统中取出一定数量的库存货物,这就是存贮系统的输出;存贮的货物由于不断地输出而减少,必须及时地补充,补充就是存贮系统的输入,补充可以通过外部订货、采购等活动来进行,也可以通过内部的生产活动来进行。在这个系统中,决策者可以通过控制订货时间的间隔和订货量的多少来调节系统的运行,使得在某种准则下系统运行能够达到最优。

因此,库存论中研究的主要问题可以概括为何时订货(补充存贮)和每次订多少货(补充多少库存)这两个问题。

1.2.3　图论

自然界和人类社会中的很多事物,以及事物之间的联系,都可以用点和线联系起来的图形来描述,如用点表示城市,用点与点之间的连线表示城市之间的道路,这样就可以描述城市之间的交通。

如果在连线旁标明城市间的距离(在网络图中称为权),则形成加权图,就可以进一步研究从一个城市到另一个城市的最短路径;或者在连线旁边标上运输单价,就可以分析运费最少的运输方案。用图来描述事物间的联系,不仅直观清晰,而且网络的画法简单,不必拘泥于比例与曲直。图论既是拓扑学的一个分支,也是运筹学的重要分支,它是建立和处理离散数学模型的有用工具。

早在1736年,瑞士数学家欧拉(E.Euler)在求解著名的哥尼斯堡七桥难题时,就使用了图来进行分析论证。19世纪以来,英国数学家哈密顿提出了哈密顿(William Rowan Hamilton)回路和旅行商问题;电路定律创始人德国物理学家基尔霍夫(Gustav Robert Kirchhoff)和英国数学家凯莱(Arthur Cayley)提出了树的概念,分别用于求解和研究电力线网与化学分析结构,进一步发展了图论。1736年欧拉发表了关于图论的第一篇论文《依据几何位置的解题方法》,同年匈牙利数学家柯尼格(D. Konig)出版了图论的第一本专著《有限图与无限图的理论》。

近年来,随着计算机科学技术和最优化算法的发展,网络图论得到了更进一步的发展,其应用日益广泛。网络图论的分析方法被广泛应用于电力线网和煤气管道网的分析、印刷电路与集成电路的布线和测试、通信网络分析、交通运输网络的分析、经济和管理领域中流行的网络分析等。

1.2.4 排队论

排队论(随机服务系统理论)是在20世纪初由丹麦工程师爱尔朗(A. K. Erlang)对电话交换机的效率研究开始的,在第二次世界大战中为了对飞机场跑道的容纳量进行估算,该理论得到了进一步的发展,其相应的学科更新论、可靠性理论等也都发展了起来。

丹麦的电话工程师爱尔朗于1930年以后,开始了关于排队问题的研究,取得了一些重要成果。1949年前后,他开始了对机器管理、陆空交通等方面的研究,1951年以后,他的理论工作有了新的进展,逐渐奠定了现代随机服务系统的理论基础。排队论主要研究各种系统的排队长度、排队的等待时间及所提供的服务等各种参数,以便求得更好的服务,它是研究系统随机聚散现象的理论。

排队论的研究目的是要回答如何改进服务机构或组织所服务的对象,使某种指标达到最优的问题。如一个港口应该有多少个码头、一个工厂应该有多少名维修人员等。

因为排队现象是一个随机现象,因此在研究排队现象时,主要采用将研究随机现象的概率论作为主要工具。此外,还涉及微分和微分方程的相关内容。排队论把它所要研究的对象形象地描述为顾客来到服务台前要求接待。如果服务台已被其他顾客占用,那么就要排队。或者服务台时而空闲、时而忙碌,那就需要通过数学方法求得顾客的等待时间、排队长度等的概率分布。

排队论在日常生活中的应用非常广泛,如水库水量的调节、生产流水线的安排、铁路运输的调度、电网的设计等。

1.2.5 可靠性理论

可靠性理论是研究系统故障,以提高系统可靠性问题的理论。可靠性理论研究的系统一般分为以下两类。

(1)不可修复系统:这种系统的参数是寿命、可靠度等,如导弹等。

(2)可修复系统:这种系统的重要参数是有效度,其值为系统的正常工作时间与正常工作时间加上事故修理时间之比,如一般的机电设备等。

1.2.6 对策论

对策论(博弈论)是指研究多个个体或团队之间在特定条件制约下的对局中,利用相关方的策略而实施对应策略的学科,如田忌赛马、智猪博弈就是典型的博弈论问题。它是应用数学的一个分支,既是现代数学的一个新分支,也是运筹学的一个重要学科,目前在生物学、经济学、国际关系学、计算机科学、政治学、军事战略和其他很多学科方面都有广泛的应用。

对于博弈论的研究,开始于策梅洛(Zermelo)、波雷尔(Borel)及冯·诺伊曼(John Von Neumann),后来由冯·诺伊曼和奥斯卡·摩根斯坦(Oscar Morgenstern)首次对其系统化和形式化。随后约翰·福布斯·纳什(John Forbes Nash Jr)利用不动点定理证明了均衡点的存在,为博弈论的一般化奠定了坚实的基础。今天的博弈论已发展成为一门较完善的学科。

通常认为,现代经济博弈论是在20世纪50年代由著名的数学家冯·诺依曼和经济学家奥斯卡·摩根斯坦引入经济学的,目前已成为经济分析的主要工具之一,对产业组织理论、委托代理理论、信息经济学等经济理论的发展做出了非常重要的贡献。1994年的诺贝尔经济学奖颁发给了约翰·福布斯·纳什等3位在博弈论研究中成绩卓著的经济学家,1996年的诺贝尔经济学奖又授予了在博弈论的应用方面有着重大成就的经济学家。

由于博弈论重视经济主体之间的相互联系及其辩证关系,大大拓宽了传统经济学的分析思路,使其更加接近现实的市场竞争,从而成为现代微观经济学的重要基石,同时,也为现代宏观经济学提供了更加坚实的微观基础。

1.2.7 决策论

决策论是研究决策问题的,所谓决策就是根据客观可能性,借助一定的理论、方法和工具,科学地选择最优方案的过程。决策问题由决策者和决策域构成,而决策域则由决策空间、状态空间和结果函数构成。研究决策理论与方法的科学就是决策科学。

决策所要解决的问题是多种多样的,不同角度有不同的分类方法。按决策者所面临的自然状态的确定与否可分为确定型决策、不确定型决策和风险型决策,按决策所依据的目标个数可分为单目标决策与多目标决策，按决策问题的性质可分为战略决策与策略决策，以及按不同准则划分成的种种决策问题类型。不同类型的决策问题应采用不同的决策方法。

决策的基本步骤如下：

(1)确定问题，提出决策的目标；

(2)发现、探索和拟定各种可行方案；

(3)从多种可行方案中，选出最佳方案；

(4)决策的执行与反馈，以寻求决策的动态最优。

如果对方决策者也是人(一个人或一群人)，双方都希望取胜，这类具有竞争性的决策称为对策或博弈型决策。构成对策问题的3个根本要素是：局中人、策略和一局对策的得失。对策问题按局中人数分类可分成两人对策和多人对策，按局中人赢得函数的代数和是否为零可分成零和对策和非零和对策，按解的表达形式可分成纯策略对策和混合策略对策，按问题是否静态形式可分成动态对策和静态对策。

1.2.8 搜索论

搜索论主要研究在资源和探测手段受到限制的情况下，如何设计寻找某种目标的最优方案，并加以实施的理论和方法。它是在第二次世界大战中，同盟国的空军和海军在研究如何针对轴心国的潜艇活动、舰队运输和兵力部署等进行甄别的过程中产生的。

搜索论在实际应用中也取得了不少成效，如20世纪60年代，美国寻找在大西洋失踪的核潜艇“蝎子号”，以及在地中海寻找丢失的氢弹，都是依据搜索论获得成功的。

1.3 本章小结

本章首先介绍了什么是最优化算法，然后介绍了最优化算法在数学规划、库存管理、图与网络分析、排队论、可靠性理论、对策论、决策论、搜索论等领域的应用，使读者对最优化算法，以及最优化算法的应用有一个大体认知。最优化算法在生产生活中有着广泛的应用，涉及生产生活的方方面面，在大数据时代之前，最优化算法受限于计算机发展水平无法处理大规模问题，进入大数据时代后，随着计算机科学技术的发展，最优化算法得到了更加广泛的应用，所解决的问题规模也越来越大。在后面的章节中，我们将详细讲解几种最优化算法的原理和编程开发，力求使读者掌握原理的同时，也能借助最优化软件解决实际问题。

第2章

Python编程方法

本章介绍在解决最优化问题中使用到的软件，即Python和Gurobi。Python作为人工智能的首选语言，有着简单易学、代码简洁、面向对象、有丰富的第三方库的优点，在网络编程、数据分析、人工智能等领域被广泛使用；运筹优化软件Gurobi虽然核心是使用C/C++编写的，但也开发了Python接口，使Python使用者能够以其熟悉的方式用Gurobi求解算法最优化的问题。

本章主要内容：

- 开发环境安装
- Python语法
- NumPy基础
- Pandas基础
- Python绘图

Gurobi是由美国Gurobi公司开发的针对算法最优化领域的求解器,可以高效求解算法优化中的建模问题。为什么需要专门的求解器呢?因为无论在生产制造领域,还是在金融、保险、交通等其他领域,当实际问题越来越复杂、问题规模越来越庞大时,就需要借助计算机的快速计算能力,求解器的作用就是能简化编程问题,使得工程师能专注于问题的分析和建模,而不是编程。

算法优化的求解器有很多,其中商用的求解器包括Gurobi、Cplex、Xpress等;开源的求解器有SCIP、GLPK、Ortools等,这些求解器都有Python接口,因此,能够用比较简单的方式对运筹优化问题进行建模。

本书中选用的商用求解器是Gurobi,开源求解器是Ortools。Gurobi提供学术许可及商业许可,为高校教师和学生提供免费使用版本,商业用户可以申请1个月的商业试用许可。Ortools是Google开源维护的算法优化求解器,针对Google的商业场景进行优化,如VRP问题,对于中小规模问题的商业场景的使用是个不错的选择。

下面先讲Python和Gurobi的使用方法。在和一些读者交流的过程中发现,虽然Python和Gurobi已经将编程语法尽可能简化了,但是对没有经过编程训练的读者来说还是有些困难。因此在正式开始讲算法优化知识之前,先讲Python和Gurobi的基础知识,掌握这些基础知识之后,再讲解复杂问题,特别是动态规划和智能优化算法时就能够理解编程的原理,并且能仿照示例编写解决具体问题的代码。

2.1 开发环境安装

在开始讲Python之前,需要安装Python和Gurobi,Ortools在Python安装完成之后通过pip安装即可。

安装Python的方式有很多,可以通过Python官网下载安装包,建议采用更流行的方式即通过安装Anaconda发行版来安装Python。Anaconda除了包含基本的Python环境,还包含很多好用的第三方库,如NumPy、Pandas、Scipy、Sklearn等,同时还包含Conda可以用来管理Python虚拟环境,特别是在开发不同项目时,通过虚拟环境隔离管理不同版本的Python解释器和第三方库,可保证不同项目之间互不影响。

1. 安装Anaconda

安装Anaconda后,虽然已经有Spyder这个代码编辑器(IDE,集成开发环境),但对于Python开发的PyCharm已经成为首选IDE。下面将讲解如何安装Anaconda和PyCharm、Ortools,Gurobi的安装直接参考Gurobi的文档即可。

在使用PyCharm的过程中，也会讲到如何创建项目、管理代码引用等相关内容。

安装Anaconda可以到Anaconda官网下载Windows x64版本的发行包，本书选用的是Anaconda对应的最新版本Python 3.7。PyCharm可以在Jetbrains官网下载，下载时选择Community版本。

Anaconda和PyCharm在Windows下的安装过程都很简单，只需要按提示操作就可以完成安装，这里全部选择默认配置，如安装目录、Path环境变量等都选择默认选项即可。

2. 配置环境变量

安装完Anaconda后，系统环境变量中是没有Anaconda的，需要手动在Path环境变量下增加Anaconda的安装目录和Anaconda的Scripts目录，如图2.1所示。

环境变量
suzhenyu 的用户变量(U)
变量
值
HADOOP_HOME
D:\Apps
JAVA_HOME
D:\Apps
MOZ PLUGIN PATH
C:\Progr
Path
1、
C:\Users
SPARK_HOME
D:\Apps
TEMP
C:\Users
TMP
C:\Users
编辑环境变量
%USERPROFILE%\AppData\Local\Microsoft\WindowsApps
C:\Users\suzhenyu\AppData\Local\Programs\Microsoft VS Cod...
D:\Apps\java11\bin
D:\Apps\spark-2.3.2-bin-hadoop2.7\bin
D:\Apps\hadoop-2.7.7
C:\Anaconda3
C:\Anaconda3\Scripts
2、
新建(N)
编辑(E)
浏览(B)...
删除(D)

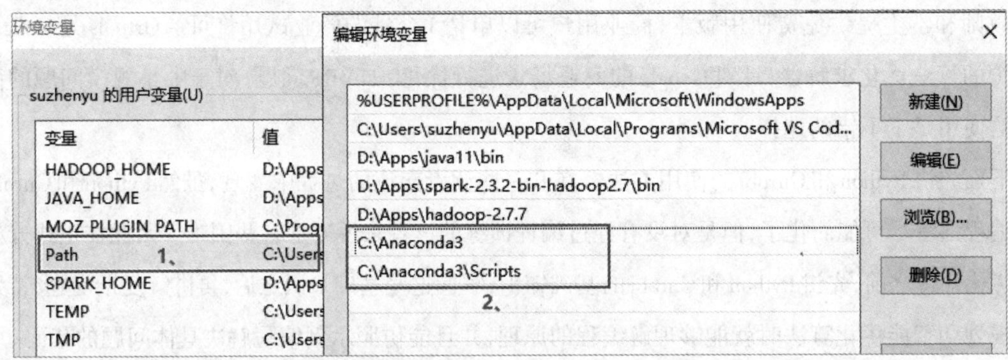

图2.1　添加Anaconda环境变量

打开cmd命令行，输入“Python”测试是否正常完成安装，如图2.2所示。

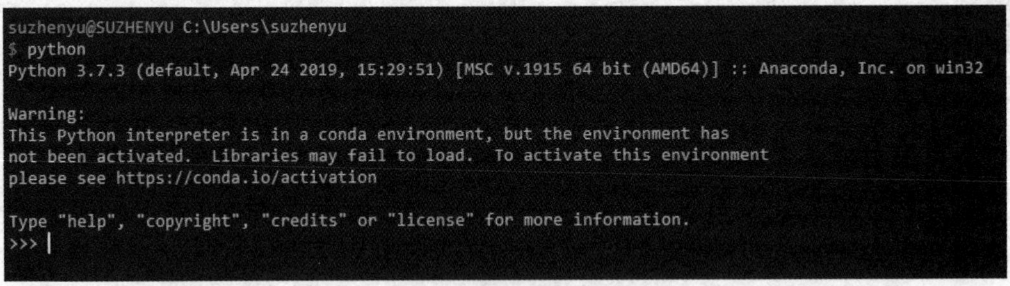

suzhenyu@SUZHENYU C:\Users\suzhenyu
$ python
Python 3.7.3 (default, Apr 24 2019, 15:29:51) [MSC v.1915 64 bit (AMD64)] :: Anaconda, Inc. on win32
Warning:
This Python interpreter is in a conda environment, but the environment has
not been activated. Libraries may fail to load. To activate this environment
please see https://conda.io/activation
Type "help", "copyright", "credits" or "license" for more information.
>>>

图2.2　启动Python命令行

3. 配置PyCharm环境

配置PyCharm的环境，启动时会询问一些主题和插件选项，全部选择默认选项即可，其中主题颜色默认是黑色，最后显示结果如图2.3所示。

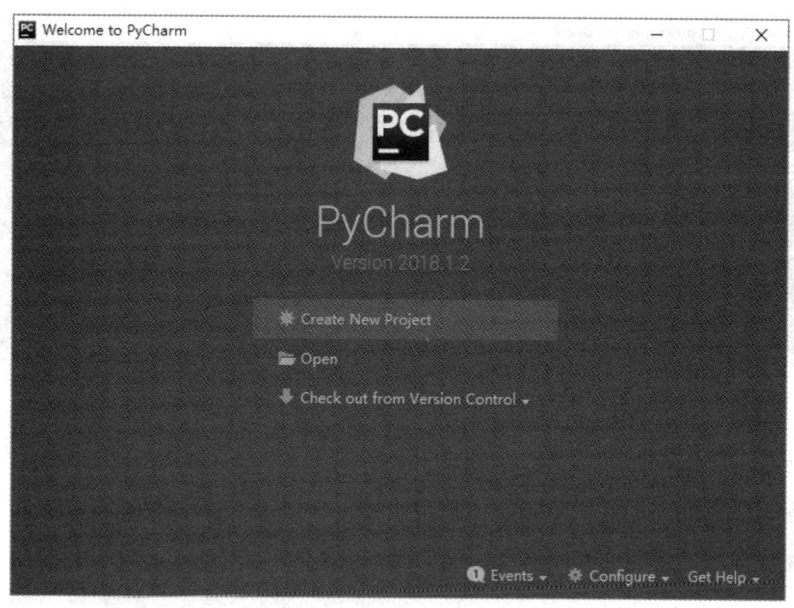

图2.3　PyCharm启动界面

4. 创建项目

新建一个“orbook”项目，项目解释器应选择刚安装好的Python 3.7选项，而不是新建虚拟环境，如图2.4所示。

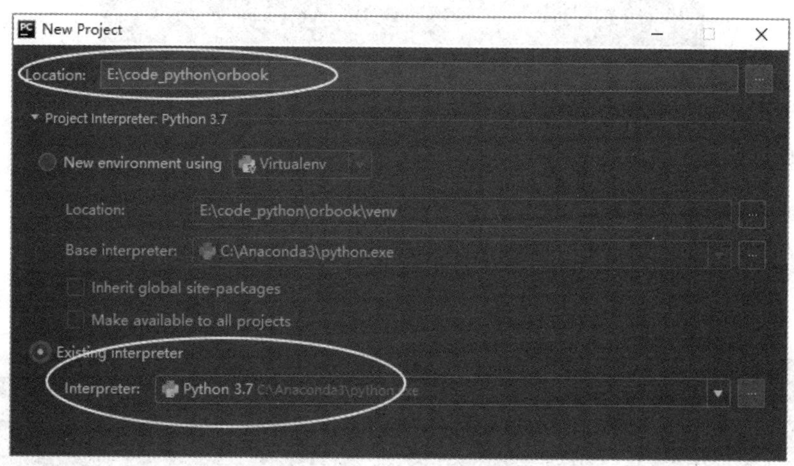

图2.4　PyCharm新建项目

创建项目后，还可以在该项目下面创建多层级目录和文件，如图2.5所示。

orbook [E:\code_python\orbook] - PyCharm
File Edit View Navigate Code Refactor Run Tools VCS Window Help
orbook
1: Project
Project
orbook E:\code_python\orbook
External Libraries
Scratches and Consoles
New
Cut Ctrl+X
Copy Ctrl+C
Copy Path Ctrl+Shift+C
Copy Relative Path Ctrl+Alt+Shift+C
Paste Ctrl+V
Find Usages Alt+F7
Find in Path Ctrl+Shift+F
File
New Scratch File Ctrl+Alt+Shift+Insert
Directory
Python Package
Python File
Jupyter Notebook
HTML File
Resource Bundle

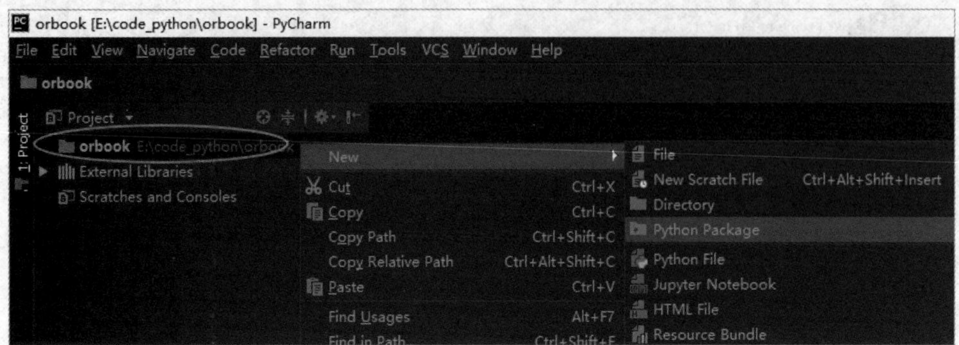

图 2.5　PyCharm项目的多层级目录

对已经安装好的Python库进行索引。这个过程会在PyCharm启动时自动执行，以便在编程时能够智能提示，提高编程效率，第一次运行时会耗时较长，之后再使用增量更新索引的方式就很快了，通过单击PyCharm界面右下角的进程可以看到提示，如图2.6所示。

Background Tasks
Updating Indices
Indexing...
C:\Anaconda3\Lib
1 process running...
Git: master

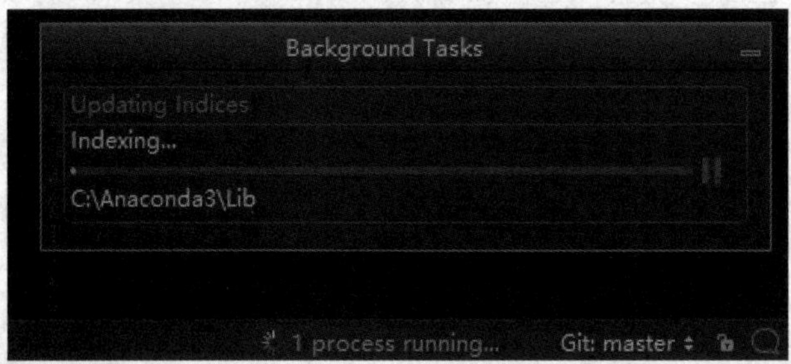

图 2.6　PyCharm库索引进度条

5. 安装优化算法库

安装Gurobi的Python扩展和Ortools。Gurobi的安装根据参考文档进行安装即可，在安装了Gurobi软件后，Gurobi的Python扩展就可以直接到Gurobi的安装目录用python setup.py install命令进行安装，如图2.7所示。

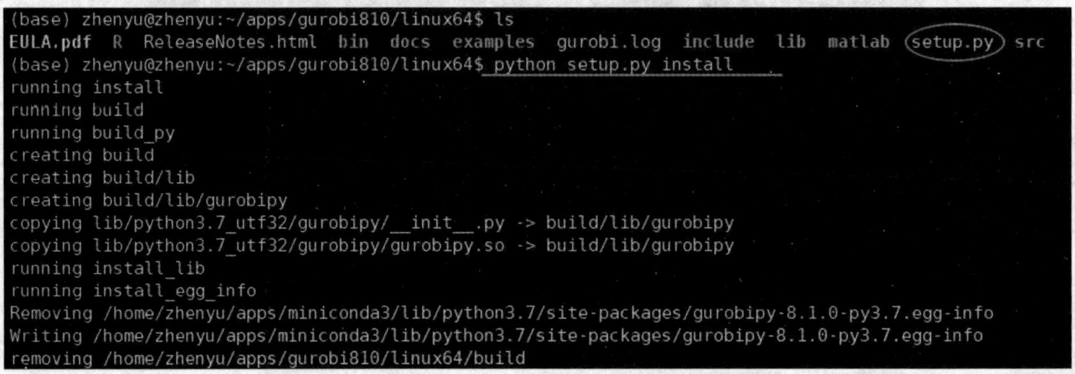

(base) zhenyu@zhenyu:~/apps/gurobi810/linux64$ ls
EULA.pdf R ReleaseNotes.html bin docs examples gurobi.log include lib matlab setup.py src
(base) zhenyu@zhenyu:~/apps/gurobi810/linux64$ python setup.py install
running install
running build
running build_py
creating build
creating build/lib
creating build/lib/gurobipy
copying lib/python3.7_utf32/gurobipy/__init__.py -> build/lib/gurobipy
copying lib/python3.7_utf32/gurobipy/gurobipy.so -> build/lib/gurobipy
running install_lib
running install_egg_info
Removing /home/zhenyu/apps/miniconda3/lib/python3.7/site-packages/gurobipy-8.1.0-py3.7.egg-info
Writing /home/zhenyu/apps/miniconda3/lib/python3.7/site-packages/gurobipy-8.1.0-py3.7.egg-info
removing /home/zhenyu/apps/gurobi810/linux64/build

图 2.7　Gurobipy的安装方法

Ortools可以直接通过pip安装，如图2.8所示。

```
suzhenyu@SUZHENYU C:\Users\suzhenyu
$ pip install ortools
Looking in indexes: https://pypi.tuna.tsinghua.edu.cn/simple
Collecting ortools
  Downloading https://pypi.tuna.tsinghua.edu.cn/packages/00/2a/d29ca0b7ffea2e8db73299
     |████████████████████████████████| 23.7MB 726kB/s
Collecting protobuf>=3.10.0 (from ortools)
  Downloading https://pypi.tuna.tsinghua.edu.cn/packages/ef/3b/cc373fb204fbe90f1a31f5
     |████████████████████████████████| 1.0MB 3.2MB/s
Requirement already satisfied: six>=1.10 in d:\apps\miniconda3\lib\site-packages (from
Requirement already satisfied: setuptools in d:\apps\miniconda3\lib\site-packages (fr
Installing collected packages: protobuf, ortools
Successfully installed ortools-7.4.7247 protobuf-3.11.0
```

图2.8　Ortools的安装方法

接下来，分别测试Ortools和Gurobi的安装是否正常。

求解如下的简单整数规划问题：

$$\min Z = 5x_1 + 6x_2 + 23x_3 + 5x_4 + 24x_5 + 6x_6 + 23x_7 + 5x_8$$

$$s.t.\begin{cases} 2x_1 + x_2 + x_3 + x_4 \geqslant 100 \\ 2x_2 + x_3 + 3x_5 + 2x_6 + x_7 \geqslant 150 \\ x_1 + x_3 + 3x_4 + 2x_6 + 3x_7 + 5x_8 \geqslant 100 \\ x_j \geqslant 0\text{且为整数；} \ j = 1,2,\cdots,8 \end{cases}$$

运行Ortools的测试代码，如代码2-1所示。

```
# 代码2-1,Ortools求解线性规划模型
from ortools.sat.Python import cp_model

model = cp_model.CpModel()

# 定义变量
x1 = model.NewIntVar(0, 1000, 'x1')
x2 = model.NewIntVar(0, 1000, 'x2')
x3 = model.NewIntVar(0, 1000, 'x3')
x4 = model.NewIntVar(0, 1000, 'x4')
x5 = model.NewIntVar(0, 1000, 'x5')
x6 = model.NewIntVar(0, 1000, 'x6')
x7 = model.NewIntVar(0, 1000, 'x7')
x8 = model.NewIntVar(0, 1000, 'x8')

# 添加约束
model.Add(2*x1 + x2 + x3 + x4 >=100)
model.Add(2*x2 + x3 + 3*x5 + 2*x6 + x7 >=150)
model.Add(x1 + x3 + 3*x4 + 2*x6 + 3*x7 + 5*x8 >=100)

# 添加目标函数
model.Minimize(5*x1 + 6*x2 + 23*x3 + 5*x4 + 24*x5 + 6*x6 + 23*x7 + 5*x8)

# 求解
```

```
solver = cp_model.CpSolver()
solver.Solve(model)

print('目标函数值是:', solver.ObjectiveValue())
print('x1 = ', solver.Value(x1))
print('x2 = ', solver.Value(x2))
print('x3 = ', solver.Value(x3))
print('x4 = ', solver.Value(x4))
print('x5 = ', solver.Value(x5))
print('x6 = ', solver.Value(x6))
print('x7 = ', solver.Value(x7))
print('x8 = ', solver.Value(x8))
```

输出变量的值如下所示,说明程序正常运行,求解结果正确。

```
# 显示结果如下
目标函数值是: 600.0
x1 =  30
x2 =  40
x3 =  0
x4 =  0
x5 =  0
x6 =  35
x7 =  0
x8 =  0
```

下面演示测试Gurobi程序是否正常运行,如代码2-2所示。

```
# 代码2-2,Gurobi求解线性规划模型
from gurobipy import *
m = Model("LP model")

# 定义变量
x1 = m.addVar(lb=0, ub=150, vtype=GRB.INTEGER, name='x1')
x2 = m.addVar(lb=0, ub=150, vtype=GRB.INTEGER, name='x2')
x3 = m.addVar(lb=0, ub=150, vtype=GRB.INTEGER, name='x3')
x4 = m.addVar(lb=0, ub=150, vtype=GRB.INTEGER, name='x4')
x5 = m.addVar(lb=0, ub=150, vtype=GRB.INTEGER, name='x5')
x6 = m.addVar(lb=0, ub=150, vtype=GRB.INTEGER, name='x6')
x7 = m.addVar(lb=0, ub=150, vtype=GRB.INTEGER, name='x7')
x8 = m.addVar(lb=0, ub=150, vtype=GRB.INTEGER, name='x8')

# 添加约束
m.addConstr(2*x1 + x2 + x3 + x4 >= 100)
m.addConstr(2*x2 + x3 + 3*x5 + 2*x6 + x7 >=150)
m.addConstr(x1 + x3 + 3*x4 + 2*x6 + 3*x7 + 5*x8 >=100)

# 添加目标函数
m.setObjective(5*x1 + 6*x2 + 23*x3 + 5*x4 + 24*x5 + 6*x6 +23*x7 + 5*x8,GRB.MINIMIZE)

```

```
# 求解
m.optimize()
print('最优值:', m.objVal)
for v in m.getVars():
print('参数', v.varName, '=', v.x)
```

以上代码的运行结果如下。

```
# 显示结果如下
最优值: 600.0
参数 x1 = 30.0
参数 x2 = 40.0
参数 x3 = -0.0
参数 x4 = -0.0
参数 x5 = -0.0
参数 x6 = 35.0
参数 x7 = -0.0
参数 x8 = -0.0
```

测试Gurobi的结果和Ortools的结果是一致的，说明程序没问题，软件安装也没问题。需要说明的是，在Gurobi的结果中，有些变量的值是-0.0，这是正常的。在数值计算中，由于计算机的数值精度问题，一般来说认为两个相差很小的数就是同一个数，-0.0其实就是0，在后面学习最优化算法时也会看到这种现象。

2.2 编程基础：Python语法

针对算法优化领域建模，Python知识并不会面面俱到，也不会深入Python性能调优和服务器等其他方面。在本节中，将通过案例的方式讲解Python基础语法、数据结构、函数、类、迭代生成器、文件读/写，NumPy基础数据结构、随机数、矩阵计算，Pandas数据分析，以及Python绘图，如线图、点图、子图、动态图等，为以后的问题求解和系统仿真做好基础。

在讲解Python的过程中，主要通过案例的方式来说明Python的语法和注意事项。

在学习Python之前，需要先理解数据结构的概念。数据结构就是存储数据的结构，在数学中接触到的数据类型有整数、小数、分数、映射、集合、矩阵等，那么为了跟数学中的数据类型对应和编程方便，Python中也有对应的数据结构。Python数据类型包括整数、浮点数、字符串、布尔型，常用高级数据结构包括列表、元组、字典、集合。

（1）Python的基本运算：加、减、乘、除，逻辑运算则是数学中的非、与、或3种。

（2）Python的基本代码结构：条件判断与循环。

(3)Python的函数与类:Python的代码复用通常通过函数与类来实现,将经常使用的具有相同功能的代码封装整合成函数或者类,下次使用时直接调用即可,大大提升编程效率。

在Python编程代码中,以缩进表示代码的层级,与Java或C等语言以大括号表示代码块的方式不同,Python语言以缩进表示代码块的好处是写出来的代码层级比较清晰易读,下面通过例子来演示Python的基础语法。

2.2.1 基础数据结构与基本运算

Python的注释以#开头,注释内容是对代码的说明,不会被执行。

下面的代码演示了Python中的4种基础数据类型,前3种分别对应数学中的整数和小数,以及布尔值,第4种数据类型是编程中常见的字符串,用于处理文字信息。

```
# 下面演示基础数据类型
int_a = 1                                        # 整数变量,即数学中的整数
float_b = 1.2                                    # 浮点数变量,即数学中的小数
bool_t = True                                    # 布尔值中的真
bool_f = False                                   # 布尔值中的假
str_c = "abc"                                    # 字符串变量,使用双引号
```

下面的代码演示了数学中基础的四则运算。

```
# 下面演示基础四则运算
a = 1
b = 2
print('加法:a+b = ', a + b)
print('减法:a-b = ', a - b)
print('乘法:a*b = ', a * b)
print('除法:a/b = ', a / b)
print('取余:a%b = ', a % b)
print('四则运算:(a+b)/(a*b) = ', (a+b)/(a*b))
```

下面的代码演示了数学中的逻辑运算。

```
# 下面演示逻辑运算
a = 1
b = 2
print('(a>0) or (b>3):', a > 0 or b > 3)         # 逻辑或,结果为真
print('(a>0) and (b>3):', a > 0 and b > 3)       # 逻辑与,结果为假
print('not a>0:', not a > 0)                     # 逻辑非,结果为假
```

2.2.2 关于Python的列表、元组、字典、集合

1. 列表

列表是Python中应用最广泛的数据结构。如把列表比喻成一个木桶,桶里可以存放任何类型的

数据,列表里面也可以有子列表,如代码2-3所示。

```
# 代码2-3,Python列表
# Python 列表:list
la = [1,2,3,4]                                  # 创建一个列表,包含4个元素
lb = ['a','b','c']                              # 创建一个列表,包含3个元素

print('列表la的元素个数是:', len(la))            # 输出4
print('取出第1个元素:', la[0])                   # 输出1
print('取出最后一个元素:', la[-1])               # 输出4

# 修改第2个元素
la[1] = 5
print(la)                                       # 输出[1,5,3,4]

# 列表删减元素
la.append(5)                                    # 在末尾添加一个元素
la.pop(2)                                       # 删除第3个元素
print(la)                                       # 输出 [1,2,4,5]

# 列表迭代,迭代原理会在后面讲解,相当于for循环
for index, value in enumerate(la):
    print('第 %d 个元素的值是:%d' %(index, value))
# 第 0 个元素的值是1
# 第 1 个元素的值是2
# 第 2 个元素的值是3
# 第 3 个元素的值是4

# 使用二维列表来模拟矩阵,二维列表就是列表中嵌套列表
matrix = [
    [1,2,3],
    [4,5,6],
    [7,8,9]
]
print(matrix)
print('取出矩阵的第2行第2个元素是:', matrix[1][1])   # 输出5
```

关于Python中的序号说明如下。

(1)与大多数编程语言一样,Python中的序号是从0开始的,即a[0]表示列表的第1个元素,a[1]表示第2个元素。如果从后往前数,则用负数表示,如a[-1]表示最后一个元素,a[-2]表示倒数第2个元素,以此类推。

(2)关于切片如a[0:5]表示从第0到第4(5-1=4)个元素,在数学中叫作右开区间,即a[0,5)。

(3)序号也可以自动推断出来,如a[:5],因省略了前面的起始序号,就可推断为0,也就是说a[:5]即表示a[0:5]。类似的,如a[5:]则表示从第5个元素开始到最后一个。

后面还会看到很多这样的表示方法,无论是Python的列表,还是NumPy的数组等,这种表示方法

将贯穿整个Python。

2. 元组

Python的元组与列表的用法类似，它们的不同之处在于元组的元素不能被修改。在表示方法上，列表使用方括号，而元组使用的是小括号。

```
# Python 元组:tuple
ta = ('a','b','c')                                  # 创建一个元组,包含3个元素

print('元组ta的元素个数:', len(ta))                 # 输出3
print('取出第1个元素', ta[0])                       # 输出 a
print('取出最后一个元素', ta[-1])                   # 输出 c

# 元组迭代
for v in ta:
    print(v)
# 依次输出为 a、b、c
```

3. 字典

字典是除列表外使用最广泛的数据结构，常用来存储数据映射。字典由键(key)和值(value)组成，其中键在一个字典中是不会重复的。以一本书为例，其中书目录是一个字典，章节标题是键，页码是值，如代码2-4所示。

```
# 代码2-4,Python字典
# Python 字典:dict
da = {'a': 123, 'b': 456, 'c': 789}                 # 创建一个简单的字典,由3个映射构成
db = {'a': [1,2,3], 'b': [4,5,6]}                   # 一个复杂的字典,值是list结构

print('字典da的映射数量:', len(da))                 # 输出3
print('字典da,key=b的映射值为:', da.get('b'))       # 输出456
print('键d是否存在字典da的键集合中:', 'd' in da)    # 输出False(假)

# 查看所有映射关系
for key, value in da.items():
    print(key, '=' , value)
# a = 123
# b = 456
# c = 789

# 添加或删除映射关系
da['d'] = 10                                        # 添加
da.pop('a')                                         # 删除
print(da)
# 输出 {'b': 456, 'c': 789, 'd': 10}
```

4. 集合

集合(set)是一个无序的不重复元素序列，集合操作包括交集、并集、差集等，与数学中集合操作

相对应。下面演示集合的基础运算,如代码2-5所示。

```
# 代码2-5,Python集合
# Python 集合:set
sa = set(['a','b','c','d'])
sb = set(['b','c','f'])

print('元素a是否在集合sa中:', 'a' in sa)    # 输出True

print('交集:', sa & sb)                           # 输出 {'c', 'b'}
print('并集:', sa | sb)                           # 输出 {'c', 'd', 'b', 'a', 'f'}
print('差集:在sa中而不在sb中的元素:', sa - sb)  # 输出 {'a', 'd'}
print('不同时包含在sa和sb中的元素:', sa ^ sb)    # 输出 {'d', 'a', 'f'}
```

2.2.3 程序控制语句

程序控制语句一般指条件判断和循环控制两种,代码如下所示。在编程中,条件判断和循环控制一般搭配使用。

```
# 条件判断
a = [1, 2, 3]
if 1 in a:
    print('元素1包含在列表a中')
else:
    print('元素1不包含在列表a中')
```

下面的代码演示了条件判断和循环控制的结合使用的情况。

```
# 循环控制1:对某个数据集合进行迭代,满足条件时跳出循环
a = [1, 2, 3, 4, 5]
for i in a:
    if i > 3:
        break   # 满足条件时跳出循环
    print(i)

# 循环控制2:通过循环知道满足某个条件
a = 1
while a < 10:
    a = a + 1
    print('do something also.')
print(a)
```

2.2.4 函数

函数就是实现某个特定功能的一段代码集合,通过封装成函数可以提高代码的复用程度,减少代码量。例如,如果经常需要找到一组数的最大值,就可以编写这样一个函数,在以后需要时直接调用

即可。使用方法如下所示,先定义一个函数find_max,然后在其他代码需要实现相同的功能时,直接调用该函数即可,如代码2-6所示。

```
# 代码2-6,Python函数定义和调用
def find_max(a, b, c):
    """
    定义一个函数 find_max, 实现的功能是找到 a、b、c 中的最大值
    该函数需要输入3个参数, 分别是a、b、c, 返回值是3个参数的最大值
    """
    max_number = None
    if a > b and a > c:
        max_number = a
    elif b > a and b > c:
        max_number = b
    elif c > a and c > b:
        max_number = c
    return max_number


# 使用刚才定义的函数
max_num = find_max(a=1, b=2, c=3)
print('最大的数是:', max_num)                    # 输出3

# Python内部已经实现了该函数,直接调用即可
print('最大的数是:', max([1, 2, 3]))             # 输出3
```

2.2.5 类与实例

类在大部分编程语言中都是一个很重要的概念,类是面向对象编程的基础。使用函数可以实现简单功能的复用,而使用类则可以实现复杂的系统代码复用,因此通过类来模拟复杂的仿真系统。

对于初学者来说,类是一个比较难理解的概念。举一个简单的例子,如PPT模板可以是一个类,那么,通过修改PPT模板中的数据和文字得到新的PPT,就是实例,这个修改的过程就是实例化。又如,动物是一个类,小猫就是一个实例。

类由属性和方法两部分组成。如小猫是个类,其属性包括毛色、体重,方法包括抓老鼠。又如学生是个类,某个具体的同学就是实例,学生这个类的属性包括学号、身高、体重等;而学生这个类的方法就是学生能干什么,包括学习、考试等。方法就是这个类能做哪些事情,代码实现就是函数,一个函数经过固定格式的包装后就是类的方法。

下面演示类与实例的使用方法,如代码2-7所示。

注意:类的定义和实例化有固定的格式要求。

```
# 代码2-7,类与实例
# 定义一个类
```

```
class cat():
    def __init__(self, color, weight):
        self.color = color
        self.weight = weight

    def catch_mice(self):
        """抓老鼠的方法"""
        print('抓老鼠')

    def eat_mice(self):
        """吃老鼠"""
        print('吃老鼠')


# 类的实例化
my_cat = cat('yellow', 10)

# 调用类的方法
my_cat.catch_mice()          # 输出 抓老鼠
my_cat.eat_mice()            # 输出 吃老鼠

# 查看类的属性
print(my_cat.color)          # 输出 yellow
print(my_cat.weight)         # 输出 10
```

上面定义了一个类,所有的类都有一个__init__(self)初始化方法,用来定义类有哪些属性,也可以用来在实例化类时执行某些方法。类的方法和普通函数没什么区别,不同的是类的方法函数的第一个参数是self,且不可改变。

2.2.6 迭代

迭代可以看作是循环的高效版本,迭代的代码更加紧凑、易读、易维护,可以提高编程效率,以后会经常使用迭代的写法,提高代码的可读性。下面的代码演示了迭代和循环两种不同的使用方法,可以看到,迭代的写法更加紧凑,且可读性更强,更加接近平时的思考方法,如代码2-8所示。

```
# 代码2-8,迭代和循环
# 集合迭代
a = [1, 2, 3, 4, 5]

def my_func(x):
    print('do some on ', x)
    return x + 1

# 迭代版本
b = [my_func(x) for x in a]
print(b)  # 输出 [2, 3, 4, 5, 6]
```

```

# 循环版本
b2 = []
for x in a:
    t = x + 1
    b2.append(t)
print(b2)  # 同样输出 [2, 3, 4, 5, 6]
```

2.3 数据分析：NumPy基础

NumPy已经成为Python科学计算的核心，即使是深度学习中的TensorFlow、PyTorch、MXNet，其计算接口也尽量模仿NumPy，以减少使用者学习的成本。NumPy包含很多内容，这里只讲NumPy的基础数据结构、随机数、矩阵计算，随机数是为了进行系统仿真的需要，矩阵计算是为了在求解一般线性代数问题时能有入手的思路。

2.3.1 NumPy基础数据结构

NumPy的基础数据结构是指数组(array)，包括一维数组、二维数组、三维数组、高维数组等。其中一维数组表示行向量，二维数组表示矩阵或列向量，三维数组是在时间轴上的二维数组。如一张纸既是平面的，可以看成是二维数组，那么将纸叠成一本书就是立体的，是三维数组。三维数组和高维数组不常用，所以这里不进行讲解。

下面演示如何通过list创建数组，如代码2-9所示。在应用中经常会创建全是0或1的数组。

```
# 代码2-9,NumPy数组
import numpy as np

# 创建一个二维数组
a = np.array([[1,2,3],
              [4,5,6]])

print('数组的维度是:', a.shape)  # 输出 (2, 3)

# 创建全是0或1的二维数组
a_one = np.ones((2,3))
print('创建全是1的数组:\n', a_one)
# 创建全是1的数组:
#  [[1. 1. 1.]
#  [1. 1. 1.]]

```

```
a_zero = np.zeros((2,3))
print('创建全是0的数组:\n', a_zero)
# 创建全是0的数组:
#  [[0. 0. 0.]
#  [0. 0. 0.]]
```

向量或矩阵都有维度,因此NumPy的array也有维度,通过array.shape来获取数据的维度。既然数组有维度,那么就可以通过修改数组的维度来重塑数组形状,常用array.reshape函数来实现,如代码2-10所示。

```
# 代码2-10,重塑数组形状
# 重塑数组形状
# 维度中的-1表示自动推断的意思
a = np.array([[1,2,3],
              [4,5,6]])

print('将二维数组转成一维数组', a.ravel())
# 输出 将二维数组转成一维数组 [1 2 3 4 5 6]

print('改变二维数组形状:2*3 -> 3*2 \n', a.reshape((3,2)))
# 输出
# 改变二维数组形状:2*3 -> 3*2
#  [[1 2]
#  [3 4]
#  [5 6]]

print('将二维数组转成列向量:\n', a.reshape((-1,1)))
# 输出
# 将二维数组转成列向量:
#  [[1]
#  [2]
#  [3]
#  [4]
#  [5]
#  [6]]
```

数组的合并与切片。数组合并是指将两个及两个以上的数组合并成一个大的数组,而切片则是截取子数组的意思,如代码2-11所示。

```
# 代码2-11,数组切片
# 两个数组合并
a = np.array([[1,2,3],
              [4,5,6]])
b = np.array([[7,8,9],
              [10,11,12]])

print('纵向拼接:\n', np.vstack([a,b]))
# 输出
# 纵向拼接:
```

```
#  [[ 1  2  3]
#  [ 4  5  6]
#  [ 7  8  9]
#  [10 11 12]]

print('横向拼接:\n', np.hstack([a,b]))
# 输出
# 横向拼接:
#  [[ 1  2  3  7  8  9]
#  [ 4  5  6 10 11 12]]

# 切片,就是截取子数组的意思
a = np.array([[1,2,3,4,5,6],
              [4,5,6,7,8,9],
              [7,8,9,10,11,12],
              [10,11,12,13,14,15]])

print('截取第1~3行,2~4列的子数组:\n', a[0:3, 1:4])
# 输出 截取第1~3行,后4列的子数组:
#  [[ 2  3  4]
#  [ 5  6  7]
#  [ 8  9  10]]

print('截取前3行,后4列的子数组:\n', a[:3, -4:])
# 输出 截取前3行,后4列的子数组:
#  [[ 3  4  5  6]
#  [ 6  7  8  9]
#  [ 9 10 11 12]]
```

在数组形状变换中使用-1表示自动推断维度,如a.reshape((-1,1))表示将数组重塑成n行1列的新数组,这里的n会被自动推断出来。

在切片中也用到了自动推断,如a[:3]完整写法应该是a[0:3],当省略了开始序号时NumPy就会自动推断。如a[-4:]也是自动推断,表示从倒数第4个开始到最后一个的意思。

2.3.2 NumPy的随机数

由于接口封装比较好,因此只需要直接调用NumPy的接口即可,产生的随机数也是NumPy的array结构,后面将经常使用随机数来初始化模拟仿真系统。

下面演示NumPy中常用的随机数函数,如代码2-12所示。

```
# 代码2-12,NumPy随机数
from numpy import random

# 设定随机数种子
random.seed(1234)

```

```
# 产生均匀分布的随机数,其维度是 3*2
random.rand(3,2)
# 输出 array([[0.19151945, 0.62210877],
#         [0.43772774, 0.78535858],
#         [0.77997581, 0.27259261]])

# 产生标准正态分布随机数,其维度是3*2
random.randn(3,2)
# 输出 array([[ 0.85958841, -0.6365235 ],
#         [ 0.01569637, -2.24268495],
#         [ 1.15003572,  0.99194602]])

# 在[0,1)内产生随机数,其维度是3*2
random.random((3,2))
# 输出 array([[0.37025075, 0.56119619],
#         [0.50308317, 0.01376845],
#         [0.77282662, 0.88264119]])

# 产生指定区间的随机整数,其维度是3*2
random.randint(low=2, high=10, size=(3,2))
# 输出 array([[9, 5],
#         [2, 3],
#         [5, 2]])

# 正态分布,loc表示均值,scale表示方差
random.normal(loc=0, scale=1, size=(3,2))
# 输出 array([[ 0.86371729, -0.12209157],
#         [ 0.12471295, -0.32279481],
#         [ 0.84167471,  2.39096052]])

# 泊松分布
random.poisson(lam=100, size=(3,2))
# 输出 array([[ 95,  86],
#         [102, 103],
#         [ 93,  99]])

# 均匀分布
random.uniform(low=3, high=10, size=(3,2))
# 输出 array([[5.67622216, 3.3771158 ],
#         [6.16153886, 9.87403319],
#         [3.8675989 , 3.83566629]])

# 产生beta分布
random.beta(a = 3, b=5, size=(3,2))
# 输出 array([[0.29453428, 0.43079414],
#         [0.74318561, 0.21577619],
#         [0.11941289, 0.44674076]])

# 二项分布(伯努利分布)
```

```
random.binomial(n=4, p=0.8, size=(3,2))
# 输出 array([[3, 2],
#         [4, 3],
#         [3, 3]])

# 指数分布
random.exponential(scale=3, size=(3,2))
# 输出 array([[ 4.78168574,  2.44771329],
#         [10.12979518,  0.47753906],
#         [ 0.09028607,  2.70341946]])

# F分布
random.f(dfnum=100, dfden=5, size=(3,2))
# 输出 array([[1.5113714 , 0.77730943],
#         [0.83137741, 0.54722053],
#         [3.7934629 , 5.6308887 ]])
```

既然有了随机数，那么就会有对应的随机抽样，在实际应用中常常需要对已有数据进行有放回或无放回的随机抽样、不等概率随机采用等。Numpy.random模块同样实现了该功能，如代码2-13所示。

```
# 代码2-13,NumPy随机采样
from numpy import random
random.seed(1234)
# 有放回随机采样
samples = [1,2,3,4,5,6,7,8,9]
random.choice(samples, size=5, replace=True)
# 输出 array([4, 3, 4, 2, 4])

# 无放回随机采样
random.choice(samples, size=5, replace=False)
# 输出 array([9, 1, 6, 8, 3])

# 打乱样本的顺序,以产生随机数的效果
samples = [1,2,3,4,5,6,7,8,9]
random.shuffle(samples)
print(samples)
# 输出 [4, 3, 9, 7, 1, 5, 6, 8, 2]
```

当然NumPy中已经实现了大部分统计分布随机数接口，包括多元正态分布、伽马分布、几何分布、Logistic分布样本、对数正态分布、Weibull分布等，有兴趣的读者可以查阅NumPy的相关文档说明。

2.3.3 NumPy矩阵运算

本节中将讲解矩阵的基本运算，进一步熟悉NumPy的array运算，为后面的线性代数计算打好基础。在下面的代码中将演示如何使用二维数组进行矩阵运算和求解现代方程组。

NumPy中的array对象重载了许多运算符，使用这些运算符就可以完成矩阵间对应元素的运算，如表2.1所示。

表2.1　NumPy数组的基础运算

运算符	说　明
+	矩阵对应元素相加
-	矩阵对应元素相减
*	矩阵对应元素相乘
/	矩阵对应元素相除，如果都是整数则取商
%	矩阵对应元素相除后取余数
**	矩阵每个元素都取 n 次方，如“**2”指每个元素都取平方

下面演示矩阵的运算，如代码2-14所示。

```
# 代码2-14,NumPy数组运算
import numpy as np

a1 = np.array([[4,5,6],[1,2,3]])
a2 = np.array([[6,5,4],[3,2,1]])

# 矩阵对应元素相加
print(a1+a2)
# 输出
# [[10 10 10]
#  [ 4  4  4]]

# 矩阵对应元素相除,如果都是整数则取商
print(a1/a2)
# 输出
# [[0.66666667 1. 1.5 ]
#  [0.33333333 1. 3. ]]

# 矩阵对应元素相除后取余数
print(a1%a2)
# 输出
# [[4 0 2]
#  [1 0 0]]

# 矩阵每个元素都取n次方
print(a1**3)
# 输出
# [[ 64 125 216]
#  [  1   8  27]]
```

代码2-14演示了数组的基础运算，下面使用数组来模拟矩阵运算，如代码2-15所示。

```
# 代码2-15,NumPy矩阵运算
# numpy 矩阵运算
import numpy as np

a1 = np.array([[4, 5, 6], [1, 2, 3]])
a2 = np.array([[6, 5, 4], [3, 2, 1]])

# 矩阵相乘,即对应元素相乘
print(a1 * a2)
# 输出
# [[24 25 24]
#  [ 3  4  3]]

# 矩阵点乘,每个元素都乘以一个数
print(a1 * 3)
# 输出
# [[12 15 18]
#  [ 3  6  9]]

# 矩阵相乘,(2*3)*(2*3)是报错的,其维度不对应
# 需要先对a2转置
a3 = a2.T  # 转置
print(np.dot(a1, a3))  # 矩阵相乘要用 np.dot 函数
# 输出
# [[73 28]
#  [28 10]]

# 矩阵转置
print(a1.T)
# 输出
# [[4 1]
#  [5 2]
#  [6 3]]

# 矩阵求逆
a = np.array([[1, 2, 3], [4, 5, 6], [5, 4, 3]])
print(np.linalg.inv(a))
# 输出
# [[ 2.25179981e+15 -1.50119988e+15  7.50599938c+14]
#  [-4.50359963e+15  3.00239975e+15 -1.50119988e+15]
#  [ 2.25179981e+15 -1.50119988e+15  7.50599938e+14]]

# 特征值与特征向量
a = np.array([[1, 2, 3], [4, 5, 6], [7, 8, 9]])
eigenValues, eigVector = np.linalg.eig(a)
# 得到3个特征值及其对应的特征向量
# 特征值是
```

```
# array([ 1.61168440e+01, -1.11684397e+00, -1.30367773e-15])
# 对应的特征向量是
# array([[-0.23197069, -0.78583024,  0.40824829],
#        [-0.52532209, -0.08675134, -0.81649658],
#        [-0.8186735 ,  0.61232756,  0.40824829]])


# svd 奇异值分解
U, sigma, V = np.linalg.svd(a, full_matrices=False)
# U 值是
# array([[-0.21483724,  0.88723069,  0.40824829],
#        [-0.52058739,  0.24964395, -0.81649658],
#        [-0.82633754, -0.38794278,  0.40824829]])
# sigma 值是
# array([1.68481034e+01, 1.06836951e+00, 4.41842475e-16])
# V 值是
# array([[-0.47967118, -0.57236779, -0.66506441],
#        [-0.77669099, -0.07568647,  0.62531805],
#        [-0.40824829,  0.81649658, -0.40824829]])


# 矩阵的行列式
value = np.linalg.det(a)
# 输出 0

# QR 分解
Q, R = np.linalg.qr(a)
# Q 值是
# array([[-8.12403840e+00, -9.60113630e+00, -1.10782342e+01],
#        [ 0.00000000e+00,  9.04534034e-01,  1.80906807e+00],
#        [ 0.00000000e+00,  0.00000000e+00, -8.88178420e-16]])
# R 值是
# array([[-8.12403840e+00, -9.60113630e+00, -1.10782342e+01],
#        [ 0.00000000e+00,  9.04534034e-01,  1.80906807e+00],
#        [ 0.00000000e+00,  0.00000000e+00, -8.88178420e-16]])
```

2.3.4 NumPy线性代数

介绍了NumPy的矩阵基本运算,掌握了矩阵乘法、转置、求逆、特征值与特征向量、SVD分解和QR分解,就能解大部分的线性代数方程了,可以尝试求解下面的方程。

$$\begin{cases} x - 2y + z = 0 \\ 2y - 8z - 8 = 0 \\ -4x + 5y + 9z + 9 = 0 \end{cases}$$

标准的线性代数方程形式为$\boldsymbol{AX}+\boldsymbol{b}=0$,其中

$$\boldsymbol{A}=\begin{bmatrix}1 & -2 & 1\\0 & 2 & -8\\-4 & 5 & 9\end{bmatrix},\boldsymbol{b}=\begin{bmatrix}0\\-8\\9\end{bmatrix}$$

下面演示如何用NumPy求解,如代码2-16所示。

```
# 代码2-16,NumPy解线性代数
# 线性代数
import numpy as np

A = np.array([
    [1, -2, 1],
    [0, 2, -8],
    [-4, 5, 9]
])
B = np.array([0, -8, 9])

result = np.linalg.solve(A, B)
print('x=', result[0])
print('y=', result[1])
print('z=', result[2])
# 输出
# x= -29.0  y= -16.0  z= -3.0
```

至此就把NumPy基础讲完了,当面对一般计算问题时,可以使用Python基础语法结合NumPy高效的矩阵计算来解决。

2.4 Pandas基础

如果说NumPy是Python科学计算的核心,那么Pandas就是Python数据分析事实上的标准。同大部分数据分析库一样,Pandas的核心也是NumPy,Pandas就是在NumPy的基础上封装了高级接口,使得Pandas能处理包括数值型、字符串、日期等多种数据类型,提供了统计分析函数、日期处理函数、表格数据整理等,可大大提高数据分析的效率。

2.4.1 Pandas基础数据结构

Pandas提供了Series和DataFrame两种基础数据结构,其中Series表示序列数据,DataFrame表示表格数据,且是由多个Series组成的。虽然这些Series的索引相同但其名称(DataFrame的列名)却

不同。

1. Series

Series可以看成是字典结构，包括索引(字典的键)和值(字典的值)。Series底层数据结构使用NumPy存储，不仅能使存储计算效率更高，还针对数据分析领域封装了很多实用的函数接口。如气温数据，Series的索引就是日期，值是气温，如表2.2所示。

表2.2　用Series存储气温数据

索引(日期)	值(温度)
2019/3/23	18
2019/3/24	20
2019/3/25	19
2019/3/26	20
2019/3/27	18
2019/3/28	15
2019/3/29	17
2019/3/30	19
2019/3/31	20
2019/4/1	15
2019/4/2	18
2019/4/3	15
2019/4/4	20

在Pandas中也可以不指定索引，此时会自动生成0，1，2，…这样的索引值，这里指定索引为日期序列，如代码2-17所示。

```
# 代码2-17 Series序列数据
import pandas as pd

# series的索引
index = ['2019/3/23', '2019/3/24', '2019/3/25', '2019/3/26', '2019/3/27',
         '2019/3/28', '2019/3/29', '2019/3/30', '2019/3/31', '2019/4/1',
         '2019/4/2', '2019/4/3', '2019/4/4']
# series的值
value = [18, 20, 19, 20, 18, 15, 17, 19, 20, 15, 18, 15, 20]
```

```
# 创建series
# 如果不指定索引,会自动生成0,1,2,…这样的索引
s = pd.Series(data=value, index=index)
print(s)
# 输出
# 2019/3/23    18
# 2019/3/24    20
# 2019/3/25    19
# 2019/3/26    20
# ...
```

2. DataFrame

DataFrame是数据分析中使用最多的数据结构,其大部分数据也是以表格形式存储的。当然不仅Python的Pandas库有DataFrame,R语言也有类似DataFrame的数据结构。在数据库领域中表的概念就是一个DataFrame,因此学好DataFrame是数据分析的基础。

DataFrame其实就是一张表,如一张Excel表就是一个DataFrame,下面通过一个学生信息表来理解DataFrame,如图2.9所示。

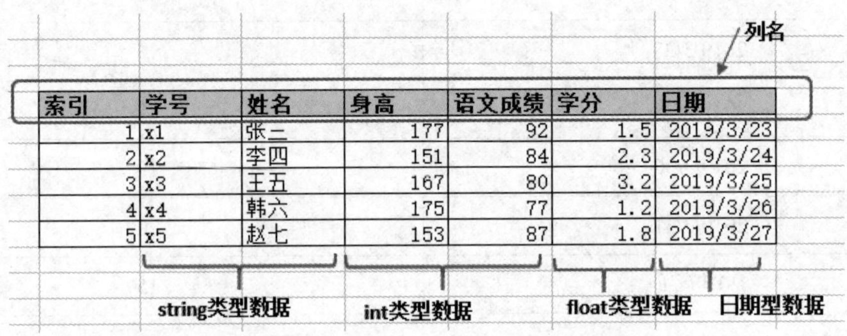

索引	学号	姓名	身高	语文成绩	学分	日期
1	x1	张三	177	92	1.5	2019/3/23
2	x2	李四	151	84	2.3	2019/3/24
3	x3	王五	167	80	3.2	2019/3/25
4	x4	韩六	175	77	1.2	2019/3/26
5	x5	赵七	153	87	1.8	2019/3/27

图2.9 DataFrame数据结构说明

这是一张普通的学生信息表,包含7列,其中学号和姓名是字符型数据(string类型数据),身高和成绩是整数型数据(int类型数据),学分是浮点型数据(float类型数据),日期是日期型数据。DataFrame与Series一样也是有索引的,这里的索引是1,2,3,…。将Pandas生成一张表,如代码2-18所示。

```
# 代码2-18,DataFrame表格数据1
import pandas as pd

df = pd.DataFrame(data={
    '学号': ['x1', 'x2', 'x3', 'x4', 'x5'],
    '姓名': ['张三', '李四', '王五', '韩六', '赵七'],
    '身高': [177, 151, 167, 175, 153],
    '语文成绩': [92, 84, 80, 77, 87],
    '学分': [1.5, 2.3, 3.2, 1.2, 1.8],
    '日期': ['2019/3/23', '2019/3/24', '2019/3/25', '2019/3/26', '2019/3/27']
```

```
})

print(df)
# 输出
#      学号  姓名   身高  语文成绩   学分   日期
# 0  x1   张三   177   92       1.5    2019/3/23
# 1  x2   李四   151   84       2.3    2019/3/24
# 2  x3   王五   167   80       3.2    2019/3/25
# 3  x4   韩六   175   77       1.2    2019/3/26
# 4  x5   赵七   153   87       1.8    2019/3/27
```

注意：参数data接收的是一个字典对象，字典的键表示DataFrame的列名，值是对应列的值。

其实也可以通过嵌套的list来创建DataFrame，但是需要额外指定列名，如代码2-19所示。

```
# 代码2-19,DataFrame表格数据2
import pandas as pd
df = pd.DataFrame(data=[
            [ 'x1', '张三', 177, 92, 1.5, '2019/3/23' ],
            [ 'x2', '李四', 151, 84, 2.3, '2019/3/24' ],
            [ 'x3', '王五', 167, 80, 3.2, '2019/3/25' ],
            [ 'x4', '韩六', 175, 77, 1.2, '2019/3/26' ],
            [ 'x5', '赵七', 153, 87, 1.8, '2019/3/27' ]
        ],
        columns=['学号', '姓名', '身高', '语文成绩', '学分', '日期']
)
print(df)
# 输出
#      学号  姓名   身高   语文成绩      学分  日期
# 0  x1   张三   177    92           1.5   2019/3/23
# 1  x2   李四   151    84           2.3   2019/3/24
# 2  x3   王五   167    80           3.2   2019/3/25
# 3  x4   韩六   175    77           1.2   2019/3/26
# 4  x5   赵七   153    87           1.8   2019/3/27
```

2.4.2 Pandas基础统计函数

在了解了Pandas的基础数据结构后，接下来了解Pandas基础统计函数的相关内容。Pandas流行的一个重要原因，是其在Series和DataFrame对象上封装了很多好用的分析函数，创建对象之后就可以直接调用而不必再使用第三方库，从而提高工作效率。

DataFrame是由多个Series组合成的，一般来说，Series和DataFrame的使用方法有大部分是相同的，下面来看看如何使用这些方法，如代码2-20所示。

```
# 代码2-20,pandas统计函数
# 查看dataframe的维度
print('dataframe的维度是:', df.shape)
# 输出dataframe的维度是: (5, 6)
```

```
# 从dataframe中拆出一个series
# 即dataframe中的一列就是一个series
high = df['身高']
print(high)
# 输出
# 0    177
# 1    151
# 2    167
# 3    175
# 4    153
# Name: 身高, dtype: int64

# 最大值和最小值
df['身高'].max()  # 输出 177
df['身高'].min()  # 输出 151

# 均值和标准差
df['身高'].mean()  # 输出 164.6
df['身高'].std()   # 输出 12.1161

# 分位数:90% 的分位数
df['身高'].quantile(q=0.9)  # 输出 176.2

# 累加值
df['身高'].cumsum()
# 输出
# 0    177
# 1    328
# 2    495
# 3    670
# 4    823
# Name: 身高, dtype: int64

# 相关系数
df[['身高', '语文成绩']].corr(method='pearson')
# 输出
#              身高           语文成绩
# 身高         1.000000      -0.063232
# 语文成绩     -0.063232     1.000000

# 协方差
df[['身高', '语文成绩']].cov()
# 输出
#              身高      语文成绩
# 身高         146.8     -4.5
# 语文成绩     -4.5      34.5
```

DataFrame(Series)支持的一部分常用的统计函数如表2.3所示。

表2.3 DataFrame(Series)常用的统计函数

方 法	说 明
count	计数
describe	给出各列的常用统计量
min,max	最大、最小值
argmin,argmax	最大、最小值的索引位置(整数)
idxmin,idxmax	最大、最小值的索引值
quantile	计算样本分位数
sum,mean	对列求和,求均值
mediam	中位数
mad	根据平均值计算平均绝对离差
var,std	方差,标准差
skew	偏度(三阶矩)
kurt	峰度(四阶矩)
cumsum	累计和
cummins,cummax	累计最小值和累计最大值
cumprod	累计积
diff	一阶差分
pct_change	计算百分数变化

还有更多统计函数如指数平滑、差分、金融分析等可以参考Pandas的相关文档。

2.4.3 Pandas基础数据处理

本节将介绍DataFrame的基础数据处理,包括重命名列名、子集选择、添加列和删除列、排序、缺失值处理、异常值处理、去除重复记录等操作。

(1)重命名列名。用rename函数可对数据进行重命名。

```
# 将"语文成绩"改名成"成绩"
df = df.rename(columns={'语文成绩': '成绩'})
print(df)
# 输出
#     学号  姓名   身高  成绩   学分   日期
# 0   x1    张三   177   92     1.5    2019/3/23
# 1   x2    李四   151   84     2.3    2019/3/24
```

```
# ......
```

(2)添加列或删除列。下面是添加列和删除列的代码,删除列可用drop函数。

```
# 添加新列
# 直接添加即可
df['新列名'] = [1, 2, 3, 4, 5]          # 方法1:添加新数据
df['新列名2'] = df['成绩'] * 0.8        # 方法2:基于已有数据计算
print(df)
# 输出
#       学号  姓名  身高  成绩  学分  日期           新列名  新列名2
# 0  x1   张三  177   92   1.5  2019/3/23   1      73.6
# 1  x2   李四  151   84   2.3  2019/3/24   2      67.2
# 2  x3   王五  167   80   3.2  2019/3/25   3      64.0
# ......

# 删除列
df = df.drop(columns=['新列名2'])       # 方法1:删除列
del df['新列名']   # 方法2:删除列
```

(3)子集选择。选择子集时,采用loc函数或iloc函数,loc读取的是索引,而iloc读取的是行数,相当于重新命名索引为0,1,2,…。

```
# 选择索引范围在[2,4]的数据
df.loc[2:4]
# 输出
#       学号  姓名  身高  语文成绩  学分  日期
# 2  x3   王五  167   80      3.2  2019/3/25
# 3  x4   韩六  175   77      1.2  2019/3/26
# 4  x5   赵七  153   87      1.8  2019/3/27

# 选择第2到第4行
df.iloc[1: 4]
# 输出
#       学号  姓名  身高  语文成绩  学分  日期
# 1  x2   李四  151   84      2.3  2019/3/24
# 2  x3   王五  167   80      3.2  2019/3/25
# 3  x4   韩六  175   77      1.2  2019/3/26

# 选择身高>160且成绩>80的数据,只要“姓名”“学分”“日期”这3列
df.loc[ (df['身高']>160) & (df['语文成绩']>80), ['姓名','学分','日期']]
# 输出
#      姓名  学分  日期
# 0  张三  1.5  2019/3/23
```

(4)排序。根据某列或多列的值进行升序或降序排序。

```
# 根据成绩降序排序,ascending=True表示升序排序,False表示降序
df.sort_values(by=['语文成绩'], ascending=False)
# 输出
```

```
#      学号  姓名  身高  语文成绩  学分  日期
# 0  x1   张三  177   92      1.5   2019/3/23
# 4  x5   赵七  153   87      1.8   2019/3/27
# ......
```

(5)缺失值处理。缺失值处理一般使用fillna进行填充。

```
# 先将张三的成绩替换成缺失值(numpy.NaN),然后填充为80分
df.loc[(df['姓名']=='张三'), '语文成绩'] = np.NaN
df['语文成绩'] = df['语文成绩'].fillna(80)
# 输出
#      学号  姓名  身高  语文成绩  学分  日期
# 0  x1   张三  177   80.0    1.5   2019/3/23
# 1  x2   李四  151   84.0    2.3   2019/3/24
# ......

# 也可以用均值填充缺失值
df['语文成绩'] = df['语文成绩'].fillna(df['成绩'].mean())
```

(6)异常值处理。

```
# 将大于 "均值+2倍标准差" 认为是异常值,用 "均值+2倍标准差" 替代异常值
abnormal = df['语文成绩'].mean() + 2 * df['语文成绩'].std()
df.loc[df['语文成绩'] > abnormal, '语文成绩'] = abnormal
# 输出
#      学号  姓名  身高  语文成绩  学分  日期
# 0  x1   张三  177   80.0    1.5   2019/3/23
# 1  x2   李四  151   84.0    2.3   2019/3/24
# 2  x3   王五  167   80.0    3.2   2019/3/25
# 3  x4   韩六  175   77.0    1.2   2019/3/26
# 4  x5   赵七  153   87.0    1.8   2019/3/27
```

(7)删除重复记录。

```
# 根据"姓名,学号"判断是否重复,若重复则删除重复记录,只保留一条记录
df = df.drop_duplicates(subset=['姓名', '学号'])
# 由于原始数据都没有重复,因此去重后还是原来的数据
```

2.4.4 分组统计

不管是使用数据库还是Python、R语言、Excel等工具进行分析,分组统计都是使用最频繁的操作,下面就讲解Pandas是如何做分组统计的。Pandas的分组统计使用groupby函数,参数as_index=False表示统计后返回DataFrame类型的结果,否则返回Series类型的统计结果。特别注意,groupby函数还可以应用自定义的函数对分组子集进行统计,如代码2-21所示。

```
# 代码2-21,分组统计
df = pd.DataFrame(data={
    '学号': ['x1', 'x2', 'x3', 'x4', 'x5'],
    '班级': ['1班', '1班','1班', '2班', '2班'],
```

```
    '姓名': ['张三', '李四', '王五', '韩六', '赵七'],
    '性别': ['男', '男', '男', '女', '女'],
    '身高': [177, 151, 167, 175, 153],
    '语文成绩': [92, 84, 80, 77, 87],
    '学分': [1.5, 2.3, 3.2, 1.2, 1.8],
    '日期': ['2019/3/23', '2019/3/24', '2019/3/25', '2019/3/26', '2019/3/27']
})

# 按照班级和性别分组,统计每个分组的人数
df.groupby(by=['班级', '性别'], as_index=False)['学号'].count()
# 输出
#     班级  性别  学号
# 0   1班   男    3
# 1   2班   女    2

# 按照班级和性别分组,统计每个组的成绩平均分
df.groupby(by=['班级', '性别'], as_index=False)['语文成绩'].mean()
# 输出
#     班级  性别  语文成绩
# 0   1班   男   85.333333
# 1   2班   女   82.000000

# 按照班级和性别分组,统计每个组的成绩总分
df.groupby(by=['班级', '性别'], as_index=False)['语文成绩'].sum()
# 输出
#     班级  性别  语文成绩
# 0   1班   男    256
# 1   2班   女    164

# 按照班级分组,对组内学生按成绩排序
rank = df.groupby(by=['班级'], as_index=False)['语文成绩'].rank()
df['排名'] = rank # 将排名信息添加到原来的DataFrame中
# 输出
#     学号  班级  姓名  性别   身高  语文成绩   学分  日期        排名
# 0   x1   1班   张三   男    177   92        1.5   2019/3/23   3.0
# 1   x2   1班   李四   男    151   84        2.3   2019/3/24   2.0
# 2   x3   1班   王五   男    167   80        3.2   2019/3/25   1.0
# 3   x4   2班   韩六   女    175   77        1.2   2019/3/26   1.0
# 4   x5   2班   赵七   女    153   87        1.8   2019/3/27   2.0

# 对每个分组使用自定义函数
# agg 或 apply 函数
def myfunc(series):
    return '最大值是:' + str(series.max())

df.groupby(by=['班级', '性别'], as_index=False)['语文成绩'].agg(myfunc)
#     班级   性别   语文成绩
```

```
# 0  1班   男      最大值是92
# 1  2班   女      最大值是87
df.groupby(by=['班级', '性别'], as_index=False)['语文成绩'].apply(myfunc)
# 班级  性别
# 1班    男       最大值是92
# 2班    女       最大值是87
```

2.4.5 apply函数

对于apply函数,其作用是对目标集合中的每个元素执行相同的操作,例如,对DataFrame中的每个元素做乘法操作,或对groupby函数分组后的每个组求最大值、最小值的操作等,在第2.4.4节中使用apply函数求每个分组的成绩最大值,并将结果转成字符串打印出来。使用apply函数还可以实现向量化运算的效果,相比循环操作效率更好,且代码的可读性更强。下面演示如何使用apply函数,如代码2-22所示。

```
# 代码2-22,apply函数使用示例
df = pd.DataFrame(data={
    '学号': ['x1', 'x2', 'x3', 'x4', 'x5'],
    '班级': ['1班', '1班', '1班', '2班', '2班'],
    '姓名': ['张三', '李四', '王五', '韩六', '赵七'],
    '性别': ['男', '男', '男', '女', '女'],
    '身高': [177, 151, 167, 175, 153],
    '语文成绩': [92, 84, 80, 77, 87],
    '学分': [1.5, 2.3, 3.2, 1.2, 1.8],
    '日期': ['2019/3/23', '2019/3/24', '2019/3/25', '2019/3/26', '2019/3/27']
})


# apply
# 对姓名这一列的每个元素都添加字母“xm”
def myfunc(x):
    return 'xm' + x


df['姓名'] = df['姓名'].apply(myfunc)
# 输出
#     学号  班级  姓名     性别  身高  语文成绩  学分  日期
# 0  x1    1班   xm张三   男    177   92       1.5   2019/3/23
# 1  x2    1班   xm李四   男    151   84       2.3   2019/3/24
# ......


# 成绩这一列中,如果有小于90分的,则改成90分
```

```
def myfunc(x):
    if x < 90:
        return 90
    else:
        return x

df['语文成绩'] = df['语文成绩'].apply(myfunc)
# 输出
#       学号  班级  姓名  性别   身高  语文成绩  学分   日期
# 0   x1    1班   张三   男     177   92        1.5   2019/3/23
# 1   x2    1班   李四   男     151   90        2.3   2019/3/24
# ......

# 分组应用apply
# 注意myfunc接收的参数类型
def myfunc(series):
    return series.max()

# 计算每个班级语文成绩的最高分
df.groupby(by=['班级'], as_index=False)['语文成绩'].apply(myfunc)
# 0    92
# 1    90
# dtype: int64
```

注意：myfunc接收的参数是pandas.Series类型。

至此，Pandas的基础使用就讲完了，作为Python数据分析库的标杆，Pandas能做的事情还有很多，如时间序列处理、金融数据处理、数据文件读/写、DataFrame切分合并、文本处理、统计绘图等，有兴趣的读者可以通过阅读官方文档进行学习，一定会大大提高数据分析处理的效率。

2.5 Python绘图

本节将讲解如何使用Python进行绘图，使用Python的Matplotlib库能够很快完成想要绘制的图形，如函数图像、梯度图像和简单的系统仿真图像。

Python的绘图库有很多，其中应用最广泛的是Matplotlib，它已经成为Python绘图库的核心库，就像NumPy已经成为Python科学计算的核心库一样，其他知名绘图库如seaborn也是基于Matplotlib封装而来的。

Python的绘图功能虽然很强大，但是在商业场景中使用的并不多，大部分人使用的是Excel的绘图功能。因为Excel的绘图功能比Python要强大，绘制和修改图形都很方便。Matplotlib使用虽然灵活，但需要学习很多编程的知识，同时图形微调还需要查看函数说明文档，所以在实际应用中，Excel都是首选。

尽管Excel的绘图功能比较强大，但Matplotlib使用起来比较灵活，因此本节将讲解如何绘制常见的散点图、折线图、柱状图，以及常见的格式设置，如标题、标记形状、线型、颜色、透明度，最后是组合图和动态图的绘制方法。

总体来说，绘图的过程就是，先把x轴和y轴的各个点对应的坐标计算出来，如果是三维度的，则要把(x, y, z)的坐标都算出来，然后描在坐标图上，用线连起来。函数图像也是一样的画法，先产生x轴的点，代入函数得到y轴的点，然后将(x,y)绘制在坐标轴上。组合图的核心是，不停地在往一张图上画，后面画的图会覆盖前面画的图，被最后展示出来。

2.5.1 常用图形

在数据分析中，常见的图形包括散点图、折线图、柱状图和直方图，这4种图形的使用最为频繁，下面通过代码演示如何使用Matplotlib绘制这4种图形。

1. 散点图

使用Matplotlib绘制散点图图形的方式如代码2-23所示。

代码2-23，散点图

```
import matplotlib.pyplot as plt
import matplotlib as mpl
import numpy as np

mpl.rcParams['font.sans-serif'] = ['SimHei']        # 指定默认字体
mpl.rcParams['axes.unicode_minus'] = False          # 正常显示图像中的负号

# 绘制散点图
x = np.random.randint(low=2, high=10, size=10)
y = np.random.randint(low=2, high=10, size=10)
plt.scatter(x, y)  # 绘制散点图
plt.title("这是散点图")
plt.xlabel("x轴标签")
plt.ylabel("y轴标签")
plt.show()
```

绘制的散点图如图2.10所示。

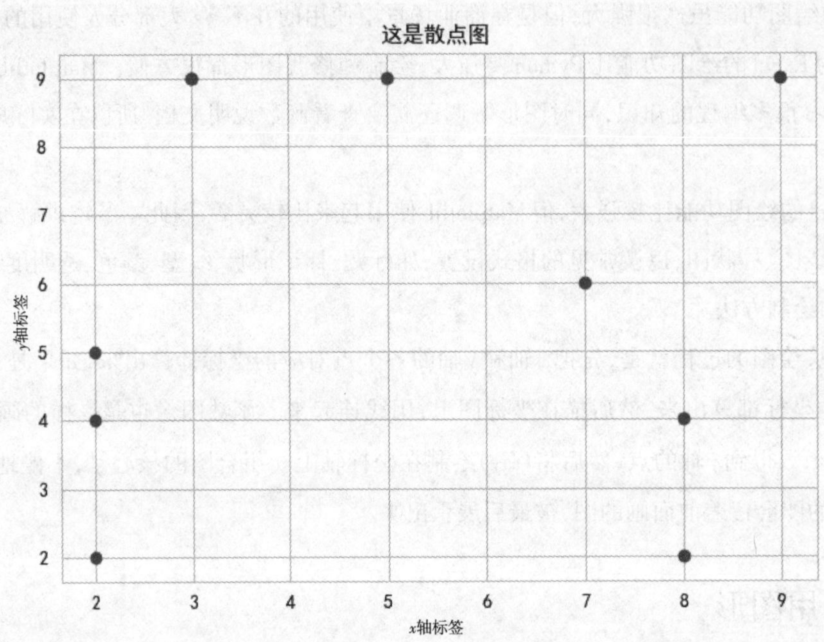

图 2.10 散点图

2. 折线图

使用Matplotlib绘制折线图的方式如代码2-24所示。

```
# 代码2-24,折线图
import matplotlib.pyplot as plt
import matplotlib as mpl
import numpy as np

mpl.rcParams['font.sans-serif'] = ['SimHei'] # 指定默认字体
mpl.rcParams['axes.unicode_minus'] = False    # 正常显示图像中的负号

# 绘制折线图,以sin函数为例
x = np.linspace(start=0, stop=30, num=300)
y = np.sin(x)
plt.plot(x, y)
plt.title("这是折线图")
plt.xlabel("x轴标签")
plt.ylabel("y轴标签")
plt.show()
```

折线图的效果如图2.11所示,如果绘制的点间隔比较稀疏,则得到的曲线是有锯齿状的;如果绘制的点比较密集,则会得到比较平滑的曲线。

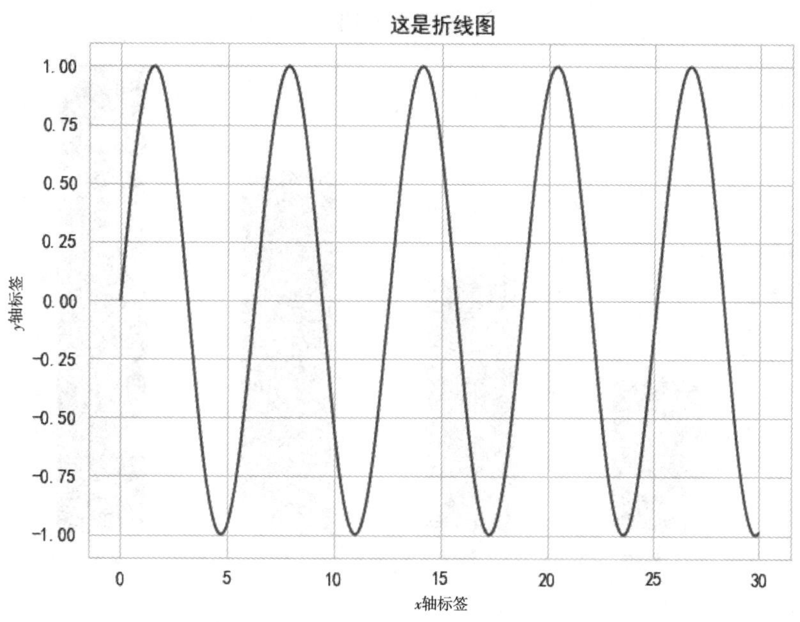

图2.11　折线图

3. 柱状图

使用Matplotlib绘制柱状图的方式如代码2-25所示。

```
# 代码2-25,柱状图
import matplotlib.pyplot as plt
import matplotlib as mpl
import numpy as np

mpl.rcParams['font.sans-serif'] = ['SimHei']  # 指定默认字体
mpl.rcParams['axes.unicode_minus'] = False    # 正常显示图像中的负号

# 绘制柱状图
x = ['a', 'b', 'c', 'd']
y = [3, 5, 7, 9]
plt.bar(x, y, width=0.5)
plt.title("这是柱状图")
plt.xlabel("x轴标签")
plt.ylabel("y轴标签")
plt.show()
```

绘制的柱状图如图2.12所示。

注意：柱状图的x轴虽然也可以用数字来表示，但是更多是有意义的说明，如这里用a、b、c、d分别表示4个不同的事项。

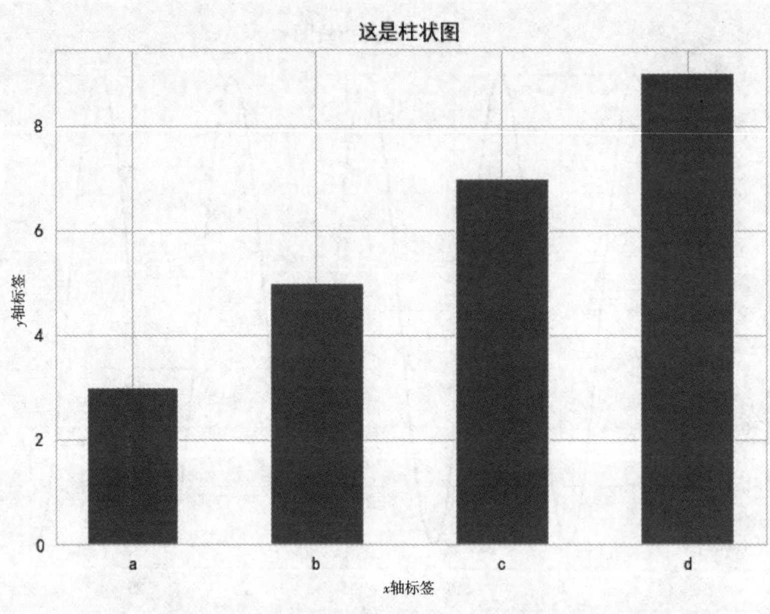

图 2.12　柱状图

4. 直方图

使用Matplotlib绘制直方图的方式如代码2-26所示。

```
# 代码2-26,直方图
import matplotlib.pyplot as plt
import matplotlib as mpl
import numpy as np

mpl.rcParams['font.sans-serif'] = ['SimHei']  # 指定默认字体
mpl.rcParams['axes.unicode_minus'] = False    # 正常显示图像中的负号

# 直方图
x = np.random.normal(loc=0, scale=1, size=1000)
plt.hist(x=x, bins=50)
plt.title("这是直方图")
plt.xlabel("x轴标签")
plt.ylabel("y轴标签")
plt.show()
```

绘制的直方图如图2.13所示,直方图和柱状图类似,但是直方图表示概率密度的含义,此处绘制的是标准正态分布的直方图,其形状和标准正态分布的曲线很相似,也说明了通过绘制的直方图来观测数据,可以在一定程度上了解数据的所属分布。

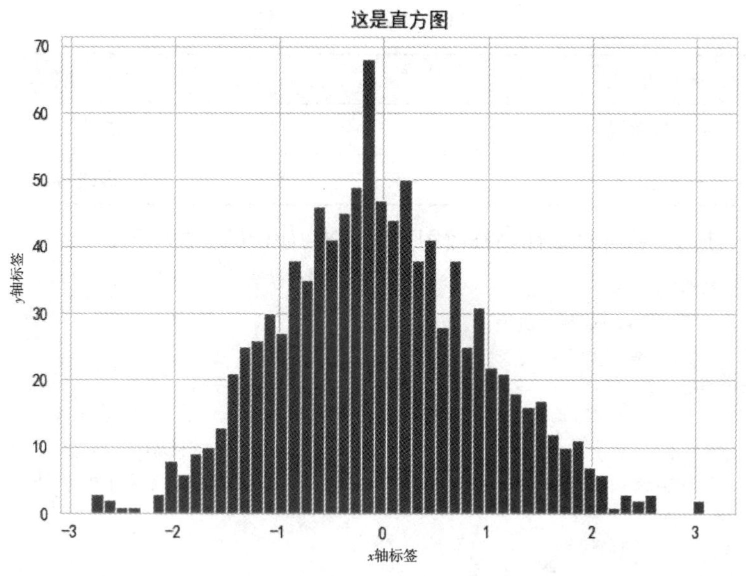

图2.13 直方图

2.5.2 图形属性

图形的常用属性包括颜色(color)、数据标记(marker)、线性(linestyle)、透明度(alpha)、大小(size)、线宽(linewidth)等部分,下面使用表格列出常见的属性值,包括颜色属性(见表2.4)、数据标记属性(见表2.5)、线型属性(见表2.6)。

表2.4 常用的颜色属性

属 性 值	说 明
r	红色
b	蓝色
g	绿色
y	黄色

表2.5 常用的数据标记属性

属 性 值	说 明
o	圆圈
.	圆点
d	菱形

表2.6 常用的线型属性

属 性 值	说 明
--(两横线)	虚线
-(一横线)	实线

下面演示输入使用这些常见属性来修改图形的表现，如代码2-27所示。

代码2-27，修改图形属性

```
import matplotlib.pyplot as plt
import matplotlib as mpl
import numpy as np

mpl.rcParams['font.sans-serif'] = ['SimHei']  # 指定默认字体
mpl.rcParams['axes.unicode_minus'] = False    # 正常显示图像中的负号

# 绘制正弦曲线，并修改图形属性
x = np.linspace(start=0, stop=30, num=300)
y = np.sin(x)
plt.plot(x, y, color='r', marker='d', linestyle='--', linewidth=2, alpha=0.8)
plt.title('颜色:红,标记:菱形,线型:虚线,线宽:2,透明度:0.8')
plt.show()
```

绘制的正弦图像如图2.14所示，其中颜色属性使用红色，标记使用菱形，线型使用虚线，线宽宽度为2，透明度为0.8。

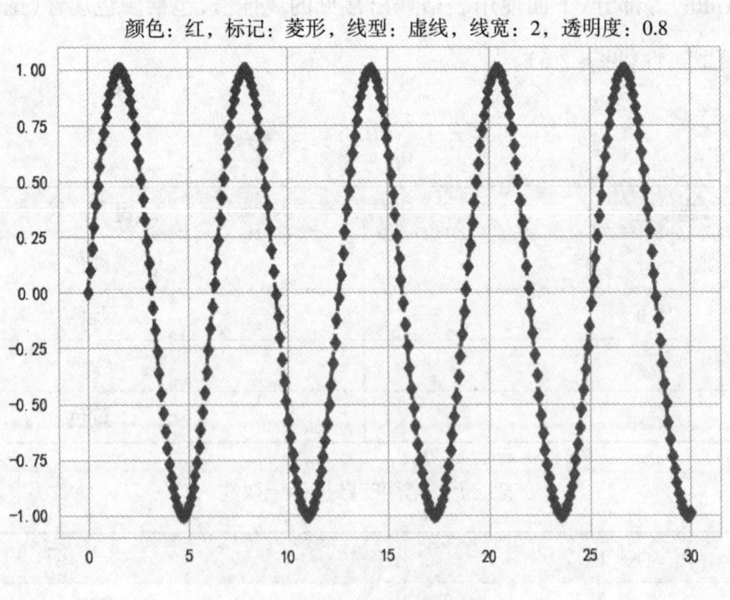

图2.14 演示图形属性

2.5.3 组合图和子图

组合图就是画出多个图形，后面的图形会覆盖前面的，最后调用show函数就完成了，下面演示如何将散点图和折线图绘制在一起，然后添加图例标记，如代码2-28所示。

```
# 代码2-28，组合图
import matplotlib.pyplot as plt
import matplotlib as mpl
import numpy as np

mpl.rcParams['font.sans-serif'] = ['SimHei']
mpl.rcParams['axes.unicode_minus'] = False

# 绘制正弦曲线，并修改图形属性
x1 = np.linspace(start=0, stop=30, num=300)
y1 = np.sin(x1)
x2 = np.random.randint(low=0, high=10, size=10)
y2 = np.random.randint(low=0, high=10, size=10) / 10

# 先绘制折线图，用蓝色
plt.plot(x1, y1, color='b', label='line plot')
# 再绘制散点图，用红色
plt.scatter(x2, y2, color='r', label='scatter plot')

plt.title("组合图")
plt.legend(loc='best')   # 显示图例
plt.show()
```

绘制的组合图如图2.15所示，先用蓝色曲线绘制折线图，然后用红色圆绘制散点图，最后显示出来即可。

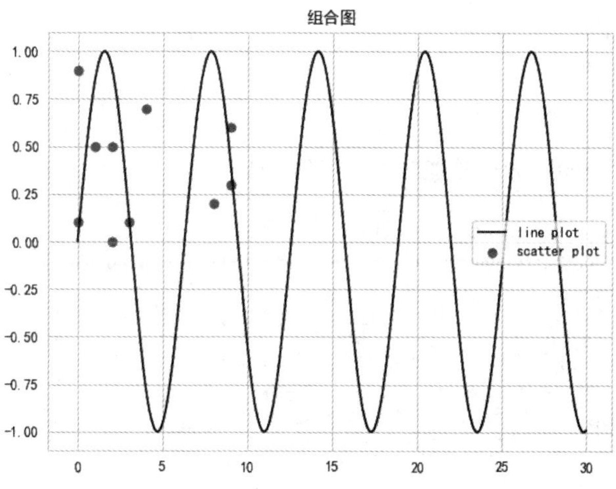

图2.15　组合图

对于子图很好理解，可以理解为把一张纸划分成几个区域，然后在每个区域分别绘图。绘制子图的关键是将画布划分成几个区域，在绘图时不再是用plt.plot()函数，而是用axi.plot()函数，其中axi是子图的句柄。下面演示在2*2的画布上分别绘制不同的图形，如代码2-29所示。

```
# 代码2-29，子图
import matplotlib.pyplot as plt
import matplotlib as mpl
import numpy as np

mpl.rcParams['font.sans-serif'] = ['SimHei']
mpl.rcParams['axes.unicode_minus'] = False

fig = plt.figure(figsize=(10, 10))    # 指定画布大小

ax1 = fig.add_subplot(2, 2, 1)        # 添加一个子图，返回子图句柄
ax2 = fig.add_subplot(2, 2, 2)
ax3 = fig.add_subplot(2, 2, 3)
ax4 = fig.add_subplot(2, 2, 4)

# 子图1绘制sin图形
x = np.linspace(start=0, stop=30, num=300)
y = np.sin(x)
ax1.plot(x, y)
ax1.set_title('子图1')

# 子图2绘制散点图
x = np.random.randint(low=2, high=10, size=10)
y = np.random.randint(low=2, high=10, size=10)
ax2.scatter(x, y)                     # 绘制散点图
ax2.set_title('子图2')

# 子图3绘制直方图
x = np.random.normal(loc=0, scale=1, size=1000)
ax3.hist(x=x, bins=50)
ax3.set_title('子图3')

# 子图4绘制组合图
x1 = np.linspace(start=0, stop=30, num=300)
y1 = np.sin(x1)
x2 = np.random.randint(low=0, high=10, size=10)
y2 = np.random.randint(low=0, high=10, size=10) / 10

# 绘制组合图
ax4.plot(x1, y1, color='b', label='line plot')
ax4.scatter(x2, y2, color='r', label='scatter plot')
ax4.set_title('子图4')

# 最后显示图形
plt.show()
```

子图绘制结果如图2.16所示，共绘制了4个子图，其中前3个子图是正常的单图形，最后一个子图是组合图。由此看出，Matplotlib的绘图方式不管在什么图形中都是保持一致的。

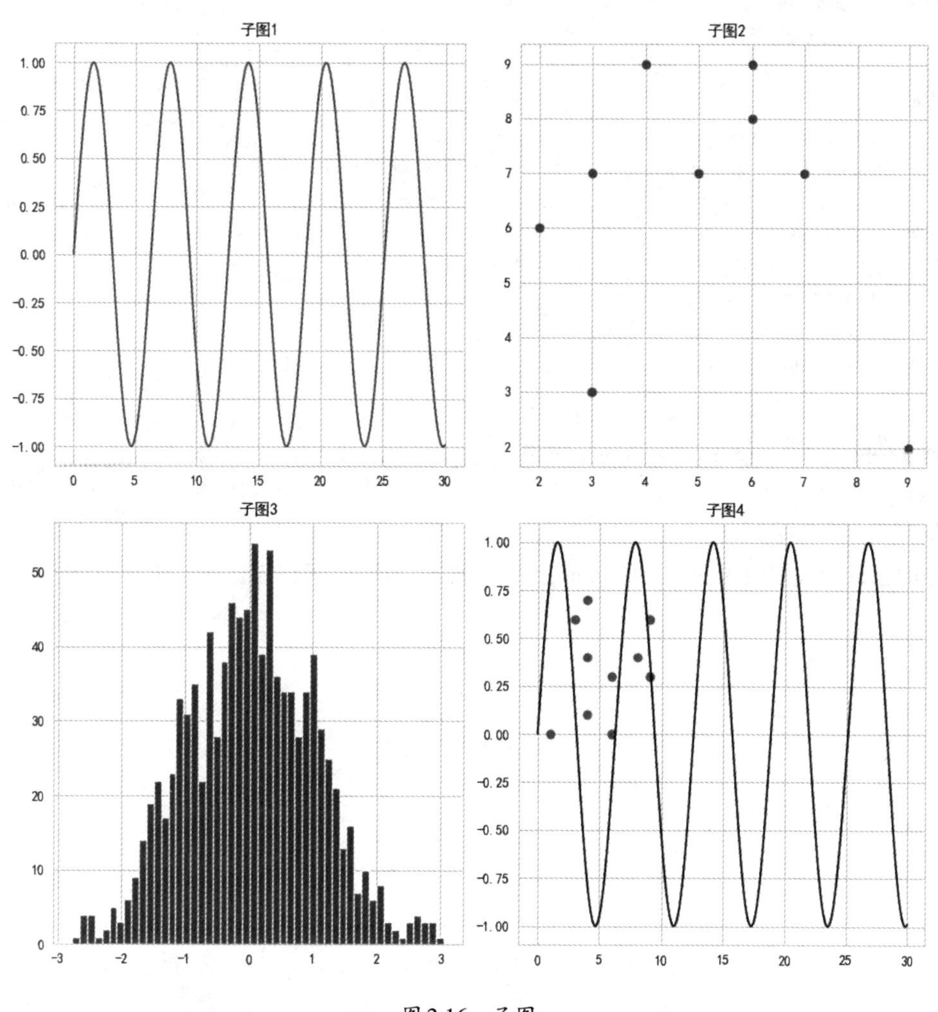

图2.16　子图

2.5.4　三维图

三维图也是进行数据分析和系统模型经常使用的图形。三维图也是日前所能理解的高维图形空间了，如果有更高维的数据空间一般会通过降维或数据切片来观察数据的分布情况。

三维图形的绘制方法和二维图形的绘制方法一样，也是先计算出(x,y,z)的坐标关系，然后调用对应的函数接口来绘制图形。下面介绍在三维空间绘制曲线图、散点图、曲线图的方法。

1. 曲线图

在三维空间中绘制曲线图的方法，如代码2-30所示。

```
# 代码2-30,3D曲线图
# 3D曲线图
from mpl_toolkits.mplot3d import Axes3D
import numpy as np
import matplotlib.pyplot as plt

# 生成画布
fig = plt.figure()
ax = fig.gca(projection='3d')          # 指定为3D图形

# 生成(x,y,z)数据
theta = np.linspace(-4 * np.pi, 4 * np.pi, 100)
z = np.linspace(-2, 2, 100)
r = z ** 2 + 1
x = r * np.sin(theta)
y = r * np.cos(theta)

# 绘制图形
ax.plot(x, y, z)                       # 绘制3D曲线图和2D曲线图一样使用plot函数
plt.show()
```

绘制的三维曲线图效果如图2.17所示,通过三维空间展示,可以表达比二维平面更多的信息。

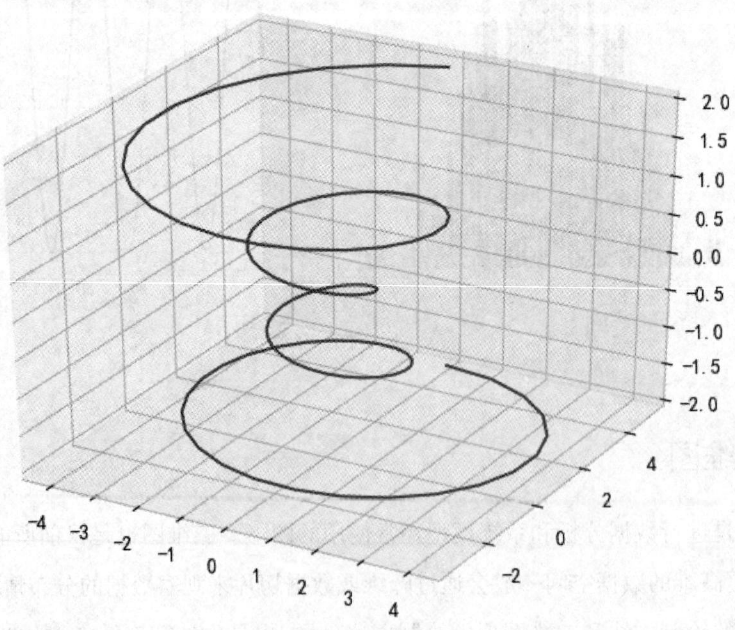

图2.17 三维曲线图

2. 散点图

在三维空间中绘制散点图的方法，如代码2-31所示。

```
# 代码2-31，3D散点图
# 3D散点图
from mpl_toolkits.mplot3d import Axes3D
import matplotlib.pyplot as plt
import numpy as np

# 生成画布
fig = plt.figure()
ax = fig.gca(projection='3d')            # 指定为3D图形

# 绘制红色点100个
x1 = np.random.random(100) * 20
y1 = np.random.random(100) * 20
z1 = x1 + y1
ax.scatter(x1, y1, z1, c='r', marker='o')

# 绘制蓝色点100个
x2 = np.random.random(100) * 20
y2 = np.random.random(100) * 20
z2 = x2 + y2
ax.scatter(x2, y2, z2, c='b', marker='^')

plt.show()
```

三维散点效果如图2.18所示，首先绘制红色的圆，再绘制蓝色的三角形状的小点，通过计算散点图中各点的坐标，最后绘制在画布中。

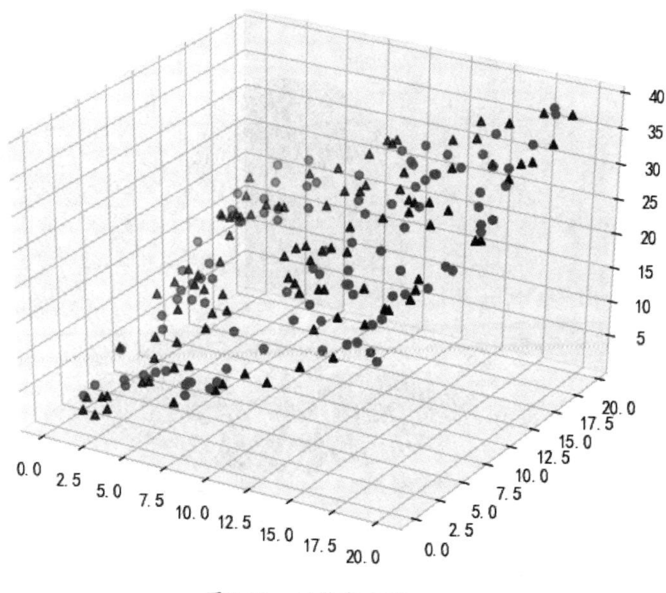

图2.18　三维散点图

3. 曲面图

在三维空间中绘制曲线图的方法，如代码2-32所示。

```
# 代码2-32,3D曲面图
# 3D曲面图
from mpl_toolkits.mplot3d import Axes3D
import matplotlib.pyplot as plt
from matplotlib import cm
import numpy as np

# 生成画布
fig = plt.figure()
ax = fig.gca(projection='3d')          # 指定为3D图形

# 生成数据(x,y,z)
x = np.arange(-5, 5, 0.25)
y = np.arange(-5, 5, 0.25)
x, y = np.meshgrid(x, y)               # 用np.meshgrid生成坐标网格矩阵
z = np.sin(np.sqrt(x ** 2 + y ** 2))

# 使用plot_surface函数
# cmap=cm.coolwarm 是颜色属性
surf = ax.plot_surface(x, y, z, cmap=cm.coolwarm)
plt.show()
```

绘制的三维曲面效果如图2.19所示，与其他线图不同的是，曲面图需要先对x和y的坐标做网格配对，才能根据x和y的坐标计算出z坐标的值，从而得到空间中的各个点，然后再绘制这些点，这就是三维曲面图。

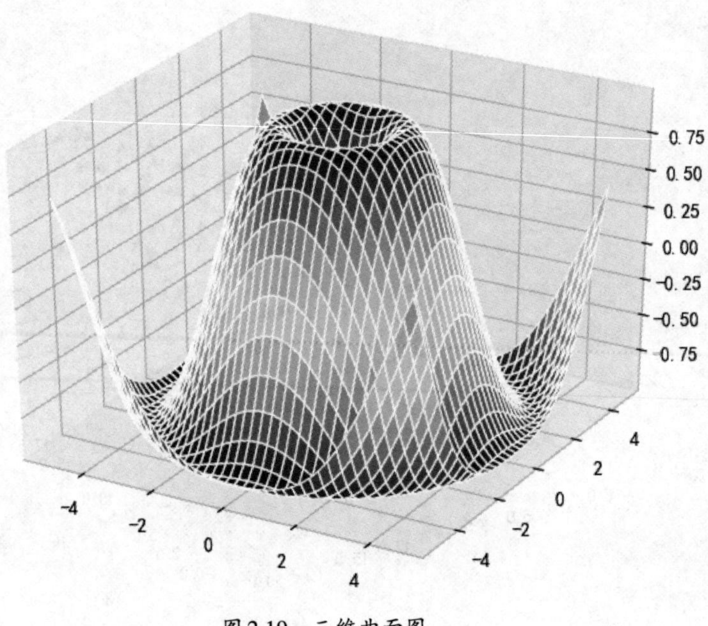

图2.19　三维曲面图

2.5.5 动态图

在模拟系统仿真时由于需要模拟观察系统是如何随着时间推移而产生变化的，就需要用到动态图了。

假设一个场景有3辆卡车，在一个广场上行驶，现在需要画出3辆卡车的位置。

此处可使用前面讲的类来模拟卡车，卡车类有3个属性，*x*和*y*表示其位置，color表示其颜色，用一个方法move表示随机移动了一步，同时使用随机数来模拟卡车随机行驶的效果。

如果掌握了简单系统的动态图绘制方法，相信其他动态图也能运用自如。下面演示动态图的绘制的过程，如代码2-33所示。

```
# 代码2-33，动态图
import numpy as np
import matplotlib.pyplot as plt
from matplotlib import animation


# 这是一个卡车类
class car():
    def __init__(self, marker):
        self.x = 1
        self.y = 1
        self.marker = marker

    def move(self):
        """在东南西北4个方向随机选一个方向走一步，然后更新坐标"""
        # 随机移动一步
        self.x = self.x + np.random.randint(low=-1, high=2, size=1)[0]
        self.y = self.y + np.random.randint(low=-1, high=2, size=1)[0]
        # 防止越界
        self.x = self.x if self.x > 0 else 0
        self.x = self.x if self.x < 10 else 10
        self.y = self.y if self.y > 0 else 0
        self.y = self.y if self.y < 10 else 10


# 实例化3辆车
cars = [car(marker='o'), car(marker='^'), car(marker='*')]

# 绘制一张画布
fig = plt.figure()

i = list(range(1, 1000))  # 模拟1000个时间点


# update 是核心函数，在每个时间点操作图形对象
def update(i):
```

```
    plt.clf()                                   # 清空图层
    # 对每辆卡车进行操作
    for c in cars:
        c.move()                                # 移动1步
        x = c.x
        y = c.y
        marker = c.marker
        plt.xlim(0, 10)                         # 限制图形区域
        plt.ylim(0, 10)
        plt.scatter(x, y, marker=marker)        # 绘制卡车
    return


ani = animation.FuncAnimation(fig, update)
plt.show()
```

绘制的动态效果如图2.20所示，在上面的代码中，先定义一个卡车类，定义类的属性包括颜色、坐标，类的方法是随机移动一步，update函数是动态图的核心函数，其实现的功能是通过在每个时间点调用update函数来模拟动态效果。

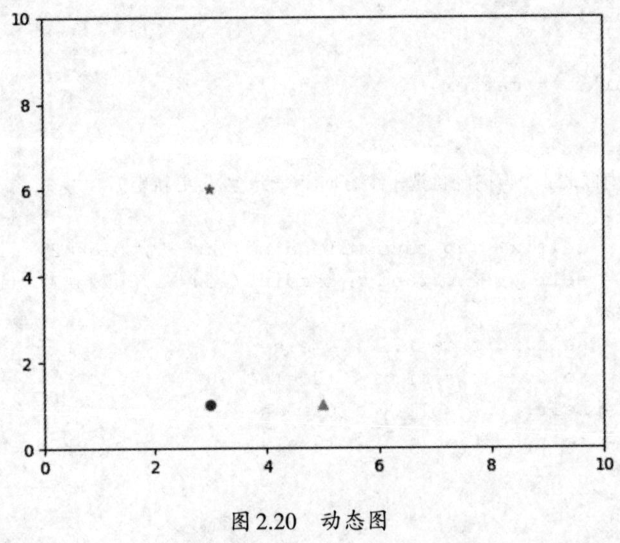

图2.20　动态图

至此，Python的基础知识就讲解完了。通过上面的知识可以掌握Python编程基础，但这只是基础，如果要用好Python编程还需要花很多精力钻研，包括Python高级语法、并行计算、复杂系统模拟等。

2.6 本章小结

本章介绍了Python编程基础，包括Python的基础语法，数据分析中常用的库如NumPy、Pandas的使用方法，以及Python中最常用的绘图库Matplotlib。本章涉及的Python编程内容偏向于线性代数与数据分析的内容，为后面学习数学规划与智能优化算法等知识做好了基础。

第 3 章

Gurobi 优化器

我们已讲解了Python基础，以及如何用Python进行矩阵计算和绘图，通过这些知识可以解决简单的数学建模问题。本章将学习如何使用Gurobi的Python接口进行优化建模，除了学习Gurobi的使用，还将学习优化建模的相关技巧。

由于本章中涉及很多Gurobi知识，如果没有运筹学知识背景理解起来可能会有些困难，因此读者可以先看后面的线性规划、动态规划等内容，然后再回来看本章。本章的内容既是对Gurobi使用方法的讲解，也是优化模型求解思路分析的讲解。

本章主要内容：

- Gurobi的数据结构
- Gurobi的参数和属性
- Gurobi线性化技巧
- Gurobi多目标优化
- callback函数

3.1 Gurobi的数据结构

虽然用基础的Python数据结构也能实现Gurobi的建模，但在建模过程中，经常要对带不同下标的数据进行组合，如果使用Python内置的数据结构，则效率会比较低，为了提高建模效率，Gurobi封装了更高级的Python数据结构，即Multidict、Tuplelist、Tupledict。在对复杂或大规模问题建模时，它们可以大大提高模型求解的效率。

3.1.1 Multidict

Multidict，即复合字典，就是多重字典的意思，multidict函数允许在一个语句中初始化一个或多个字典，如现在有多个学生的语文、数学、英语成绩，如果每门成绩都用一个字典来存储，那么3门课的成绩就需要3个字典，在编写代码时就需要重复录入学生的姓名，如果使用multidict函数则只需要输入一遍学生的姓名，其后面跟学生的成绩，就可以一次性定义多个需要的字典，并且这些字典的键都是相同的，如代码3-1所示。

```
# 代码3-1,multidict
import gurobipy as grb

# multidict 用法
student, chinese, math, english = grb.multidict({
    'student1': [1, 2, 3],
    'student2': [2, 3, 4],
    'student3': [3, 4, 5],
    'student4': [4, 5, 6]
})

print(student)   # 字典的键
# 输出
# ['student1', 'student2', 'student3', 'student4']

print(chinese)   # 语文成绩的字典
# 输出
# {'student1': 1, 'student2': 2, 'student3': 3, 'student4': 4}

print(math)          # 数学成绩的字典
# 输出
# {'student1': 2, 'student2': 3, 'student3': 4, 'student4': 5}

print(english)   # 英语成绩的字典
# 输出
# {'student1': 3, 'student2': 4, 'student3': 5, 'student4': 6}
```

3.1.2 Tuplelist

Tuplelist，即元组列表，就是tuple和list的组合，也就是list元素的tuple类型，其设计目的是为了高效地在元组列表中构建子列表，如可以使用tuplelist对象的select方法进行检索，如与特定字段中的一个或多个指定值匹配的所有元组，这个操作有点像SQL里面的select-where操作。如代码3-2(1)所示。

```
# 代码3-2(1),tuplelist
import gurobipy as grb

# 创建tuplelist对象
tl = grb.tuplelist([(1, 2), (1, 3), (2, 3), (2, 5)])

# 输出第一个值是1的元素
print(tl.select(1, '*'))
# 输出
# <gurobi.tuplelist (2 tuples, 2 values each):
#  ( 1 , 2 )
#  ( 1 , 3 )

# 输出第二个值是3的元素
print(tl.select('*', 3))
# 输出
# <gurobi.tuplelist (2 tuples, 2 values each):
#  ( 1 , 3 )
#  ( 2 , 3 )
```

Tuplelist继承自list，所以向tuplelist中添加新元素和普通list添加元素一样，有append、pop等方法，同样用迭代的方式遍历元素，如代码3-2(2)所示。

```
# 代码3-2(2),tuplelist
# 添加一个元素
tl.append((3, 5))
print(tl.select(3, '*'))
# 输出 <gurobi.tuplelist (1 tuples, 2 values each):
#  ( 3 , 5 )

# 使用迭代的方式实现select功能
print(tl.select(1, '*'))
# 输出 <gurobi.tuplelist (2 tuples, 2 values each):
#  ( 1 , 2 )
#  ( 1 , 3 )
```

从上面的代码可以看出，其实tuplelist在内部存储上和普通的list是一样的，只是Gurobi在继承list类的基础上添加了select方法。因此，可以把tuplelist看作是list对象，可以使用迭代、添加或删除元素等方法。

3.1.3 Tupledict

Tupledict是Python的dict的一个子类，通过tupledict可以更加高效地操作Gurobi中的变量子集，也就是说当定义了很多变量，需要对其中一部分变量进行操作时，可以使用tupledict的内置方法来高效轻松地构建线性表达式，如sum和prod。tupledict的键在内部存储格式是tuplelist，因此可以使用tuplelist的select方法选择集合的子集。在实际使用中，通过将元组与每个Gurobi变量关联起来，可以有效地创建包含匹配变量子集的表达式。

如创建一个3×3的矩阵，里面的每个元素表示线性表达式的变量，取其中一部分变量的操作就显得很方便了。对如下矩阵进行代码演示，其方法如代码3-3所示。

$$\begin{bmatrix} x_{11} & x_{12} & x_{13} \\ x_{21} & x_{22} & x_{23} \\ x_{31} & x_{32} & x_{33} \end{bmatrix}$$

```
代码3-3,tupledict
import gurobipy as grb

model = grb.Model()

# 定义变量的下标
tl = [(1, 1), (1, 2), (1, 3),
      (2, 1), (2, 2), (2, 3),
      (3, 1), (3, 2), (3, 3)]
vars = model.addVars(tl, name="d")

# 基于元素下标的操作
print(sum(vars.select(1, '*')))
# 输出
# <gurobi.LinExpr: d[1,1] + d[1,2] + d[1,3]>
```

相当于对第1行求和，即$x_{11} + x_{12} + x_{13}$。另一种效果相同但写法更快捷的代码如下。

```
vars.sum(1, '*')
```

在上面的例子中讨论的情况是变量的系数都是1时，如果变量系数不是1，就不能用sum方法，而需要用prod方法来构建线性表达式，prod方法用于变量和系数相乘后的累加。首先创建一个系数矩阵，用tupledict存储，键与vars是一样的，这样就可以快速匹配系数和对应的变量，然后采用prod方法用选定的变量和系数来构建线性表达式，如代码3-4所示。

```
# 代码3-4,prod线性表达式
import gurobipy as grb

# 创建一个系数矩阵,用tupledict格式存储
c1 = [(1, 1), (1, 2), (1, 3)]
coeff = grb.tupledict(c1)
```

```
coeff[(1, 1)] = 1
coeff[(1, 2)] = 0.3
coeff[(1, 3)] = 0.4

print(vars.prod(coeff, 1, '*'))
# 输出
# <gurobi.LinExpr: d[1,1] + 0.3 d[1,2] + 0.4 d[1,3]>
```

如果不是选择部分变量而是选择全部变量，prod函数实现的功能就是具有相同下标的变量相乘后加和。在下面的例子中，用迭代表达式与prod方法实现的功能是一样的。

```
obj = grb.quicksum(cost[i,j] * x[i,j] for i,j in arcs)
obj = x.prod(cost)
```

由于tupledict是dict的子类，因此可以使用标准的dict方法来修改tupledict，如上面的代码中，直接对tupledict的某个键进行赋值操作。

Gurobi变量一般都是tupledict类型，用tupledict定义变量的好处是可以快速选择部分变量，创建各种各样的约束，因为tupledict有sum函数和select函数，如代码3-5的演示。

```
# 代码3-5,tupledict构造现行表达式
import gurobipy as grb

# tupledict类型的变量快速创建约束条件
import gurobipy as grb

m = grb.Model()
x = m.addVars(3, 4, vtype=grb.GRB.BINARY, name="x")
m.addConstrs((x.sum(i, '*') <= 1 for i in range(3)), name="con")
m.update()
m.write("tupledict_vars.lp")

# 将创建如下约束:
# con[0]: x[0, 0] + x[0, 1] + x[0, 2] + x[0, 3] <= 1
# con[1]: x[1, 0] + x[1, 1] + x[1, 2] + x[1, 3] <= 1
# con[2]: x[2, 0] + x[2, 1] + x[2, 2] + x[2, 3] <= 1
```

3.1.4 应用范例

下面通过一个网络流的例子来讲解Multidict、Tuplelist、Tupledict在优化建模问题中的应用，这个例子可以在Gurobi安装目录下的example中找到。

在这个网络流的例子中，有两个城市（底特律和丹佛）生产了两种商品（铅笔和钢笔），必须装运到3个城市（波士顿、纽约和西雅图）的仓库，以满足给定的需求。网络中每一条弧都有其总容量和成本，如代码3-6所示。

```
# 代码3-6,网络流的例子
import gurobipy as grb
```

```
# 两种商品
commodities = ['Pencils', 'Pens']
# 2个产地+3个目的地
nodes = ['Detroit', 'Denver', 'Boston', 'New York', 'Seattle']

# 网络中每条弧的容量,使用multidict一次性创建多个字典
arcs, capacity = grb.multidict({
    ('Detroit', 'Boston'): 100,
    ('Detroit', 'New York'): 80,
    ('Detroit', 'Seattle'): 120,
    ('Denver', 'Boston'): 120,
    ('Denver', 'New York'): 120,
    ('Denver', 'Seattle'): 120})

# 商品在不同弧上的运输成本,是tupledict形式,可以用select、sum等加快变量选取
cost = {
    ('Pencils', 'Detroit', 'Boston'): 10,
    ('Pencils', 'Detroit', 'New York'): 20,
    ('Pencils', 'Detroit', 'Seattle'): 60,
    ('Pencils', 'Denver', 'Boston'): 40,
    ('Pencils', 'Denver', 'New York'): 40,
    ('Pencils', 'Denver', 'Seattle'): 30,
    ('Pens', 'Detroit', 'Boston'): 20,
    ('Pens', 'Detroit', 'New York'): 20,
    ('Pens', 'Detroit', 'Seattle'): 80,
    ('Pens', 'Denver', 'Boston'): 60,
    ('Pens', 'Denver', 'New York'): 70,
    ('Pens', 'Denver', 'Seattle'): 30}

# 商品在不同节点的流入量、流出量,即需求量
# 正数表示产地,负数表示需求量
# 是tupledict形式,可以用select、sum等加快变量选取
inflow = {
    ('Pencils', 'Detroit'): 50,
    ('Pencils', 'Denver'): 60,
    ('Pencils', 'Boston'): -50,
    ('Pencils', 'New York'): -50,
    ('Pencils', 'Seattle'): -10,
    ('Pens', 'Detroit'): 60,
    ('Pens', 'Denver'): 40,
    ('Pens', 'Boston'): -40,
    ('Pens', 'New York'): -30,
    ('Pens', 'Seattle'): -30}

# 创建模型
m = grb.Model('netflow')

# 创建变量
```

```
# flow是tupledict类型的变量,因此可以使用select方法快速筛选
# 键是 ('Pencils', 'Detroit', 'Boston') 格式,可以使用select方法快速筛选,然后将选出来的变量sum求和
# 值是 cost,表示商品从产地到目的地的需求量
# 值还有系数,就是cost
flow = m.addVars(commodities, arcs, obj=cost, name="flow")

# 添加容量约束,可使用迭代表达式
# 此处迭代表达式中,i是产地,j是目的地
# capacity[i,j] 表示i->j的弧的容量
# flow.sum('*',i,j) 对i->j的所有不同商品的总量求和
m.addConstrs((flow.sum('*', i, j) <= capacity[i, j] for i, j in arcs), "cap")

# 添加节点流入=流出的约束
# h表示商品, j表示节点,包括产地和目的地
# flow.sum(h,'*',j) 表示商品h经过所有中间节点到达j后的总数量
# flow.sum(h,j,'*') 表示商品h从j节点流出去的数量
# inflow[h,j] 表示h在j节点的需求量
# 理解起来就是
# 商品h在节点j,流入-流出 = 需求
# 流出可以表示产地,也可以表示中转节点
m.addConstrs((flow.sum(h, '*', j) + inflow[h, j] == flow.sum(h, j, '*') for h in commodities for j in nodes), "node")

# 求解模型
m.optimize()

# 输出结果
if m.status == grb.GRB.Status.OPTIMAL:
    solution = m.getAttr('x', flow)
    for h in commodities:
        print('\nOptimal flows for %s:' % h)
        for i, j in arcs:
            if solution[h, i, j] > 0:
                print('%s -> %s: %g' % (i, j, solution[h, i, j]))
# 求解结果如下
# Optimal flows for Pencils:
#     Detroit -> Boston: 50
#     Denver -> New York: 50
#     Denver -> Seattle: 10
#
# Optimal flows for Pens:
#     Detroit -> Boston: 30
#     Detroit -> New York: 30
#     Denver -> Boston: 10
#     Denver -> Seattle: 30
```

在上面的代码中定义了一个运输网络,包括工厂生产的产品、目的地对产品的需求量、网络的最大运输量,以及单位运输成本。这是一个网络流优化的问题,网络流求解的核心是,起始点的输出量和终点的输入量相等,网络中各节点的输入量和输出量相等。

从上面的例子中,就能很好地理解multidict如何快速创建多个字典变量,tupledict如何表示模型的变量,tuplelist作为dict的键如何发挥快速选择部分变量的作用,同时看到用集合迭代的方式创建约束可以使代码变得简洁,且更容易维护。相信通过这个例子,读者能对Gurobi的基础数据结构有更深入的理解。

3.2 Gurobi的参数和属性

虽然Gurobi已经很智能了,但是还有会有很多问题场景。Gurobi的默认参数并不能高效求解模型,因此有必要了解Gurobi的重要参数和属性,以便在建模过程中能写出更高效的代码,能更快地进行试验和求解模型。

本节将讲解Gurobi的参数(Parameters)和属性(Attributes)。通过参数来控制优化器的行为,如求解时间限制、在命令行窗口中输出日志、MIP可行解数量等,因此需要在优化求解启动前设置。通过属性来控制模型(变量、约束、目标等对象)的特征,如模型优化方向、变量的上界和下界等。下面分别进行讲解。

3.2.1 参数类型

参数控制Gurobi优化求解器的行为,需要在启动之前设置,一般来说Gurobi已经选择了最优的参数作为默认值,因此除非有必要,否则不用修改这些默认参数。下面列举Gurobi的部分参数进行说明,其中前8种类型参数使用比较多,后3种类型参数在部署Gurobi服务器或部署服务计算时使用,这些参数的详细说明可以参考Gurobi接口文档《Gurobi优化器参考手册》的相关内容。

(1)Termination停止参数,用于控制求解的停止条件。如TimeLimit设定整个求解过程耗时限制;SolutionLimit设定MIP可行解数量;BarIterLimit设定障碍法(Barrier)迭代次数限制;IterationLimit设定单纯形法迭代次数限制,如表3.1所示。

表3.1 Termination 停止参数

参 数 名 称	说　明
BarIterLimit	限制障碍法的迭代次数,此参数很少使用,如果希望提前结束,最好改用BarConvTol参数
Cutoff	如果目标值比指定的值差,则删除目标值,否则返回目标值
IterationLimit	单纯形法迭代次数限制
NodeLimit	限制探索的MIP节点数
SolutionLimit	限制找到MIP的可行解数量
TimeLimit	限制模型求解花费的总时间(以秒为单位)
BestObjStop	一旦找到一个目标值等于指定值的可行解,则立即终止
BestBdStop	一旦找到一个目标值的最佳界限与指定值一样好,则立即终止

(2)Tolerances容差参数,用于控制结果的精度,在大多数情况下,这个限制是通过数值公差来管理的;如果冲突小于相应的公差,求解器将结果视为满足约束,如表3.2所示。

表3.2 Tolerances容差参数

参 数 名 称	说　明
BarConvTol	当主问题和对偶问题目标值之间的相对差小于指定的公差时,障碍求解器终止
BarQCPConvTol	当主问题和对偶问题目标值之间的相对差小于指定的公差时,障碍求解器终止,针对QCP
FeasibilityTol	所有约束条件必须满足可行性公差。收紧此公差可以产生较小的约束冲突,但对于具有数值挑战性的模型,有时会导致更大的迭代次数
IntFeasTol	当变量的值小于最近整数值的IntFeasTol时,就认为满足了对变量的完整性限制。收紧此公差可以减少完整性违规,但非常严格的公差可能会显著增加运行时间。放松此公差会减少运行时间
MarkowitzTol	在单纯形算法中,使用Markowitz公差来限制数值误差。具体来说,较大的值可以减少单纯形基分解中引入的误差。较大的值可能会在极少数情况下避免数值问题,但也会损害性能
MIPGap	当目标下限和上限之间的间隙(gap)小于上限绝对值的MIPGap倍时,MIP解算器将终止
MIPGapAbs	原理同MIPGap,MIPGap是相对值差值,MIPGapAbs是绝对值差值
OptimalityTol	为了使一个模型被判定为最优,在改进方向上,Reduced costs必须都小于OptimalityTol
PSDTol	设置允许优化器在Q矩阵上执行的对角线扰动量的限制,以便更正轻微的PSD违反约束

(3)Simplex 单纯形参数,用于控制单纯形法的应用。如 InfUnbdInfo 控制是否生成不可行或无界模型的附加信息,如表 3.3 所示。

表3.3　Simplex 单纯形参数

参数名称	说　明
InfUnbdInfo	用来确定当模型被确定为不可行或无界时,单纯形(和交叉)是否将计算附加信息。如果要查询无界模型的无界信息(通过 UnbdRay 属性),或不可行模型的不可行证明(通过 FarkasDual 和 FarkasProof 属性),需设置此参数
NormAdjust	这个参数如何影响单纯形定价算法的细节是微妙的,很难描述,该指标的取值为 0~3,如果设为-1 则求解器自动选择合适的值
ObjScale	将模型目标除以指定值,以避免因目标系数过大而产生的数值误差。默认值 0 自动决定缩放比例。当目标包含非常大的值时,目标缩放是有用的,但是它也会导致较大的对偶违规,所以应该谨慎使用
PerturbValue	单纯形扰动的大小。请注意,扰动仅在进度暂停时应用,因此参数通常不会产生任何影响
Quad	在单纯形中启用或禁用四精度计算。-1 默认设置允许算法决定。四精度有时有助于解决具有数值挑战性的模型,但它也可以显著增加运行时间
ScaleFlag	控制模型缩放。默认情况下将缩放模型的行和列,以改善约束矩阵的数值特性。在返回最终解决方案之前清除缩放。缩放通常会缩短求解时间,但它可能会导致原始未缩放模型中出现更大的约束冲突。禁用缩放(ScaleFlag=0)有时会产生较小的约束冲突。对于数值上特别困难的模型,选择不同的缩放选项有时可以提高性能
Sifting	在对偶单纯形中启用或禁用筛选。筛选对于变量数量比约束数量大很多倍的 LP 模型很有用
SiftMethod	用于解决筛选子问题的 LP 方法
SimplexPricing	确定单纯形可变定价策略

(4)Barrier 障碍法参数,用于控制障碍法的操作,障碍法也称罚函数法。如 QCPDual 控制是否获取二次模型的对偶值,如表 3.4 所示。

表3.4　Barrier 障碍法参数

参数名称	说　明
BarCorrectors	限制在每个屏障迭代中执行的中心校正的数量。默认值根据问题特征自动选择
BarHomogeneous	确定是否使用齐次障碍算法。在默认设置(-1)下,仅当 barrier 解决 MIP 模型的节点松弛时使用,齐次算法有助于识别不可行或无界。它比默认算法慢一点
BarOrder	选择障碍稀疏矩阵填充还原算法。仅当障碍排序阶段占用整个运行时的很大一部分时,才应修改此参数
Crossover	确定用于将障碍法生成的内部解转换为基本解的交叉策略(请注意,交叉不适用于 QP 或 QCP 模型)

续表

参数名称	说明
CrossoverBasis	确定交叉的初始基础构造策略。默认值(0)快速选择初始基础。值为1可能需要更长的时间,但通常会产生更稳定的数值起始基
QCPDual	控制是否获取QCP模型的对偶值。计算对偶值可以会增加计算时间,因此仅在必要时设置为1

(5)MIP混合整数规划参数,用于控制混合整数规划算法。如BranchDir用于设定分支割平面搜索方向,默认值是自动选择的。值为-1时将总是首先探索向下分支,而值为1时则始终首先探索向上分支;Heuristics 设定启发式算法求解所花费的时间所占的比重,如表3.5所示。

表3.5 MIP混合整数规划参数

参数名称	说明
BranchDir	确定在分支和剪切搜索中首先搜索哪个子节点。默认值自动选择。值为-1时将始终首先探索下分支,而值为1时将始终首先探索上分支
ConcurrentJobs	启用分布式并发优化,可用于解决多台机器上的LP或MIP模型。值为n时求解器创建n个独立的模型,并对每个模型使用不同的参数设置。这些模型中的每一个都发送到分布式工作器进行处理
ConcurrentMIP	此参数启用并发MIP求解器
ConcurrentSettings	通过此命令行参数可以指定逗号分隔的.prm文件列表,该列表用于为并发MIP运行中的不同实例设置参数
DegenMoves	限制退化单纯形移动。进行这些移动是为了改善当前松弛解的完整性,在解决了初始根松弛之后但在切割生成过程或根启发式算法开始之前花费过多时间的情况下,更改此参数的值可以帮助提高性能
Disconnected	MIP模型有时可以由多个完全独立的子模型组成,此参数控制尝试利用此结构的程度
DistributedMIPJobs	用分布式MIP。值为n时,使MIP求解器把求解MIP模型的工作分配给n台机器,使用WorkerPool参数提供分布式工作程序集群
Heuristics	确定在MIP启发式算法上花费的时间。默认情况下,将5%的运行时花费在启发式上,更大的价值产生了更多更好的可行解,但代价是在最佳范围内进展缓慢
ImproveStartGap	MIP求解器可以在搜索过程中更改参数设置,以采用放弃最佳界限的策略,而全力以赴寻找更好的可行解决方案
ImproveStartNodes	作用同ImproveStartGap,区别是ImproveStartNodes通过节点数判断,ImproveStartGap通过gap值判断
ImproveStartTime	作用同ImproveStartGap,ImproveStartTime通过耗时判断,例如,将此参数设置为10将导致MIP解算器在开始优化后10秒钟切换策略
MinRelNodes	以最小松弛试探法探索的节点数。请注意,此启发式方法仅在MIP根目录的末尾应用,并且仅在没有其他启发式方法找到可行解时才应用

续表

参数名称	说明
MIPFocus	MIP求解器在找到新的可行解与证明当前解是最优之间取得平衡。MIPFocus=1侧重快速找到可行解,MIPFocus=2侧重找到最优解,如果最优目标边界移动得非常缓慢(或根本没有),则可能需要尝试使MIPFocus=3专注于边界
MIQCPMethod	控制用于求解MIQCP模型的方法。值1使用线性化的外部近似方法,而值0解决每个节点处的连续QCP松弛
NodefileDir	确定当节点内存使用量超过指定的NodefileStart值时写入节点的目录
NodefileStart	如果Gurobi优化器在解决MIP时耗尽了内存,则应修改NodefileStart参数。当用于存储节点的内存量(以GB为单位)超过指定的参数值时,将压缩节点并将其写入磁盘,建议将其设置为0.5
NodeMethod	用于MIP节点松弛的算法(除了根节点)。选项为:-1为自动,0为基本单纯形,1为对偶单纯形,2为障碍法。注意,障碍法不是MIQP节点松弛的选项
PartitionPlace	在模型中的至少一个变量上设置"分区"属性可启用分区启发式方法,该方法使用大邻域搜索来尝试改善当前的现有解决方案
PumpPasses	可行性启发式的通过次数。请注意,此启发式方法仅在MIP根目录的末尾应用,并且仅在没有其他根启发式方法找到可行的解决方案时才应用
RINS	RINS启发式的频率。默认值(-1)自动选择。值为0将关闭RINS。为正值n时,即在MIP搜索树的第n个节点上应用RINS。 RINS启发式方法的频率不断增加,使MIP搜索的重点从证明最优性转向寻找良好可行解。建议在使用此参数之前尝试使用MIPFocus,改良StartGap或改良StartTime
SolutionNumber	当查询属性Xn、ObjNVal或PoolObjVal来检索备用MIP解决方案时,此参数确定检索哪个替代解决方案。此参数的值应小于SolCount属性的值
SubMIPNodes	当查询属性Xn、ObjNVal或PoolObjVal来检索候选MIP解时,此参数确定要检索哪个候选解
Symmetry	限制基于MIP的启发式方法(如RINS)探索的节点数。探索更多节点可以产生更好的解,但是通常需要更长的时间

(6)MIP Cuts割平面参数,用于控制割平面的形式。如Cuts用于控制全局割平面法的强度,如表3.6所示。

表3.6 MIP Cuts 割平面参数

参数名称	说明
CliqueCuts	控制Clique切割的生成。使用0禁用这些剪切,使用1产生中等剪切,或使用2产生积极剪切。默认值(-1)会自动选择。覆盖Cuts参数
CoverCuts	控制覆盖切割生成
CutAggPasses	非负值表示在生成剪切期间执行的约束聚合传递的最大数目

续表

参数名称	说明
CutPasses	非负值表示生成根切割期间执行的最大切割平面通过数。默认值自动选择切割过程的数量
Cuts	全局切割强度设置。使用值0可以关闭剪切,使用1可以生成中等剪切,使用2可以生成激进的剪切,使用3可以生成非常激进的剪切
FlowCoverCuts	控制流盖切割生成
FlowPathCuts	控制流径切割生成
GomoryPasses	非负值表示执行的Gomory切割过程的最大数量
GUBCoverCuts	控制GUB覆盖切割生成
ImpliedCuts	控制隐含的边界切割生成
InfProofCuts	控制不可行证明切割的生成
MIPSepCuts	控制MIP分离切割的生成
MIRCuts	控制混合整数舍入(MIR)切割生成
ModKCuts	控制mod-k切割的生成
NetworkCuts	控制网络切割的生成
ProjImpliedCuts	控制投影的隐含边界切割生成
StrongCGCuts	控制强切割(Chvátal-Gomory)生成
SubMIPCuts	控制子MIP切割生成
ZeroHalfCuts	控制零半切割生成

(7)Tuning 调参参数,用于控制求解器的调参行为。如TuneCriterion可设定调参的准则,TuneTimeLimit可设定调参的时间,如表3.7所示。

表3.7 Tuning 调参参数

参 数 名 称	说 明
TuneCriterion	修改调参工具的调整标准。主要的调整标准始终是使找到可靠的最优解所需的运行时间最小化。但是,对于在指定时限内无法解决最优性的MIP模型,则需要一个辅助条件。将此参数设置为1可以将最佳间隔用作第二标准。选择值2以使用找到的最佳可行解的目标。选择3的值以使用最佳目标范围。选择0可忽略次要标准,而将重点完全放在最小化找到经过验证的最优解的时间上。默认值(-1)自动选择
TuneJobs	启用分布式并行调整,这可以显著提高调整工具的性能。值n使调整工具在n个并行作业之间分配调整工作

续表

参数名称	说　明
TuneOutput	控制调参工具产生的输出。级别0不产生任何输出。仅当找到新的最佳参数集时,级别1才会生成摘要输出;级别2为尝试的每个参数集生成摘要输出;级别3会为尝试的每个参数集生成摘要输出及详细的求解器输出
TuneResults	调参工具通常会找到多个参数集,这些参数集会产生比基线设置更好的结果。此参数控制在完成调整后应保留这些参数集的数量。默认值将保留每次更改参数计数时发现的最佳结果。换句话说,对于一个或两个更改的参数等,它都保留了最佳结果。不在有效边界上的结果将被丢弃
TuneTimeLimit	限制总的调整运行时间(以秒为单位)。默认设置(-1)自动选择时间限制
TuneTrials	由于随机效应,MIP模型上的性能有时可能会发生重大变化。调参工具可以返回仅由于随机性而在基线上改善的参数集。使用此参数可以为每个参数集执行多个求解,并对每个参数集使用不同的种子值,以减少随机性对结果的影响

(8)Multiple Solutions多解参数,用于修改MIP的搜索行为,用于尝试为MIP模型寻找多个解。如PoolSolutions决定存储可行解的数量,如表3.8所示。

表3.8　Multiple Solutions多解参数

参数名称	说　明
PoolSearchMode	选择不同的模式来浏览MIP搜索树。使用默认设置(PoolSearchMode = 0),MIP求解器尝试为模型找到最优解。通过将此参数设置为非默认值,在找到最优解后,MIP搜索将继续,以查找其他优质解。设置为2时,它将找到n个最优解,其中n由PoolSolutions参数的值确定。设置为1时,它将尝试查找其他解,但不能保证这些解的质量
PoolGap	确定在存储的解中可以容忍的差距。当此参数设置为非默认值时,将舍弃其目标值超过最优解的目标值超过指定(相对)间隙的解
PoolSolutions	确定存储多少个MIP可行解

(9)Distributed Algorithms 分布式计算参数,用于控制分布式并行算法(分布式MIP、分布式并发和分布式调优)的参数,如表3.9所示。

表3.9　Distributed Algorithms分布式计算参数

参数名称	说　明
WorkerPassword	使用分布式算法(分布式MIP、分布式并发或分布式优化)时,此参数指定WorkerPool参数中提供的分布式工作集群的密码
WorkerPool	使用分布式算法(分布式MIP、分布式并发或分布式调整)时,此参数指定将提供分布式工作程序的远程服务集群

(10)Compute Server 计算服务器参数,用于配置和启动Gurobi计算服务器作业的参数,如表3.10所示。

表3.10　Compute Server计算服务器参数

参数名称	说　明
ComputeServer	此参数设置为希望在其上运行计算服务器作业的远程服务集群中的节点的名称。可以使用服务器的名称或IP地址来引用服务器
ServerPassword	连接到服务器(计算服务器或令牌服务器)的密码
ServerTimeout	计算服务器和令牌服务器的网络超时(以秒为单位)
CSPriority	计算服务器作业的优先级。优先级必须在-100到100之间,默认值是0(按照惯例)。在优先级较低的作业之前,先从服务器作业队列中选择优先级较高的作业。优先级为100的作业将立即运行,绕过作业队列并忽略服务器上的作业限制
CSQueueTimeout	此参设置新的作业在队列中的等待的时间限制(以秒为单位,并报告作业被拒绝的错误)。任何负值都将允许作业无限期地位于计算服务器队列中
CSRouter	远程服务集群的路由器节点。路由器可以用来提高计算服务器部署的健壮性
CSGroup	应使用的远程服务集群组的名称。当集群中的节点在CPU、内存或操作系统方面不同时,分组非常有用
CSTLSInsecure	指示远程服务集群是否在TLS(传输层安全)中使用不安全模式。除非服务器管理员另有指示,否则将此值设置为0
CSIdleTimeout	此参数设置计算服务器作业在服务器终止作业之前可以空闲多长时间的限制。如果服务器当前未执行优化,并且客户端未发出任何其他命令,则认为作业处于空闲状态

(11)Cloud云计算参数,用于启动Gurobi即时云实例的参数,如表3.11所示。

表3.11　Cloud云计算参数

参数名称	说　明
CloudAccessID	启动新实例时,请将此参数设置为即时云许可证的访问ID
CloudSecretKey	启动新实例时,将此参数设置为Instant Cloud许可证的密钥
CloudPool	将此参数设置为要用于新即时云实例的云池的名称

(12)Token Server令牌服务参数,用于通信加密等功能,如表3.12所示。

表3.12　Token Server令牌服务参数

参数名称	说　明
ServerPassword	连接到服务器(计算服务器或令牌服务器)的密码
TokenServer	使用令牌许可证时,请将此参数设置为令牌服务器的名称
TSPort	连接到Gurobi令牌服务器时使用的端口

(13)其他参数,是上述12种参数之外的参数,部分参数和上述参数有关联但是又不完全符合该分类,故独立出来。比如LogFile参数用于指定将模型求解信息保存到日志文件LogFile。

表3.13　其他参数

参数名称	说　明
AggFill	控制预解析聚合期间允许的填充量。较大的值通常会导致预解析模型具有较少的行和列,但具有更多的约束矩阵非零
Aggregate	启用或禁用预解析中的聚合。在极少数情况下,聚集会导致数值误差的累积。关闭它有时可以提高解的精度
DisplayInterval	确定打印日志行的频率(秒)
DualReductions	确定是否在预处理中执行双重缩减
FeasRelaxBigM	在可行性放松中放松约束时,有时需要引入一个大M值,此参数确定该值的默认大小
IISMethod	选择要使用的IIS方法。方法0通常更快,而方法1可以生成更小的IIS,方法2忽略绑定约束,方法3将在松弛不可行的情况下返回MIP模型LP松弛的IIS,即使在包含完整性约束的情况下,结果可能不是最小的。默认值-1将自动选择
InputFile	指定在开始命令行优化运行之前要读取的文件的名称
LazyConstraints	通过回调添加惰性约束的程序必须将此参数设置为值1。该参数告诉Gurobi算法避免某些与惰性约束不兼容的缩减和转换。注意,如果通过设置lazy属性(而不是通过回调)使用lazy约束,则不需要设置此参数
LogFile	指定Gurobi日志文件的名称。修改此参数将关闭当前日志文件并打开指定的文件。使用OutputFlag关闭所有日志记录
LogToConsole	启用或禁用控制台日志记录
Method	用于求解连续模型或MIP模型根节点的算法。选项有:-1为自动,0为原始单纯形,1为对偶单纯形,2为障碍法,3为并发,4为确定性并发,5为确定性并发单纯形
MultiObjMethod	用层次法求解连续多目标模型时,每个目标只需求解一次。值0和1表示分别使用原始单纯形和对偶单纯形,如果值为2,则表示应丢弃以前求解的热启动信息,并从头开始求解模型(使用方法参数指示的算法)。默认设置(-1)通常选择原始单纯形
MultiObjPre	控制用于多目标模型的初始预解级别
NumericFocus	控制代码尝试检测和管理数字问题的程度。默认设置(0)会自动进行选择,对速度略有偏好。设置为1~3逐渐将焦点转移到数值计算的检查。值越高,代码将花费更多的时间检查中间结果的数值精度,并将采用更昂贵的技术以避免潜在的数值问题
IgnoreNames	此参数影响Gurobi处理名称的方式。如果设置为1,则随后向模型添加变量或约束的调用将忽略关联的名称。目标和模型的名称也将被忽略。此外,随后修改名称属性的调用将不起作用
ObjNumber	处理多个目标时,此参数选择要处理的目标的索引
OutputFlag	启用或禁用求解器输出。使用LogFile和LogToConsole进行更细粒度的控制。将OutputFlag设置为0等效于将LogFile设置为空字符串,并将LogToConsole设置为0

续表

参数名称	说明
PreCrush	允许预解析将原始模型上的约束转换为预解析模型上的等效约束。使用回调添加自己的剪切时,必须启用此参数
PreDepRow	控制与预处理相关的行缩减,从而从约束矩阵中消除线性相关的约束。默认设置(-1)将缩减应用于连续模型,但不应用于MIP模型。设置为0将关闭所有模型的缩减。设置为1将对所有模型打开
PreDual	控制预求解是否形成连续模型的对偶。根据模型的结构,对偶求解可以减少总体求解时间。默认设置使用启发式来决定
PreMIQCPForm	确定MIQCP模型的预解析版本的形式。选项0将模型保留为MIQCP形式,因此分支切割算法将对具有任意二次约束的模型进行操作。选项1总是将模型转换为MISOCP形式,二次约束转换为二阶锥约束。选项2总是将模型转换为分解的MISOCP形式,二次约束转换为旋转锥约束,其中每个旋转锥包含两个项,仅涉及3个变量
PrePasses	限制预解析执行的过程数。默认设置(-1)自动选择通过次数。当发现预解占用了总求解时间的很大一部分时,应该使用此参数进行实验
PreQLinearize	控制预解析Q矩阵线性化。选项1和选项2试图线性化二次约束或二次目标,可能将MIQP或MIQCP模型转换为MILP。选项1的重点是获得一个强大的LP松弛。选项2的目的是紧凑的放松。选项0总是不修改Q矩阵。默认设置(-1)自动选择
Presolve	控制预解析程度。值-1对应于自动设置。其他选项为关闭(0)、保守(1)或激进(2)。更积极地应用预解析需要更多的时间,但有时会形成一个明显更紧密的模型
PreSOS1BigM	控制将SOS1约束自动重新格式化为二进制形式。通常使用二进制表示法更有效地处理SOS1约束。重新计算通常需要引入大M值作为系数,此参数指定在执行时预处理可以引入的最大的M较大的值增加了重新制定SOS1约束的可能性,但是非常大的值(如1e8)可能会导致数值问题
PreSOS2BigM	作用同PreSOS1BigM,区别是PreSOS2BigM针对SOS2约束
PreSparsify	控制预解析的稀疏还原。这种稀疏还原有时可以大大减少预求解模型中非零值的数量
Record	启用API调用记录。启用后,Gurobi将编写一个或多个文件(名为gurobi000.grbr或类似文件),用于捕获程序发出的Gurobi命令序列
ResultFile	指定优化完成后要写入的结果文件的名称。结果文件的类型由文件后缀决定。最常用的后缀是.sol(捕获解向量)、.bas(捕获单纯形基)和.mst(捕获整变量上的解向量)。还可以编写.ilp文件(用于捕获不可行模型的IIS)或.mps、.rew、.lp或.rlp文件(用于捕获原始模型)。文件后缀可以选择后跟.gz、.bz2或.7z,这将生成压缩结果
Seed	修改随机数种子。这对求解器来说是一个小扰动,通常会导致不同的求解路径
StartNodeLimit	此参数限制了完成部分MIP启动时探索的分支和边界节点的数量。默认值为-1使用SubMIPNodes参数的值。值为-2完全关闭MIP开始处理。非负值是节点限制
StartNumber	此参数选择自己要使用的MIP开始的索引。当修改MIP起始值(使用Start属性)时,StartNumber参数将确定实际影响哪个MIP起始。此参数的值应小于NumStart属性的值(该属性捕获模型中MIP启动的数量)

续表

参数名称	说　明
Threads	控制要应用于并行算法(并行LP、并行Barrier、并行MIP等)的线程数。默认值0是自动设置,会使用计算机中的所有内核,但可以选择使用更少的内核
UpdateMode	确定如何处理新添加的变量和线性约束。默认设置为1,立即使用新变量和约束来构建或修改模型。设置为0要求先调用update,然后才能使用它们

3.2.2 修改参数

对于Gorubi参数的修改有3种方法：一种是setParam(paramname, newvalue)方法,其中paramname还有两种方法,一种是参数的字符串,比如"TimeLimit",一种是完整的类属性,比如"gkb.GRB.param.TimeLimit";第三种方法是直接修改类的属性,写法是model.Params.xxx,代码如下所示。

```
import gurobipy as grb

model = grb.Model()
# 设定求解时间的方法

# 方法1
model.setParam('TimeLimit', 600)

# 方法2
model.setParam(GRB.param.TimeLimit, 600)

# 方法3
model.Params.TimeLimit = 600
```

3.2.3 修改参数的例子

代码3-7选自Gurobi安装目录下的example下的params.py,演示了如何在优化器启动前修改timeLimit参数和MIP模型的MIPFocus参数。通过这个例子可以了解到修改和调整Gurobi的运行参数并不难,同时还学习了如何比较不同参数下模型求解的结果。

```
# 代码3-7,修改参数的例子
import gurobipy as grb

# 读取模型文件
model_file = 'XXX.lp'
m = grb.read(model_file)

# 参数设定1:设定优化器求解时间限定为2秒
m.Params.timeLimit = 2

# 复制模型
```

```
bestModel = m.copy()
bestModel.optimize()

# 修改模型参数比较不同参数下的求解结果
for i in range(1, 4):
    m.reset()  # 将所有参数重置为默认值
    m.Params.MIPFocus = i  # 参数设定2:修改 MIPFocus 参数
    m.optimize()
    if bestModel.MIPGap > m.MIPGap:
        bestModel, m = m, bestModel  # swap模型

# 将运行参数修改为默认值,并重新运行模型
del m
bestModel.Params.timeLimit = "default"
bestModel.optimize()
print('Solved with MIPFocus: %d' % bestModel.Params.MIPFocus)
```

在上面的例子中,使用for循环来判断模型结果更优就是一种参数调优方法,然而Gurobi提供了另一种模型自动调优的方法。通过下面的例子观察Gurobi是如何进行参数调优的,这个例子取自Gurobi安装目录下example文件夹中的tune.py参数。

从代码中可以看到,model是一个类,其方法getTuneResult()会将其返回的属性赋值给内部的self属性,相当于覆盖模型内部的默认属性,如代码3-8所示。

```
# 代码3-8,自动调优
import gurobipy as grb

# 读取模型
model = grb.read('tune_model.lp')

# 将返回最优参数组合数设置为1
model.Params.tuneResults = 1

# 开始自动调参
model.tune()

# 如果找到最优参数组合数大于0
if model.tuneResultCount > 0:
    # 获取最优参数组合
    # 注意getTuneResult会覆盖内部默认属性
    # 参数组合按最优到最差降序排序,最优的结果序号是0
    model.getTuneResult(0)
    # 将调参后的参数组合保存到文件中
    model.write('tune.prm')
    # 用获取的最优参数组合再次求解模型
    model.optimize()
```

3.2.4 属性类型

通过属性(Attributes)能够控制模型(变量、约束、目标等对象)的特征,Gurobi中的属性共分成8种类型,分别是模型属性、变量属性、线性约束属性、SOS约束属性、二次约束属性、广义约束属性、解的质量属性和多目标属性。

(1)Model Attributes(模型属性),包括ModelSense模型优化方向(最大化或最小化)、ObjVal当前的目标值,其具体如表3.14所示。

表3.14 Model Attributes(模型属性)

属性名称	说明
NumVars	模型中决策变量的数量
NumConstrs	模型中的线性约束数
NumSOS	模型中的特殊顺序集(SOS)约束的数量
NumQConstrs	模型中的二次约束数
NumGenConstrs	模型中一般约束的数量
NumNZs	模型的线性约束中的非零系数的数量。对于具有超过20亿个非零系数的模型,请使用DNumNZ
DNumNZs	模型的线性约束中的非零系数的数量。以双精度格式提供此属性,以在包含超过20亿个非零系数的模型中准确计算非零的数量
NumQNZs	二次目标中Q矩阵下三角中的项数
NumQCNZs	二次约束中非零系数的数量
NumIntVars	模型中整数变量的数量。这包括二进制变量和常规整数变量
NumBinVars	模型中的二进制变量数
NumPWLObjVars	具有分段线性目标函数的模型中的变量数
ModelName	模型的名称。该名称对Gurobi算法没有影响,求解模型及将模型写入文件后,它会在Gurobi日志文件中输出
ModelSense	优化方向。默认值1表示目标是最小化目标,将此属性设置为-1可以将目标最大化
ObjCon	添加到模型目标中的常数值。默认值为0
ObjVal	当前解的目标值。如果将模型求解到最优,则此属性将给出最优目标值
ObjBound	已知的最优目标值的界限。在求解MIP模型时,算法在最优目标值上同时保持一个上界和一个下界。对于一个极小化模型,上界是已知可行解的目标,而下界是已知可行解的目标

续表

属性名称	说　明
ObjBoundC	作用同ObjBound,与ObjBound相比,此属性不利用客观完整性信息来舍入到更近的范围。例如,如果已知目标采用整数值,且当前最佳界限为1.5,则ObjBound将返回2.0,而ObjBoundC将返回1.5
PoolObjBound	限于未发现的MIP解的目标。MIP求解器存储在MIP搜索期间找到的解,但它只为目标至少与PoolObjBound相同的解提供质量保证。具体地说,对MIP搜索树的进一步探索将无法找到目标优于PoolObjBound的解。PoolObjBound和ObjBound的区别在于前者给出了未发现解的客观界,而后者给出了任何解的客观界
PoolObjVal	该属性用于查询到目前为止针对该问题找到的可行解库中存储的第k个解的目标值。使用SolutionNumber参数设置k,可以使用SolCount属性查询存储的解决方案的数量
MIPGap	当前相对MIP最优值差距
Runtime	模型优化的运行时间(以秒为单位)
Status	模型的当前优化状态
SolCount	最近优化中存储的解的数量
IterCount	在最近优化期间执行的单纯形迭代次数
BarIterCount	最近优化期间执行的障碍法迭代次数
NodeCount	在最近的优化中探索的分支和切割节点数
IsMIP	判断模型是否为MIP。注意,任何离散元素都会使模型成为MIP。离散元素包括二进制、整数、半连续、半整数变量、SOS约束和一般约束。此外,即使所有变量都是连续的,并且所有约束都是线性的,具有多个目标的模型也被认为是MIP模型
IsQP	判断模型是否为二次规划问题。请注意,同时具有二次目标和二次约束的模型被分类为QCP,而不是QP
IsQCP	判断模型是否具有二次约束
IsMultiObj	判断模型是否有多个目标。注意,模型只有一个目标(NumObj=1)的情况有点模棱两可。如果使用setObjectiveN设置目标,或者设置任何多目标属性(例如ObjNPriority),则该模型被视为多目标模型,否则就不会将该模型视为多目标模型。若要将多目标模型重置回单目标模型,应将NumObj属性设置为0,然后设置新的单目标
IISMinimal	判断当前不可还原的不一致子系统(IIS)是否最小。只有在计算了不可行模型上的IIS后,此属性才可用。它通常取值1,但如果IIS计算提前停止(例如,由于时间限制或用户中断),则可能取值0
MaxCoeff	线性约束矩阵中的最大矩阵系数(绝对值)
MinCoeff	线性约束矩阵中的最小非零矩阵系数(绝对值)

续表

属性名称	说明
MaxBound	最大(有限)变量界限
MinBound	最小(非零)变量界限
MaxObjCoeff	最大线性目标系数(绝对值)
MinObjCoeff	最小(非零)线性目标系数(绝对值)
MaxRHS	最大(有限)线性约束右侧值(绝对值)
MinRHS	最小(非零)线性约束右侧值(绝对值)
MaxQCCoeff	所有二次约束矩阵的二次部分的最大系数(绝对值)
MinQCCoeff	所有二次约束矩阵的二次部分的最小(非零)系数(绝对值)
MaxQCLCoeff	所有二次约束矩阵的线性部分中的最大系数(绝对值)
MinQCLCoeff	所有二次约束矩阵的线性部分中的最小(非零)系数(绝对值)
MaxQCRHS	最大(有限)二次约束右侧值(绝对值)
MinQCRHS	最小(非零)二次约束右侧值(绝对值)
MaxQObjCoeff	目标中二次项的最大系数(绝对值)
MinQObjCoeff	目标中二次项的最小(非零)系数(绝对值)
Kappa	当前LP基矩阵的估计条件数,仅适用于基本解
KappaExact	当前LP基矩阵的精确条件数,仅适用于基本解。精确的条件数比从Kappa属性得到的估计值要昂贵得多
FarkasProof	FarkasDual和FarkasProof属性一起提供了给定问题不可行的证明
TuneResultCount	运行调优工具后,此属性将报告存储的参数集数,如果未找到改进参数集,则此值将为零,其上限由TuneResults参数确定
NumStart	模型中开始的MIP数量。减少此属性将丢弃现有的MIP启动,增加它会创建新的MIP启动(初始化为未定义),使用StartNumber参数来查询或修改不同MIP启动的启动值,StartNumber的值应始终小于NumStart
LicenseExpiration	许可证到期日期,格式为YYYYMMDD
JobID	如果在计算服务器上运行,则此属性提供当前作业的计算服务器作业ID
Server	如果在计算服务器上运行,则此属性提供运行当前作业的计算服务器的名称

(2)Variable Attributes(变量属性),如X获取当前变量的取值,Start属性用于设置MIP模型的初始解,更多变量属性如表3.15所示。

表3.15 Variable Attributes(变量属性)

属性名称	说明
LB	变量下限。任何小于-1e20的值都被视为负无穷小
UB	变量上限。任何大于1e20的值都被视为无穷大
Obj	线性目标系数。在面向对象接口中,通常使用set objective方法设置目标,但此属性提供了设置或修改线性目标项的替代方法。请注意,此属性与分段线性目标特征冲突,如果为变量设置分段线性目标函数,则会自动将Obj属性设置为零。类似地,如果为变量设置Obj属性,它将自动删除以前指定的任何分段线性目标
VType	变量类型("C"表示连续,"B"表示二进制,"I"表示整数,"S"表示半连续,或"N"表示半整数)
VarName	变量名称
X	当前解的变量值
Xn	次优MIP解中的变量值
RC	当前解中reduced cost,仅适用于连续模型
BarX	障碍法中迭代的变量值(交叉前)。仅当选择障碍算法时可用
Start	当前的MIP起始向量,如果可用,MIP求解器将尝试从该向量构建初始解
VarHintVal	一组用户提示。如果知道某个变量可能在MIP模型的高质量解中采用特定值,则可以提供该值作为提示。还可以使用VarHintPri属性(可选)在提示中提供有关置信度的信息
VarHintPri	用户提示的优先级。在通过VarHintVal属性提供变量提示之后,还可以选择提供提示优先级
BranchPriority	可变分支优先级。此属性的值用作在MIP搜索期间选择用于分支的分数变量的主要条件。值较大的变量总是优先于值较小的变量。使用标准分支变量选择条件断开连接。默认变量分支优先级值为零
Partition	可变分区。MIP求解器可以使用用户提供的分区信息执行解改进试探。提供的分区号可以为正,表示在求解相应编号的子MIP时应包括该变量;为0表示该变量应包括在每个子MIP中;为-1表示该变量不应包含在任何子MIP中
VBasis	当前基中给定变量的状态。可能的值为0(基本)、-1(下界为非基本)、-2(上界为非基本)和-3(超级基本)
PStart	当前单纯形起始向量
IISLB	对于不可行的模型,指示下限是否参与计算的不可约不一致子系统(IIS),仅在计算IIS之后可用
IISUB	对于不可行的模型,指示上限是否参与计算的不可约不一致子系统(IIS),只有在计算了IIS后才可用
PWLObjCvx	判断变量是否具有凸分段线性目标。如果变量上的分段线性目标函数是非凸的,则返回0。如果函数是凸的,或者变量的目标函数是线性的,则返回1

续表

属性名称	说　明
SAObjLow	目标系数灵敏度信息:当前最优基保持最优的最小目标值
SAObjUp	目标系数灵敏度信息:当前最优基保持最优的最大目标值
SALBLow	下限灵敏度信息:当前最优基保持最优的最小下限值
SALBUp	下限灵敏度信息:当前最优基保持最优的最大下限值
SAUBLow	上界灵敏度信息:当前最优基保持最优的最小上界值
SAUBUp	上界灵敏度信息:当前最优基保持最优的最大上界值
UnbdRay	无界射线(仅适用于无界线性模型)。提供一个向量,当添加到任何可行解时,该向量将生成一个新的可行解,但会改进目标

(3)Linear Constraint Attributes(线性约束属性),这些属性提供与特定线性约束相关的信息,如Pi约束对应的对偶值,Slack约束对应的松弛量,RHS约束对应的右端项,如表3.16所示。

表3.16　Linear Constraint Attributes(线性约束属性)

属性名称	说　明
Sense	约束方向(“<”、“>”或“=”)
RHS	约束右侧
ConstrName	约束名称
Pi	当前解的约束对偶值(也称为影子价格)
Slack	当前解的约束松弛
CBasis	当前基中给定线性约束的状态。可能的值是0(基本)或-1(非基本),当松弛变量为单纯形基时,约束是基本的
DStart	当前单纯形起始向量
Lazy	确定是否将线性约束视为惰性约束。在MIP解决过程开始时,将从模型中移除Lazy属性设置为1、2或3(默认值为0)的任何约束,并将其放置在惰性约束池中,在找到可行解之前,惰性约束保持不活动状态,此时将根据惰性约束池检查解。如果解违反任何延迟约束,则将放弃该解,并将一个或多个违反的延迟约束拉入活动模型
IISConstr	对于不可行模型,指示线性约束是否参与计算的不可约不一致子系统(IIS)。只有在计算了IIS后才可用
SARHSLow	右侧灵敏度信息:当前最优基保持最优的最小右侧值
SARHSUp	右侧灵敏度信息:当前最优基保持最优的最大右侧值
FarkasDual	FarkasDual和FarkasProof属性一起提供了给定问题不可行的证明

(4)Special-Ordered Set Constraints Attributes(SOS约束属性),这些属性提供与特定的顺序集(SOS)约束相关的信息,如IISSOS对不可行的模型,指示约束是否属于IIS (Irreducible Inconsistent Subsystem),如表3.17所示。

表3.17　Special-ordered Set Constraints Attributes(SOS约束属性)

属性名称	说　明
IISSOS	对于不可行模型,指示SOS约束是否参与计算的不可约不一致子系统(IIS)。只有在计算了IIS后才可用

(5)Quadratic Constraint Attributes(二次约束属性),这些属性提供与特定二次约束相关的信息,如QCRHS约束右端项,如表3.18所示。

表3.18　Quadratic Constraint Attributes(二次约束属性)

属性名称	说　明
QCSense	二次约束方向("<"、">"或"=")
QCRHS	二次约束右侧值
QCName	二次约束名称
QCPi	当前解的约束对偶值,仅当QCPDual参数设置为1时,二次约束对偶值才可用
QCSlack	当前解的约束松弛
IISQConstr	对于不可行模型,指示二次约束是否参与计算的不可约不一致子系统(IIS)

(6)General Constraint Attributes(广义约束属性),这些属性提供与特定常规约束关联的信息,如GenConstrName约束名称,如表3.19所示。

表3.19　General Constraint Attributes(广义约束属性)

属性名称	说　明
GenConstrType	常规约束类型
GenConstrName	常规约束名称
IISGenConstr	对于不可行模型,指示常规约束是否参与计算的不可约不一致子系统(IIS)

(7)Solution Quality Attributes(解质量属性),用于评价解质量的相关属性,如BoundVio最大的界违反,IntVio整数变量离最近整数的最大距离,如表3.20所示。

表3.20　Quality Attributes(解质量属性)

属性名称	说明
BoundVio	最大(未缩放)约束违反
BoundSVio	最大(缩放)约束违反
BoundVioIndex	最大(未缩放)约束违反的变量索引
BoundSVioIndex	最大(缩放)约束违反的变量索引
BoundVioSum	约束违反(未缩放)的个数
BoundSVioSum	约束违反(缩放)的个数
ConstrVio	最大(未缩放)松弛界限冲突
ConstrSVio	最大(缩放)松弛界限冲突
ConstrVioIndex	具有最大(未缩放)松弛边界冲突的线性约束的索引
ConstrSVioIndex	具有最大(缩放)松弛边界冲突的线性约束的索引
ConstrVioSum	(未缩放的)松弛边界冲突的总和
ConstrSVioSum	(缩放的)松弛边界冲突的总和
ConstrResidual	最大(未缩放)原始约束错误
ConstrSResidual	最大(缩放)原始约束错误
ConstrResidualIndex	约束误差最大(未缩放)的线性约束的索引
ConstrSResidualIndex	约束误差最大(缩放)的线性约束的索引
ConstrResidualSum	(未缩放)线性约束冲突的总和
ConstrSResidualSum	(缩放)线性约束冲突的总和
DualVio	最大(未缩放)reduced cost 冲突
DualSVio	最大(缩放)reduced cost 冲突
DualVioIndex	最大(未缩放)reduced cost 冲突的变量索引
DualSVioIndex	最大(缩放)reduced cost 冲突的变量索引
DualVioSum	(未缩放)reduced cost 冲突总和
DualSVioSum	(缩放)reduced cost 冲突总和
DualResidual	最大(未缩放)对偶约束错误
DualSResidual	最大(缩放)对偶约束错误
DualResidualIndex	最大(未缩放)对偶约束错误的变量索引

续表

属性名称	说明
DualSResidualIndex	最大(缩放)对偶约束错误的变量索引
DualResidualSum	(未缩放)对偶约束错误总和
DualSResidualSum	(缩放)对偶约束错误总和
ComplVio	最大互补冲突
ComplVioIndex	具有最大互补冲突的变量的索引
ComplVioSum	最大互补冲突的总和
IntVio	MIP模型中,此属性返回任何整数变量的计算值与最接近的整数之间的最大距离
IntVioIndex	具有最大完整性冲突的变量的索引
IntVioSum	最大完整性冲突的总和

(8)Multi-objective Attributes(多目标属性),用于多目标优化问题的相关属性,如ObjN对应多目标表达式中的变量系数,ObjNVal对应目标函数值,如表3.21所示。

表3.21 Multi-objective Attributes(多目标属性)

属性名称	说明
ObjN	当模型有多个目标时,此属性用于查询或修改目标n的目标系数。可以使用ObjNumber参数设置n,当ObjNumber等于0时,ObjN等于Obj
ObjNCon	当模型有多个目标时,此属性用于查询或修改目标n的常量项
ObjNPriority	此属性用于在进行分层多目标优化时查询或修改目标n的优先级
ObjNWeight	该属性用于在进行混合多目标优化时查询或修改目标n的权重
ObjNRelTol	此属性用于为MIP模型执行分层多目标优化时,设置目标n的允许降级。分层多目标MIP优化将对模型中的不同目标按优先级顺序逐个进行优化。如果在优化此目标时达到目标值z,则允许后续步骤最多将此值降级ObjNRelTol*|z|。对于多目标LP模型,目标退化的处理是不同的。使用objnabsol严格控制允许的降级
ObjNAbsTol	同ObjNRelTol,区别是ObjNAbsTol使用绝对值,ObjNRelTol使用相对值
ObjNVal	此属性用于查询目标n的目标值
ObjNName	当模型有多个目标时,此属性用于查询或修改目标n的名称
NumObj	模型中的目标数

3.2.5 查看修改属性

查看和修改Gurobi参数属性的方法很简单，用于查看属性的函数是getAttr(attrname, objs)，用于修改属性的函数是setAttr(attrname, newvalue)。

注意：并不是所有属性都能进行修改，对于只读属性就只能查看而不能修改。

(1)查看属性。

方法：getAttr(attrname, objs)，其中attrname是属性名称，objs(可选)是列表或字典对象用来存储查询的值。

例如，model.getAttr(GRB.Attr.ObjVal)或简写为model.ObjVal。

(2)修改属性。

方法：setAttr(attrname, newvalue)，其中attrname是属性名称，newvalue是属性的值。

例如，var.setAttr(GRB.Attr.VType, ‘C’)或简写为var.Vtype = ‘C’。

3.2.6 修改属性的例子

本书在前面讲解的使用Gurobi求解整数规划的例子，现在来看看它的最后几行代码。

```
# 通过属性模型获取模型最优解
# 通过变量属性获取变量值
print('最优值:', m.objVal)
for v in m.getVars():
    print('参数', v.varName, '=', v.x)
```

其中，m.objVal用于获取目标函数值的属性，v.varName用于获取变量名称的属性，v.x用于获取变量值的属性。

经过前面的学习基本把Gurobi的基础知识讲完了，掌握这些基础知识就能应对大部分运筹优化的问题了。接下来再讲解Gurobi的高级应用，这些高级应用更多是一些使用技巧，掌握这些技巧能够求解更加复杂的约束规划问题。

3.3 Gurobi线性化技巧

现在的最优算法规划求解软件都是基于线性规划原理而设计开发的，然而实际问题却千变万化，它们的约束、目标等各不相同。如何对实际问题进行建模，并将它归结为一个线性规划问题，是应用线性规划求解问题时最重要，也是最困难的一步。问题建模是否合理，很大程度上会影响后续的模型求解过程。但是，由于受限于实际问题特征、建模经验、建模技巧等因素，在对问题建立初步模型之后，目标函数和约束条件往往会包含一些特殊约束或特殊变量，如绝对值、在集合中取最大值和最小值、二选一的问题等。尽管它们看起来不是线性规划问题，但是通过一些建模技巧，可以将其转化成线性规划问题，将非线性约束转换成线性约束为广义约束。

广义约束不同于线性约束或函数约束，函数约束可以看成是连续光滑的函数表达式，如$x + y + z > 0$，而广义约束更像是一种集合操作、分段函数，如$h = \max(x,y,z)$，函数约束给人的感觉是可微函数空间，而广义约束是不可微的。虽然这么说不很恰当，但是广义约束的处理和平常接触到的优化模型的分析思路有很大的区别。接下来学习Gurobi中几个常见的广义约束表达式：max、min、abs、and、or、indicator、range、sos等。

添加广义约束有两种方法：一种是model类的方法add_XXX；另一种是model.addConstr方法。约束条件用Gurobi内置函数表示，即用gurobipy.XXX函数来表达广义约束。从可读性的角度来说推荐使用第二种方法。

注意：当使用第二种方法时，该约束做的是逻辑判断，而不是赋值操作，这样就和model.addConstr方法的输入要求一致了。

3.3.1 最大值max

max函数用来获取集合中的最大值，如$y = \max(x_1,x_2,x_3)$，这类问题可以通过大M法转成线性约束，即：

$$
z = \max(x,y,3) \quad \Rightarrow \quad
\begin{aligned}
& \max z \\
& s.t.\begin{cases}
x_1 \leqslant y \\
x_2 \leqslant y \\
x_3 \leqslant y \\
y \leqslant x_1 + (1-u_1)M \\
y \leqslant x_2 + (1-u_2)M \\
y \leqslant x_3 + (1-u_3)M \\
u_1 + u_2 + u_3 \geqslant 1 \\
u_1,u_2,u_3 \in \{0,1\}
\end{cases}
\end{aligned}
$$

这里我们用到了大M法，大M法是数学规划中的一个建模技巧，通过引入一个极大的数M，结合约束条件，来实现逻辑运算功能。在本小节中，非线性问题线性化的一个重要方法就是通过大M法来实现。

虽然线性化方法原理比较麻烦，但使用Gurobi接口是很容易实现这个功能的，下面演示常规的线性化方法和Gurobi内置的max_广义线性化接口的方法，其得到的结果是一样的，如代码3-9所示。

```
# 代码3-9,max线性化方法1
# 方法1:使用转换后的约束
# 假设 x=4, y=5
import gurobipy as grb

# 创建模型,定义变量
m = grb.Model()
x = m.addVar(name='x')
y = m.addVar(name='y')
z = m.addVar(name='z')
u1 = m.addVar(vtype='B', name='u1')
u2 = m.addVar(vtype='B', name='u2')
u3 = m.addVar(vtype='B', name='u3')
M = 10000

# 添加约束
m.addConstr(x <= z - M * (1 - u1), name='c1')
m.addConstr(y <= z - M * (1 - u2), name='c2')
m.addConstr(3 <= z - M * (1 - u3), name='c3')
m.addConstr(x == 4, name='c4')
m.addConstr(y == 5, name='c5')
m.addConstr(u1 + u2 + u3 >= 1, name='c6')
m.addConstr(x <= z, name='c7')
m.addConstr(y <= z, name='c8')
m.addConstr(3 <= z, name='c8')

# 定义目标函数并求解
m.setObjective(z)
m.optimize()
print("z=", z.X)
# 输出
# z= 5
```

下面演示使用Gurobi内置接口的方法,如代码3-10所示。

```
# 代码3-10,max线性化方法2
# 方法2:使用gurobi内置接口方法
import gurobipy as grb

m = grb.Model()
x = m.addVar(name='x')
y = m.addVar(name='y')
z = m.addVar(name='z')
m.addConstr(x == 4, name='c4')
m.addConstr(y == 5, name='c5')
m.addConstr(z == grb.max_(x, y, 3))
m.setObjective(z)
```

```
m.optimize()
print("最大值是:z=", z.X)
# 输出 z= 5.0
```

3.3.2 最小值min

与max函数相对应的是min函数，获取集合中的最小值，以$z = \min(x,y,3)$为例，使用大M法得到其对应的线性约束表达式，即：

$$
z = \min(x,y,3) \quad \Rightarrow \begin{array}{l} \min z \\ s.t.\begin{cases} x \geqslant z,\ y \geqslant z,\ 3 \geqslant z \\ x \leqslant z - M(1 - u_1) \\ y \leqslant z - M(1 - u_2) \\ 3 \leqslant z - M(1 - u_3) \\ u_1 + u_2 + u_3 \geqslant 1 \\ u_1, u_2, u_3 \in \{0,1\} \end{cases} \end{array}
$$

有了数学表达式，根据表达式写出相应的代码就很简单了，如代码3-11所示。

```
# 代码3-11，min线性化方法1
# 方法1：使用转换后的约束
import gurobipy as grb

m = grb.Model()
x = m.addVar(name='x')
y = m.addVar(name='y')
z = m.addVar(name='z')
u1 = m.addVar(vtype='B', name='u1')
u2 = m.addVar(vtype='B', name='u2')
u3 = m.addVar(vtype='B', name='u3')
M = 10000

m.addConstr(x >= z - M * (1 - u1), name='c1')
m.addConstr(y >= z - M * (1 - u2), name='c2')
m.addConstr(3 >= z - M * (1 - u3), name='c3')
m.addConstr(x == 4, name='c4')
m.addConstr(y == 5, name='c5')
m.addConstr(u1 + u2 + u3 >= 1, name='c6')
m.addConstr(x >= z, name='c7')
m.addConstr(y >= z, name='c8')
m.addConstr(3 >= z, name='c8')

m.setObjective(-z)
```

```
m.optimize()
print("z=", z.X)
# 输出 z=3
```

同理,可以写出Gurobi内置接口的方法,如代码3-12所示。

```
# 代码3-12,min线性化方法2
# 方法2:使用Gurobi内置接口的方法
import gurobipy as grb

m = grb.Model()
x = m.addVar(name='x')
y = m.addVar(name='y')
z = m.addVar(name='z')
m.addConstr(x == 4, name='c4')
m.addConstr(y == 5, name='c5')
m.addConstr(z == grb.min_(x, y, 3))
m.setObjective(z)
m.optimize()
print("最小值是:z=", z.X)
# 输出 z= 3.0
```

3.3.3 绝对值abs

abs约束表示获取变量的绝对值,例如,有如下规划问题:

$$\min c*|x|$$

可令$y=|x|$,即$y \geqslant x$, $y \geqslant -x$,将原问题转换成如下新的问题:

$$\min cy$$
$$s.t\begin{cases} y \geqslant x \\ y \geqslant -x \end{cases}$$

演示结果如代码3-13所示。

```
# 代码3-13,abs线性化方法
import gurobipy as grb

m = grb.Model()
x = m.addVar(lb=-10, name='x')
y = m.addVar(name='y')
m.addConstr(y == grb.abs_(x), name='C_abs')
m.addConstr(x>=-5, name='C_2')
m.addConstr(x <= 3, name='C_3')

```

```
c=2
m.setObjective(c * y)
m.optimize()
print("y=", y.X)
print("x=", x.X)
# 输出
# y= 0.0
# x= 0.0
```

3.3.4 逻辑与and

如果集合中全部变量都是1,则结果为1,否则为0。判断集合中的变量是否全为1的实现功能,类似Pandas中的any功能。例如,如果x=1且y=1,则z=1,否则z=0,可以使用大M法结合0-1变量(0-1变量指的是取值只能是0或1的变量,又称二值变量)实现线性化,具体如下。

令$j = x + y - m + B$,若$j > 0$则$z = 1$,否则$z = 0$。其中变量的个数,此处m=2,B是一个很小的正数,因此,将问题转换成指示函数indicator的线性化问题。

3.3.5 逻辑或or

集合中全部变量只要有一个是1则结果为1,否则为0,即实现"不全为0"的判断,如有下面的问题:

$$\max z = x + y$$
$$s.t.\ 2x + 3y \leqslant 100 \quad \text{or} \quad x + y \leqslant 50$$

可使用大M法转成线性规划,具体如下:

$$2x + 3y \leqslant 100 \quad \text{or} \quad x + y \leqslant 50 \Rightarrow \begin{array}{l} 2x + 3y \leqslant 100 + uM \\ 2x + 3y \leqslant 100 + (1 - u)M \\ u \in \{0, 1\} \end{array}$$

3.3.6 指示函数indicator

如果指示变量的值为1,则约束成立,否则约束可以被违反。例如,如果x>0,则y=1,否则y=0,indicator的线性化方法可以使用大M法实现,原理如下:

$$x > 0 \rightarrow y = 1 \quad \Rightarrow \begin{array}{l} x \leqslant yM \\ yM \leqslant M + x - B \end{array}$$

式中，M是一个很大的数，B是一个很小的正数。

在Gurobi中实现该功能的是函数addGenConstrIndicator，使用方法如代码3-14所示。

```
# 代码3-14,指示函数indicator线性化方法
import gurobipy as grb

model = grb.Model()
x = model.addVar(name='x')
y = model.addVar(name='y')
model.addConstr((y == 1) >> (x > 0), name='indicator')
```

3.3.7 带固定成本约束

在库存问题中，通常会考虑订货的固定成本和可变成本。就是说，只要订货$x>0$就有一个固定成本k和可变成本cx，它的成本函数是：

$$z(x)=\begin{cases}0, & x=0\\ cx+k, & x>0\end{cases}$$

这实际上是一个二选一约束，使用大M法即可转成线性约束，即：

$$z(x)=\begin{cases}0\\ cx+k\end{cases} \Rightarrow \begin{aligned}&z(x)=cx+ky\\ &s.t.\ x\leqslant yM\\ &y=\{0,1\}\end{aligned}$$

3.3.8 分段线性函数

在现实生活中，购买商品的数量越多就会有折扣，其单价就越低。在数学中，它的成本或利润函数可以表示为如下的分段线性函数：

$$z=\begin{cases}2+3x, & 0\leqslant x\leqslant 2\\ 20-x, & 2\leqslant x\leqslant 3\\ 6+2x, & 3\leqslant x\leqslant 7\end{cases}$$

对于分段线性函数，可以通过引入SOS2约束(a Special Order Set Constraint of Type 2)，将其转换为线性规划。

然而还有一个更通用的方法，设有一个n段线性函数$f(x)$的分界点$b_1\leqslant\cdots\leqslant b_n\leqslant b_{n+1}$，引入$w_k$将$x$和$f(x)$表示为：

$$x = \sum_{k=1}^{n+1} w_k b_k$$
$$f(x_k) = \sum_{k=1}^{n+1} w_k f(b_k)$$

w_k 和 z_k 满足以下约束：

$$z_1 + \cdots + z_n = 1, z_k = \{0,1\}$$
$$w_1 + \cdots + w_{n+1} = 1, w_k \geqslant 0$$

前面已经讲了许多非线性模型线性化的方法，需要注意的是，在使用Gurobi的广义线性化函数时，不能对表达式做线性化，而需要先将表达式赋予变量，然后再对变量做线性化，例如：

$$m.addConstr\left(z == grb.max\_(x, y)\right)$$
$$s.t.\ x = g + k$$

是正确的，而

$$m.addConstr\left(z == grb.max\_(g + k, y)\right)$$

则是错误的。

3.4 Gurobi多目标优化

多目标优化就是同时求解多个目标。多目标其实也很好理解，可以理解为在工作时要保证工作质量的前提下压缩时间以加快进度，这里面就有两个目标：一个是保证工作质量；另一个是压缩时间加快进度。在多目标优化中，可以直接把多个目标通过分配权重的方式组合成单目标优化问题，但是如果多个目标函数之间的数量级差异很大，则应该使用分层优化的方法。

在Gurobi中，可以通过Model.setObjectiveN函数来建立多目标优化模型，多目标的setObjectiveN函数和单目标的setObjective函数用法基本一致，不同的是多了目标优先级、目标劣化接受程度、多目标的权重等参数。

```
setObjectiveN(expr, index, priority, weight, abstol, reltol, name)
```

各参数说明如下。

(1)expr：目标函数表达式，如 $x + 2y + 3z$。

(2)index：目标函数对应的序号(0,1,2,…)，即第几个目标，注意目标函数序号应从0开始。

(3)priority:优先级,为整数,值越大表示目标优先级越高。

(4)weight:权重(浮点数),在合成型多目标解法中使用该参数,表示不同目标之间的组合权重。

(5)abstol:允许的目标函数值最大的降低量 abstol(浮点数),即当前迭代的值相比最优值的可接受劣化程度。

(6)reltol:abstol的百分数表示,如reltol=0.05则表示可接受劣化程度是5%。

(7)name:目标函数名称。

需要注意的是,在Gurobi的多目标优化中,要求所有的目标函数都是线性的,并且目标函数的优化方向应一致,即全部最大化或全部最小化,因此可以通过乘以-1实现不同的优化方向。

当前Gurobi支持3种多目标模式,分别是Blend(合成型)、Hierarchical(分层型)、两者的混合型,多目标规划的详细解法将在后续章节讲解。

Blend通过对多个目标赋予不同的权重实现将多目标转化成单目标函数,权重扮演优先级的角色,例如,有如下两个优化目标:

$$obj_1 = x + 2y, weight_1 = 3$$
$$obj_2 = x - 3y, weight_2 = 0.5$$

经过合成后的单目标函数为:

$$\begin{aligned} obj &= weight_1 \times obj_1 + weight_2 \times obj_2 \\ &= 3 \times (x + 2y) - 0.5 \times (x - 3y) = 2.5x + 7.5y \end{aligned}$$

下面演示Gurobi的使用方法,如代码3-15所示。

```
# 代码3-15,多目标优化-合成型
# 合成型
import gurobipy as grb

model = grb.Model()

x = model.addVar(name='x')
y = model.addVar(name='y')

# 添加第1个目标
model.setObjectiveN(x + 2 * y, index=0, weight=3, name='obj1')
# 添加第2个目标
model.setObjectiveN(x - 3 * y, index=1, weight=0.5, name='obj2')
```

Hierarchical有优先级,一般理解是在保证第一个目标值最优的情况下优化第二个目标,或者在优化第二个目标时要保证第一个目标的最优值只能允许少量劣化,例如,有如下两个优化目标。

$$obj_1 = x + 2y, priority_1 = 2$$

$$obj_2 = x - 3y, priority_2 = 1$$

此时Gurobi按照优先级大小进行优化(先优化obj1,再优化obj2)。若没有设定abstol或reltol,则在优化低优先级目标(obj2)时,不会改变高优先级的目标(obj1)值,如代码3-16所示。

```
# 代码3-16,多目标优化——分层型
# 分层型
import gurobipy as grb

model = grb.Model()

x = model.addVar(name='x')
y = model.addVar(name='y')

# 添加第1个目标
model.setObjectiveN(x + 2 * y, index=0, priority=20, name='obj1')
# 添加第2个目标
model.setObjectiveN(x - 3 * y, index=1, priority=1, name='obj2')
```

混合型的写法也很简单,将权重和优先级同时设定即可,如代码3-17所示。

```
# 代码3-17,多目标优化——混合型
# 混合型
import gurobipy as grb

model = grb.Model()

x = model.addVar(name='x')
y = model.addVar(name='y')

# 添加第1个目标
model.setObjectiveN(x + 2 * y, index=0, weight=3, priority=20, name='obj1')
# 添加第2个目标
model.setObjectiveN(x - 3 * y, index=1, weight=0.5, priority=1, name='obj2')
```

前面讲了如何设定优先级,接下来看看如何获取各个目标的优化值,演示代码如下。

```
for i in range(model.NumObj):
    model.setParam(grb.GRB.Param.ObjNumber, i)
    print('第', i, '个目标的优化值是', model.ObjNVal)
```

通过一个简单的例子来说明Gurobi的多目标优化问题。假设工厂需要把N份工作分配给N个工人,每份工作只能由一个工人做,且每个工人也只能做一份工作,假设工人i处理工作j需要的时间是T_{ij},获得的利润是C_{ij},那么需要怎么安排才能使得总利润最大且总耗时最小呢?这里有两个目标,最主要的目标是利润最大化,次要目标是耗时最小化,下面来看看Gurobi是怎么求解这个问题的。

为了编程方便，这里假设N=10，T_{ij}和C_{ij}通过随机数生成，演示结果如代码3-18所示。

```
# 代码3-18，多目标优化例子
import gurobipy as grb
import numpy as np

# 设定工人数和工作数量
N = 10
np.random.seed(1234)   # 固定随机数种子，每次产生的随机数一样

# 用随机数初始化时间矩阵Tij和成本矩阵Cij
# i+1, j+1 从序号1开始编号
Tij = {(i + 1, j + 1): np.random.randint(0, 100) for i in range(N) for j in range(N)}
Cij = {(i + 1, j + 1): np.random.randint(0, 100) for i in range(N) for j in range(N)}

# 定义 model
m = grb.Model('MultiObj')

# 添加变量，x是tupledict类型，可以使用select函数、sum函数、prod函数
# 同时可以加快创建变量的效率
# x 是0-1变量类型，xij=1表示第i个工人被分配到第j个工作中
x = m.addVars(Tij.keys(), vtype=grb.GRB.BINARY, name='x')

# 添加约束
# tupledict的sum函数使用
# 第一个约束表示一份工作只能分配给一个工人
# 第二个约束表示一个工人只做一份工作
m.addConstrs((x.sum('*', j + 1) == 1 for j in range(N)), 'C1')
m.addConstrs((x.sum(i + 1, '*') == 1 for i in range(N)), 'C2')

# 多目标方式1:Blend合成型
# 设置多目标权重
# x.prod(Tij)表示工人分配矩阵Xij和时间矩阵Tij通过相同的索引ij可进行相乘
# 这也是Gurobi扩展tupledict的原因
# 第二个目标函数获取符号是为了保证两个目标的优化方向一致
# m.setObjectiveN(x.prod(Tij),  index=0, weight=0.1, name='obj1')
# m.setObjectiveN(-x.prod(Cij), index=1, weight=0.5, name='obj2')

# 多目标方式2:Hierarchical分层型
m.setObjectiveN(x.prod(Tij), index=0, priority=1, abstol=0, reltol=0, name='obj1')
m.setObjectiveN(-x.prod(Cij),index=1,priority=2,abstol=100,reltol=0,name='obj2')

# 启动求解
m.optimize()
```

```
# 获得求解结果
# x[i].x 表示获取某个变量的值
for i in Tij.keys():
    if x[i].x > 0.9:
        print("工人 %d 分配工作 %d" % (i[0], i[1]))

# 获取目标函数值
for i in range(2):
    m.setParam(grb.GRB.Param.ObjNumber, i)
    print('Obj%d = ' % (i + 1), m.ObjNVal)

# 输出结果
# Obj1 =  373.0
# Obj2 =  -768.0

# 工人 1 分配工作 8
# 工人 2 分配工作 10
# 工人 3 分配工作 9
# 工人 4 分配工作 3
# 工人 5 分配工作 2
# 工人 6 分配工作 4
# 工人 7 分配工作 5
# 工人 8 分配工作 7
# 工人 9 分配工作 1
# 工人 10 分配工作 6
```

上面的代码是一个简单的整数规划模型，首先定义了每个工人和人物的时间矩阵和成本矩阵，然后定义模型，并添加约束，即每个工人只能做一份工作，一份工作也只能由一个工人完成，然后使用分层多目标规划的方法来设置目标函数，最后求解。可以看到，通过Gurobi的多目标规划接口可以很快求解完成多目标优化建模问题。

3.5 callback函数

callback函数的主要作用是为了获取程序运行过程中的一些中间信息，或者在程序运行过程中动态修改程序运行状态，如用户有时在求解过程中需要实现一些功能，包括终止优化、添加约束条件（割平面）、嵌入自己的算法等。

3.5.1 回调函数callback定义

回调函数callback的定义的方法如下。

```
def funcion_name(model, where):
    print('do something where gurobi run')
```

其中callback函数有两个固定的参数:model是指定义的gurobi.Model类,where是指回调函数的出发点。

在callback函数使用过程中,需要注意的是where和what,即在什么地方(where)获取哪些信息(what),如下面的代码,cbGet查询获取优化器的指定信息,即grb.GRB.Callback.MULTIOBJ_OBJCNT当前解的数量。

```
if where == grb.GRB.Callback.MULTIOBJ:  # where
    print(model.cbGet(grb.GRB.Callback.MULTIOBJ_OBJCNT))  # what
```

注意:where和what一般是配套使用的,如当where=MIP时,what只能获取MIP的相关信息。

3.5.2 状态where与值what

下面来观察callback函数的where取值有哪些,如表3.22所示。

表3.22 callback函数的where取值

where	数 值	优化器状态
grb.GRB.Callback.POLLING	0	轮询回调
grb.GRB.Callback.PRESOLVE	1	预处理
grb.GRB.Callback.SIMPLEX	2	单纯形
grb.GRB.Callback.MIP	3	当前MIP
grb.GRB.Callback.MIPSOL	4	发现新的MIP解
grb.GRB.Callback.MIPNODE	5	当前探索节点
grb.GRB.Callback.MESSAGE	6	打印出Log信息
grb.GRB.Callback.BARRIER	7	当前内点法
grb.GRB.Callback.MULTIOBJ	8	当前多目标

当where=grb.GRB.Callback.MIP时,what可以取表3.23中的值。

表3.23 MIP建模中callback函数的what取值

what	类 型	描 述
grb.GRB.Callback.MIP_OBJBST	double	当前最优目标值
grb.GRB.Callback.MIP_OBJBND	double	当前最优界
grb.GRB.Callback.MIP_NODCNT	double	当前已探索的节点数
grb.GRB.Callback.MIP_SOLCNT	int	当前发现可行解的数量
grb.GRB.Callback.MIP_CUTCNT	int	当前割平面使用次数
grb.GRB.Callback.MIP_NODLFT	double	当前未搜索的节点数
grb.GRB.Callback.MIP_ITRCNT	double	当前单纯形迭代步数

当where=grb.GRB.Callback.MIPSOL时，what可以取表3.24中的值。

表3.24 MIPSOL建模中callback函数的what取值

what	类 型	描 述
grb.GRB.Callback.MIPSOL_SOL	double	当前解的具体取值
grb.GRB.Callback.MIPSOL_OBJ	double	新解的目标值
grb.GRB.Callback.MIPSOL_OBJBST	double	当前最优目标值
grb.GRB.Callback.MIPSOL_OBJBND	double	当前最优界
grb.GRB.Callback.MIPSOL_NODCNT	double	当前已搜索的节点数
grb.GRB.Callback.MIPSOL_SOLCNT	int	当前发现可行解的数量

更多关于callback函数的选项可以参考《Gurobi优化器开发参考手册》的相关信息。

3.5.3 callback函数的功能

在Gurobi中除cbGet函数外还有一些常用函数用于获取运行过程中信息或修改运行状态，包括cbGetNodeRel、cbGetSolution、cbCut、cbLazy、cbSetSolution、cbStopOneMultiObj等。

1. cbGet(what)

这个函数的使用最为频繁，常用于查询求解过程中的一些信息，如目标值、节点数等，使用时应注意what与where的匹配，如代码3-19所示。

```
# 代码3-19，cbGet(what)方法
# 查询当前单纯形的目标函数值
```

```
def mycallback(model, where):
    if where == grb.GRB.Callback.SIMPLEX:
        print(model.cbGet(grb.GRB.Callback.SPX_OBJVAL))

model.optimize(mycallback)
```

2. cbGetNodeRel (vars)

这个函数用来查询变量在当前节点的松弛解。Vars为要查询的变量，需要注意的是，只有在where == GRB.Callback.MIPNODE 并且 GRB.Callback.MIPNODE_STATUS == GRB.OPTIMAL两个条件同时成立时才能使用，如代码3-20所示。

```
# 代码3-20，cbGetNodeRel (vars)方法
# 查询变量在当前节点的松弛解
def mycallback(model, where):
    if where == GRB.Callback.MIPNODE and
            model.cbGet(GRB.Callback.MIPNODE_STATUS) == GRB.OPTIMAL:
        print(model.cbGetNodeRel(model._vars))

model._vars = model.getVars()
model.optimize(mycallback)
```

3. cbGetSolution (vars)

这个函数用于在MIP问题中查询变量在新可行解中的值，需要注意的是，只有在where==GRB.Callback.MIPSOL或GRB.Callback.MULTIOBJ时才能使用，如代码3-21所示。

```
# 代码3-21，cbGetSolution (vars)方法
# 在MIP问题中查询变量在新可行解中的值
def mycallback(model, where):
    if where == GRB.Callback.MIPSOL:
        print(model.cbGetSolution(model._vars))

model._vars = model.getVars()
model.optimize(mycallback)
```

4. cbCut(lhs,sense,rhs)

这个函数用于求解MIP问题时，在节点中添加割平面。需要注意要的是，只有在where == GRB.Callback.MIPNODE时才能使用。虽然割平面可以添加到树枝和切割树的任何节点，但是它们会增加在每个节点处求解松弛模型的大小，并且会显著降低节点处理的速度，因此应谨慎添加。割平面通常用于切断当前松弛解，要在当前节点上检索松弛解决方案，应首先调用cbGetNodeRel。添加自定义割平面，必须将参数precrush的值设置为1。

cbCut的3个参数表示割平面，其实就是一个约束条件，根据gurobi的语法，约束一般有两种写法，如下所示。

(1)model.cbCut(x+y+z<=3)。

(2)model.cbCut([x, y, z], grb.GRB.LESS_EQUAL, 3)。

因此,lhs表示约束的左边的x+y+z, sense表示约束是大于等于还是小于,rhs表示约束的右边。

通过节点的松弛解信息来构造割平面,如代码3-22所示。

```
# 代码3-22,cbCut(lhs,sense,rhs)
# 在求解MIP问题时在节点添加割平面
def mycallback(model, where):
    if where == GRB.Callback.MIPNODE:
        status = model.cbGet(GRB.Callback.MIPNODE_STATUS)
        if status == GRB.OPTIMAL:
            rel = model.cbGetNodeRel([model._vars[0], model._vars[1]])
            if rel[0] + rel[1] > 1.1:
                model.cbCut(model._vars[0] + model._vars[1] <= 1)

model._vars = model.getVars()
model.Params.PreCrush = 1
model.optimize(mycallback)
```

5. cbLazy(lhs,sense,rhs)

这个函数用于MIP问题的求解过程中,在节点添加 Lazy cut。需要注意的是,只有在 where== GRB.Callback.MIPNODE或where== GRB.Callback.MIPSOL时才起作用。当MIP模型的完整约束集太大而无法显式表示时,通常使用惰性约束。通过只包含在分支割平面搜索过程中不满足条件的约束,有时也可以在只添加完整约束集的一小部分时找到经验证的最优解。在添加Lazy cut之前应该先查询当前节点的解(通过cbGetSolution获取GRB.CB_MIPSOL或通过cbGetNodeRel获取GRB.CB_MIP-NODE)。

下面演示通过可行解的信息来添加Lazy cut,如代码3-23所示。

```
# 代码3-23,cbLazy(lhs,sense,rhs)
# 添加lazy cut
def mycallback(model, where):
    if where == GRB.Callback.MIPSOL:
        sol = model.cbGetSolution([model._vars[0], model._vars[1]])
        if sol[0] + sol[1] > 1.1:
            model.cbLazy(model._vars[0] + model._vars[1] <= 1)

model._vars = model.getVars()
model.Params.lazyConstraints = 1
model.optimize(mycallback)
```

6. cbSetSolution (vars, solution)

这个函数用于向当前节点导入一个解,这个解既可以是完整的,也可以是部分的。需要注意的是，只有当where==GRB.CB_MIPNODE时才起作用。如果使用启发式算法作为模型的一个初始解可以使用这个函数，但对于复杂的问题，应先用启发式算法找到一个可行解，然后再导入让Gurobi在其基础上继续求解。如果要指定多组变量的值，也可以多次调用这个方法。不仅可以从一个回调函数中多次调用cbsetSolution函数以指定多组变量的值，也可以在回调函数中使用cbUseSolution函数尝试从指定的值开始计算可行解，如代码3-24所示。

```
# 代码3-24,cbSetSolution (vars, solution)
# 从当前节点导入解
def mycallback(model, where):
    if where == GRB.Callback.MIPNODE:
        model.cbSetSolution(vars, newsolution)

model.optimize(mycallback)
```

7. cbStopOneMultiObj (objcnt)

这个函数用于在非分层优化的多目标MIP问题中，中断其优化过程。需要注意的是，只有在多目标MIP问题中且where==GRB.Callback.MULTIOBJ时才有效。一般来说会先通过查询迭代次数来停止多目标优化的步骤，然后开始下一个层次目标的求解，如代码3-25所示。

```
# 代码3-25,cbStopOneMultiObj (objcnt)
# 停止多目标优化过程
import time

def mycallback(model, where):
    if where == GRB.Callback.MULTIOBJ:
        # 获取当前目标函数值
        model._objcnt = model.cbGet(GRB.Callback.MULTIOBJ_OBJCNT)
        # 重置开始计时的时间
        model._starttime = time.time()
    # 判断是否退出搜索
    elif time.time() - model._starttime > BIG or solution is good_enough:
        # 停止搜索
        model.cbStopOneMultiObj(model._objcnt)


model._objcnt = 0
model._starttime = time.time()
model.optimize(mycallback)
```

至此，已经讲解了很多Gurobi中回调函数的用法，当然要用好回调函数不仅需要熟悉结构，还要知道Gurobi是如何求解优化模型的，更多细节还需要结合实际模型使用。

3.6 本章小结

本章基于Gurobi的Python接口讲解了Gurobi的基础知识和用法，包括Gurobi封装的Python高级数据结构，以及Gurobi的参数和属性、非线性模型线性化方法、Gurobi的多目标优化及callback函数使用方法，掌握了这些基础知识就能解决大部分的常规问题了。在接下来的章节将开始讲解算法优化的知识，同时结合Gurobi来讲解如何针对这些问题进行建模。

第2篇

数学规划方法

第 4 章

线性规划

本章内容包括线性规划、线性规划的标准形式，以及线性规划的求解方法，包括单纯形法、内点法、列生成法等，通过学习可以对线性规划有一个更深层次的认识。

本章主要内容：

- 线性规划的标准型
- 单纯形法
- 单纯形的数学规范型
- 内点法
- 列生成法
- 对偶问题
- 拉格朗日乘子法

4.1 线性规划的标准型

对于线性规划,先来看一个简单的数学规划模型,即:

$$\max Z = 70x_1 + 30x_2$$
$$s.t.\begin{cases}3x_1 + 9x_2 \leqslant 540\\5x_1 + 5x_2 \leqslant 450\\9x_1 + 3x_2 \leqslant 720\\x_1,x_2 \geqslant 0\end{cases}$$

显然这不是线性规划数学模型的标准形式,在线性规划求解方法中,模型的标准形式如下。

(1)目标函数求最大值。

(2)约束条件为等式约束。

(3)约束条件右边的常数项大于或等于0。

(4)所有变量大于或等于0。

对于非标准形式的模型,约束方程可以通过引入松弛变量使约束不能转化成等式约束。在某一些模型中,如果目标函数是求最小值,则两边乘以-1将求min转成求max;如果遇到约束方程右边常数项为负数,则将约束方程乘以-1使常数项非负;如果变量x_k没有约束,则既可以是正数也可以是负数,另$x_k = x_k' - x_k''$,其中$x_k',x_k'' \geqslant 0$。

通过变换,上面模型的标准型如下:

$$\max Z = 70x_1 + 30x_2$$
$$s.t.\begin{cases}3x_1 + 9x_2 + x_3 = 540\\5x_1 + 5x_2 + x_4 = 450\\9x_1 + 3x_2 + x_5 = 720\\x_1,x_2,x_3,x_4,x_5 \geqslant 0\end{cases}$$

将模型转换成标准型后,就可以使用经典的线性规划方法求解了,包括单纯形法、内点法等。

4.2 单纯形法

单纯形法是求解线性规划的经典方法,与多元消去法求解多元一次方程的原理类似,在具体实现上,通过矩阵的变换对解空间进行搜索。由于目标函数和约束方程都是凸函数,所以单纯形法能够以很高的效率求解线性规划问题。单纯形法是最优化算法的基础算法,也是后续其他整数规划等算法的基础,因此务必掌握。

4.2.1 单纯形法的原理

单纯形法是解决线性规划问题的一个有效的算法,在本节中介绍如何使用单纯形法求解线性规划方程。由于线性规划模型中目标函数和约束方程都是凸函数,因此从凸优化的角度来说,线性规划的最优解在可行域的顶点上,单纯形法的本质就是通过矩阵的线性变换来遍历这些顶点以计算最优解。

4.2.2 单纯形法的过程

假设单纯形法的可行域如图4.1所示,那么单纯形法就是遍历O、a、h、k、b各点后判断最优解,经过遍历后发现$h(57,15)$点最优,Z=5700。

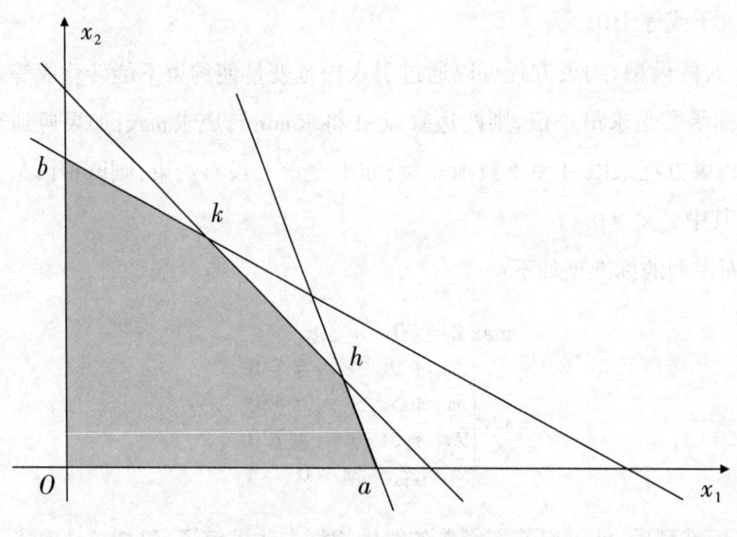

图4.1 单纯形法可行域

要用单纯形法求解线性规划数学模型,还需要把模型转化成规范型,规范型的条件如下。

(1)数学模型已经是标准型。

(2)约束方程组系数矩阵中含有至少一个单位子矩阵,对应的变量成为基变量,基的作用是得到初始基本可行解,这个初始基本可行解通常是原点。

在大部分的问题中,通常通过引入松弛变量得到单位子矩阵,即使约束条件是等式约束,也可以引入$x_N = 0$的松弛变量。这里的例子就是通过引入松弛变量得到单位子矩阵。

这里的约束方程组系数矩阵是:

$$A = \begin{bmatrix} 3 & 9 & 1 & 0 & 0 \\ 5 & 5 & 0 & 1 & 0 \\ 9 & 3 & 0 & 0 & 1 \end{bmatrix} = (a_1,a_2,a_3,a_4,a_5)$$

（列标：x_1　x_2　x_3　x_4　x_5）

对应的单位子矩阵是：

$$B = \begin{bmatrix} 1 & 0 & 0 \\ 0 & 1 & 0 \\ 0 & 0 & 1 \end{bmatrix} = (a_3,a_4,a_5)$$

（列标：x_3　x_4　x_5）

式中，x_3、x_4和x_5为基变量，x_1和x_2为非基变量。

如何理解线性规划中的基变量和非基变量呢？线性规划的最优解只能在顶点处取到，所以单纯形法的思想就是从一个顶点出发，连续访问不同的顶点，在每一个顶点处检查是否有相邻的其他顶点能取到更优的目标函数值。线性规划里面的约束（等式或不等式）可以看作是超平面（Hyperplane）或半空间（Half space）。可行域可以看作是被这组约束，或者超平面和半空间定义（围起来）的区域。那么某一个顶点其实就是某组超平面的交点，这一组超平面对应的约束就是在某一个顶点取到"="号的约束（也就是基）。顶点对应的代数意义就是一组方程（取到等号的约束）的解。

（3）目标函数中不含基变量。在这里基变量x_3、x_4和x_5是在约束方程中引进的变量，所以目标函数中没有这些基变量。

单纯形法的计算过程可以表示成单纯形表，把上面系数矩阵$\boldsymbol{A}$、目标函数的变量系数写成单纯形表的形式，如表4.1所示。

表4.1　线性规划的单纯形表

说明	x_1	x_2	x_3	x_4	x_5	b	θ
目标函数系数	70	30					
约束1	3	9	1			540	
约束2	5	5		1		450	
约束3	9	3			1	720	

接下来介绍单纯形法的具体计算过程。

（1）确定初始基本可行解$\boldsymbol{X}$。利用规范型的数学模型，整理出目标函数和约束方程的形式，具体如下。

$$
\max Z = 70x_1 + 30x_2
$$

$$
s.t.\begin{cases}3x_1 + 9x_2 + x_3 = 540\\5x_1 + 5x_2 + x_4 = 450\\9x_1 + 3x_2 + x_5 = 720\\x_1,x_2,x_3,x_4,x_5 \geqslant 0\end{cases}
$$

在表中令非基变量$x_j = 0$,这样可以直接得到基变量的取值,即$x_3 = 540, x_4 = 450, x_5 = 720$,将非基变量$x_j = 0$代入目标函数得到$Z = 0$,初始基本可行解是:

$$
X = (x_1,x_2,x_3,x_4,x_5) = (0,0,540,450,720)^{\mathrm{T}}
$$

$$
Z = 0
$$

此时顶点位置是原点O。

(2)判断当前点$\boldsymbol{X}$是否为最优解。对于最大化问题,目标函数中非基变量的系数$a_i \leqslant 0$时为最优解。而这里非基变量的系数$a_1 = 70 > 0, a_2 = 30 > 0$,意味着只要在可行域内随着非基变量$x_1$和$x_2$的增大目标函数就会继续增大,所以此时的解不是最优解。

当然也可以利用梯度的知识来思考这个问题,对于最大化问题,只需要沿着梯度方向搜索即可找到最大值。线性规划是一个典型的凸优化问题,当梯度为零时,得到最大值。回到问题中来,当非基变量系数$a_j \leqslant 0$时,可得到问题最优解。

(3)基变量出基与非基变量入基。变量的入基和出基,在几何图上表现为顶点的变化,如从a顶点变换到b顶点。选择使目标函数Z变化最快的非基变量入基,即选择系数a_i最大且为正数的非基变量入基,所以选择x_1入基,此时仍然$x_2 = 0$。从凸优化的角度来看,就是选择目标函数梯度最大的方向做下一步的计算。

那该选择哪个基变量出基呢,可以利用计算约束方程中常数项与x_1系数的比值θ,选择最小的θ对应的约束方程的基变量出基,即$\theta = b/a_i$,如表4.2所示。

表4.2　单纯形表出基计算

目标和基变量	x_1	x_2	x_3	x_4	x_5	b	θ
Z	70	30					
x_3	3	9	1			540	180
x_4	5	5		1		450	90
x_5	9	3			1	720	80

因此,选择x_5出基,令非基变量$x_j = 0$,下面来重新计算新的单纯形表,如表4.3所示。

表4.3　单纯形表迭代计算结果1

目标和基变量	x_1	x_2	x_3	x_4	x_5	b	θ
Z		20/3			−70/3	5600	
x_3		8	1		−1/3	300	
x_4		10/3		1	−5/9	50	
x_5	1	1/3			1/9	80	

观察单纯形表是怎样变化的。

约束方程第3个式子对应的矩阵行除以约束方程第3个式子中的x_1的系数9，得到新的矩阵系数，如图4.2所示。

x_5	9	3			1	720

除以系数9

x_1	1	1/3			1/9	80

图4.2　单纯形表计算过程1

对于约束方程中的第1个式子，如果要消去变量x_1，则约束方程中的第1个式子对应的行，减去约束方程中的第1个式子中x_1的系数3，乘以新的约束方程第3个式子对应的行，得到约束方程中的第1个式子的新系数，如图4.3所示。

x_3	3	9	1			540

减去 3乘

x_1	1	1/3			1/9	80

得到

x_3		8	1		-1/3	300

图4.3　单纯形表计算过程2

使用数学表达式来推导上面的操作。

x_1入基后，约束方程第3个式子变成：

$$s.t_3: x_1 + \frac{1}{3}x_2 + \frac{1}{9}x_5 = 80$$

$$\Rightarrow x_1 = 80 - \frac{1}{3}x_2 - \frac{1}{9}x_5$$

约束方程第1个式子不变，即：

$$s.t_1: 3x_1 + 9x_2 + x_3 = 540$$

根据多元消去法，要消去约束方程第1个式子中的x_1，则：

$$s.t_1: 3x_1 + 9x_2 + x_3 = 540$$

即：

$$3 \times (80 - \frac{1}{3}x_2 - \frac{1}{9}x_5) + 9x_2 + x_3 = 540$$

即：

$$s.t_{1\_new} = s.t_{1\_old} - 3 \times s.t_3$$

同理得到目标函数和约束方程的替代,即新的目标函数和新的约束表达式形式。

(4)计算新的解$\boldsymbol{X}$。令非基变量$x_j = 0$,求出基变量$x_i = b_i$,得到基变量的值$x_1 = 80, x_3 = 300, x_4 = 50$,即:

$$\boldsymbol{X} = (x_1,x_2,x_3,x_4,x_5) = (80,0,300,50,0)^{\mathrm{T}}$$
$$Z = 5600$$

变换后,x_1的值从0变成80称为入基,x_5的值从720变成0称为出基,此时对应顶点为a点。

(5)判断当前解$\boldsymbol{X}$是否最优。由于目标函数中x_2的系数仍然大于零,因此当前位置还不是最优,因为在可行域内随着x_2增大目标函数还会增大。

(6)基变量出基与非基变量入基。在目标函数中,系数为正且最大的变量是x_2,因此选择x_2入基,并计算θ选择出基变量,如表4.4所示。

表4.4　单纯形表迭代计算结果2

目标和基变量	x_1	x_2	x_3	x_4	x_5	b	θ
Z		20/3			−70/3	5600	
x_3		8	1		−1/3	300	37.5
x_4		10/3		1	−5/9	50	15
x_1	1	1/3			1/9	80	240

经过计算,选择x_4出基,重新计算单纯形表,如表4.5所示。

表4.5　单纯形表迭代计算结果3

目标和基变量	x_1	x_2	x_3	x_4	x_5	b	θ
Z		−2			−20/3	5600	
x_3			1	12/5	−5/3	180	
x_2		1		3/10	−1/6	15	
x_1	1			1/10	1/6	75	

(7)确定新的解$\boldsymbol{X}$。令非基变量$x_j = 0$,求出基变量$x_i = b_i$,得到基变量的值$x_1 = 75,\ x_2 = 15,\ x_3 = 180$,即:

$$\boldsymbol{X} = (x_1,x_2,x_3,x_4,x_5) = (75,15,180,0,0)^{\mathrm{T}}$$
$$Z = 5700$$

经过变换后,x_2的值从0变成15称为入基,x_4的值从50变成0称为出基。此时基变量是x_1、x_2和x_3,非基变量是x_4,x_5,对应顶点为h点。

(8)判断当前解$\boldsymbol{X}$是否最优。因为函数中所有变量的系数均小于0,变量x_4和x_5变大只会使目标函数减小,所以当前解是最优解,即:

$$\boldsymbol{X} = (x_1,x_2,x_3,x_4,x_5) = (75,15,180,0,0)^{\mathrm{T}}$$
$$Z = 5700$$

经过单纯形法的搜索,搜索路径是$O \to a \to h$,而不是$O \to b \to k \to h$,最终得到最优解。

4.2.3 单纯形法代码

根据单纯形表的转换逻辑来编写对应的Python代码,模拟单纯形表并得到一个简单的小规模线性规划求解器,如代码4-1所示。

```
# 代码4-1,单纯形法求解
import pandas as pd
import numpy as np
# 定义线性规划求解函数
def lp_solver(matrix: DataFrame):
    """
    输入线性规划的矩阵,根据单纯形法求解线性规划模型
     max cx
    s.t. ax<=b
    矩阵形式是:
              b    x1    x2   x3   x4   x5
    obj     0.0  70.0  30.0  0.0  0.0  0.0
    x3    540.0   3.0   9.0  1.0  0.0  0.0
    x4    450.0   5.0   5.0  0.0  1.0  0.0
    x5    720.0   9.0   3.0  0.0  0.0  1.0
    第1行是目标函数的系数
    第2~4行是约束方程的系数
    第1列是约束方程的常数项
    obj-b 交叉,即第1行第1列的元素是目标函数的负值
    x3,x4,x5 既是松弛变量,也是初始可行解
    :param matrix:
    :return:
    """
    # 检验数是否大于0
    c = matrix.iloc[0, 1:]
```

```
    while c.max() > 0:
        # 选择入基变量,即目标函数系数最大的变量入基
        c = matrix.iloc[0, 1:]
        in_x = c.idxmax()
        in_x_v = c[in_x]  # 入基变量的系数
        # 选择出基变量
        # 选择正的最小比值对应的变量出基 min( b列/入基变量列)
        b = matrix.iloc[1:, 0]
        in_x_a = matrix.iloc[1:][in_x]  # 选择入基变量对应的列
        out_x = (b / in_x_a).idxmin()  # 得到出基变量
        # 旋转操作
        matrix.loc[out_x, :] = matrix.loc[out_x, :] / matrix.loc[out_x, in_x]
        for idx in matrix.index:
            if idx != out_x:
                matrix.loc[idx, :] = matrix.loc[idx, :] - matrix.loc[out_x, :] *
                    matrix.loc[idx, in_x]
        # 索引替换(入基与出基变量名称替换)
        index = matrix.index.tolist()
        i = index.index(out_x)
        index[i] = in_x
        matrix.index = index
    # 打印结果
    print("最终的最优单纯形法是:")
    print(matrix)
    print("目标函数值是:", - matrix.iloc[0, 0])
    print("最优决策变量是:")
    x_count = (matrix.shape[1] - 1) - (matrix.shape[0] - 1)
    X = matrix.iloc[0, 1:].index.tolist()[: x_count]
    for xi in X:
        print(xi, '=', matrix.loc[xi, 'b'])


# 主程序代码
def main():
    # 约束方程系数矩阵,包含常数项
    matrix = pd.DataFrame(
        np.array([
            [0, 70, 30, 0, 0, 0],
            [540, 3, 9, 1, 0, 0],
            [450, 5, 5, 0, 1, 0],
            [720, 9, 3, 0, 0, 1]]),
        index=['obj', 'x3', 'x4', 'x5'],
        columns=['b', 'x1', 'x2', 'x3', 'x4', 'x5'])

    # 调用前面定义的函数求解
    lp_solver(matrix)
```

调用主函数,输出单纯形法的计算结果如下。

```
最终的最优单纯形法是:
             b    x1    x2    x3    x4          x5
obj   -5700.0  0.0   0.0   0.0   -2.0   -6.666667
x3      180.0  0.0   0.0   1.0   -2.4    1.000000
x2       15.0  0.0   1.0   0.0   0.3    -0.166667
x1       75.0  1.0   0.0   0.0   -0.1    0.166667
目标函数值是: 5700.0
最优决策变量是:
x1 = 75.0
x2 = 15.0
```

从结果看,与前面的推导是一样的,说明从矩阵的角度对单纯形法编写程序是很简单的,因此,也得到了一个简单的线性规划求解器。

4.3 单纯形的数学规范型

学习了单纯形的计算过程后,这里讲解单纯形法的数学原理。

假设有一个规划问题,即:

$$\max Z = \boldsymbol{CX}$$
$$s.t.\ \boldsymbol{AX} = \boldsymbol{b}$$

将变量 $\boldsymbol{X}$ 拆解为基变量 $\boldsymbol{X}_B$ 和非基变量 $\boldsymbol{X}_N$ 两部分,即 $\boldsymbol{X} = [\boldsymbol{X}_B, \boldsymbol{X}_N]$,同理,将 $\boldsymbol{C}$ 拆解为 $\boldsymbol{C} = [\boldsymbol{C}_B, \boldsymbol{C}_N]$,将 $\boldsymbol{A}$ 拆解为 $\boldsymbol{A} = [\boldsymbol{A}_B, \boldsymbol{A}_N]$ 两部分。

设前 m 个变量 $x_1, x_2, \cdots, x_m$ 为基变量,后面的 $x_{m+1}, \cdots, x_n$ 为非基变量,则约束方程可以写成如下形式:

$$\text{s.t.}\begin{cases} x_1 \qquad\qquad + a_{1,m+1}x_{m+1} + \cdots + a_{1,n}x_n = b_1 \\ \quad x_2 \qquad\quad + a_{2,m+1}x_{m+1} + \cdots + a_{2,n}x_n = b_2 \\ \cdots \\ \qquad\qquad x_m + a_{m,m+1}x_{m+1} + \cdots + a_{m,n}x_n = b_m \end{cases}$$

则基变量的值为:

$$x_i = b_i - (a_{i,m+1}x_{m+1} + \cdots + a_{i,n}x_n) = b_i - \sum_{j=m+1}^{n} a_{ij}x_j$$

将 x_i 代入目标函数,并消去目标函数中的基变量 $\boldsymbol{X}_B$,则:

$$
\begin{aligned}
\max Z = \sum_{j=1}^{n} c_j x_j &= \sum_{i=1}^{m} c_i x_i + \sum_{j=m+1}^{n} c_j x_j \\
&= \sum_{i=1}^{m} c_i [b_i - \sum_{j=m+1}^{n} a_{ij} x_j] + \sum_{j=m+1}^{n} c_j x_j \\
&= \sum_{i=1}^{m} c_i b_i + \sum_{j=m+1}^{n} [c_j - \sum_{j=m+1}^{n} a_{ij}] \, x_j \\
&= Z_0 + \sum_{j=m+1}^{n} [c_j - Z_j] \, x_j \\
&= Z_0 + \sum_{j=m+1}^{n} R_j x_j
\end{aligned}
$$

式中，目标函数Z_0的值为：

$$
Z_0 = \sum_{j=1}^{m} c_j b_i = (c_1, c_2, \cdots, c_m)(b_1, b_2, \cdots, b_m)^{\mathrm{T}} = \boldsymbol{C}_B \boldsymbol{b}
$$

$\boldsymbol{R}_j$为非基变量检验数，即：

$$
\begin{aligned}
&\boldsymbol{R}_j = c_j - \sum_{i=1}^{m} c_i a_{ij} = c_j - (c_1, c_2, \cdots, c_m)(a_{1j}, a_{2j}, \cdots, a_{mj})^{\mathrm{T}} = c_j - \boldsymbol{C}_B \boldsymbol{a}_j \\
&j = m + 1, \cdots, n
\end{aligned}
$$

根据上面的公式推导，可以计算出目标函数的值、非基变量的检验数，同时也说明了单纯形表变换的内在数学原理。

4.4 内点法

内点法也是求解线性规划的一个方法，相比单纯形法，内点法在大规模线性优化、二次优化、非线性规划方面都有比较好的表现，内点法是多项式算法，随着问题规模的增大，计算的复杂度却不会急剧增大，因此在大规模问题上比单纯形法有更广泛的应用。

4.4.1 内点法的原理

内点法的求解思路同拉格朗日松弛法的思路类似，将约束问题转化为无约束问题，通过无约束函数的梯度下降进行迭代直至得到有效解。内点法就是在梯度下降的过程中，如果当前迭代点是在可行域外，则会给损失函数一个非常大的值，这样就能约束在可行域内求解。但是内点法不能处理等式约束，因为构造的内点惩罚函数是定义在可行域内的函数，而等式约束优化问题不存在可行域空间。

由此看来，内点法和单纯形法对优化问题的形式是不一样的。

4.4.2 内点法过程

下面介绍内点法是如何将约束问题转化为无约束问题的。考虑这样一个最小化的线性规划问题，即：

$$\min Z = \boldsymbol{c}^{\mathrm{T}}\boldsymbol{x}$$
$$s.t.\ \boldsymbol{A}\boldsymbol{x} \leqslant \boldsymbol{b}$$

借鉴拉格朗日松弛法的思路，这个线性规划问题可以表示成如下函数：

$$\min f(x) = \boldsymbol{c}^{\mathrm{T}}\boldsymbol{x} + \sum_{i=1}^{m} I(\boldsymbol{A}\boldsymbol{x} - \boldsymbol{b})$$

其中，m是约束方程的个数，I是指示函数，一般定义如下：

$$I(u) = \begin{cases} 0, \text{如果} u \leqslant 0 \\ \infty, \text{如果} u > 0 \end{cases}$$

通过指示函数可以将约束方程直接写到目标函数中，然后对目标函数求极小值。但是这个指示函数$I(u)$是不可导的，需要用其他可导的函数近似替代，常用的替代函数是$I_{-}(\mathrm{u}) = -\dfrac{1}{t}\log(-u)$，当$u > 0$时$I_{-}(u) = \infty$，参数$t$决定$I_{-}(u)$对应$I(u)$的近似程度，类似机器学习算法中损失函数的正则化参数的作用。新的目标函数可以写成如下形式：

$$\begin{aligned}\min\ f(x) &= \boldsymbol{c}^{\mathrm{T}}\boldsymbol{x} - \frac{1}{t}\sum_{i=1}^{m}\log(-\boldsymbol{A}\boldsymbol{x} + \boldsymbol{b}) \\ &= t\boldsymbol{c}^{\mathrm{T}}\boldsymbol{x} - \sum_{i=1}^{m}\log(-\boldsymbol{A}\boldsymbol{x} + \boldsymbol{b})\end{aligned}$$

由于指数函数$I_{-}(u)$是凸函数，所以新的目标函数也是凸函数，因此可以用凸优化中的方法求解该函数的极小值，如梯度下降法、牛顿法、拟牛顿法、L-BFGS等。下面以经典的牛顿法讲解如何求函数最小化问题。

目标函数$f(x)$在x_0做二阶泰勒公式展开时得到：

$$f(x) = f(x_0) + (x - x_0)f'(x_0) + \frac{1}{2}(x - x_0)^2 f''(x_0)$$

上式成立的条件是$f(x)$近似等于$f(x_0)$，对上面等式两边同时对$(x - x_0)$求导，并令导数为0，可以得到下面的方程：

$$f'(x)=f'(x_0)+(x-x_0)f''(x_0)$$
$$x=x_0-\frac{f'(x_0)}{f''(x_0)}$$

这样就得到了下一点的位置,从x_0走到x_1。重复这个过程,直到到达导数为0的点,因此牛顿法的迭代公式是:

$$x_{n+1}=x_n-\frac{f'(x_n)}{f''(x_n)}=x_n-H^{-1}\nabla f(x_n)$$

式中,H^{-1}表示二阶导数矩阵(海塞矩阵)的逆。因此,如果使用牛顿法求解目标函数最优值,需要知道目标函数的一阶导数$f'(x_n)$和二阶导数$f''(x_n)$。

下面再看这个问题,即:

$$\max Z=70x_1+30x_2$$
$$s.t.\begin{cases}3x_1+9x_2\leqslant 540\\5x_1+5x_2\leqslant 450\\9x_1+3x_2\leqslant 720\\x_1,x_2\geqslant 0\end{cases}$$

稍微转化一下变成最小化问题,以符合前面讨论的格式,即:

$$\min Z=-70x_1-30x_2$$
$$s.t.\begin{cases}3x_1+9x_2-540\leqslant 0\\5x_1+5x_2-450\leqslant 0\\9x_1+3x_2-720\leqslant 0\\-x_1\leqslant 0\\-x_2\leqslant 0\end{cases}$$

转成无约束优化问题的形式是:

$$\begin{aligned}\min Z=t(-70x_1-30x_2)-&\\\log(-3x_1-9x_2+540)-&\\\log(-5x_1-5x_2+450)-&\\\log(-9x_1-3x_2+720)-&\\\log(x_1)-&\\\log(x_2)&\end{aligned}$$

在问题中,目标函数的一阶导数是:

$$\boldsymbol{J}=\begin{bmatrix}\frac{\partial f}{\partial x_1} & \frac{\partial f}{\partial x_2}\end{bmatrix}\begin{matrix}\frac{\partial f}{\partial x_1}=-70t+\frac{3}{-3x_1-9x_2+540}+\frac{5}{-5x_1-5x_2+450}+\frac{9}{-9x_1-3x_2+720}+\frac{1}{-x_1}\\\frac{\partial f}{\partial x_2}=-30t+\frac{9}{-3x_1-9x_2+540}+\frac{5}{-5x_1-5x_2+450}+\frac{3}{-9x_1-3x_2+720}+\frac{1}{-x_2}\end{matrix}$$

目标函数的二阶导数是：

$$\boldsymbol{H}=\begin{bmatrix}\dfrac{\partial^2 f}{\partial x_1\partial x_1} & \dfrac{\partial^2 f}{\partial x_1\partial x_2}\\ \dfrac{\partial^2 f}{\partial x_2\partial x_1} & \dfrac{\partial^2 f}{\partial x_2\partial x_2}\end{bmatrix}$$

$$\frac{\partial^2 f}{\partial x_1\partial x_1}=\frac{9}{(3x_1+x_2-240)^2}+\frac{1}{(x_1+3x_2-180)^2}+\frac{1}{(x_1+x_2-90)^2}+\frac{1}{x_1^2}$$

$$\frac{\partial^2 f}{\partial x_1\partial x_2}=\frac{3}{(3x_1+x_2-240)^2}+\frac{3}{(x_1+3x_2-180)^2}+\frac{1}{(x_1+x_2-90)^2}$$

$$\frac{\partial^2 f}{\partial x_2\partial x_1}=\frac{3}{(3x_1+x_2-240)^2}+\frac{3}{(x_1+3x_2-180)^2}+\frac{1}{(x_1+x_2-90)^2}$$

$$\frac{\partial^2 f}{\partial x_2\partial x_2}=\frac{1}{(3x_1+x_2-240)^2}+\frac{9}{(x_1+3x_2-180)^2}+\frac{1}{(x_1+x_2-90)^2}+\frac{1}{x_2^2}$$

选择一个恰当的初始解x_0代入牛顿法迭代公式：

$$x_{n+1}=x_n-\boldsymbol{H}^{-1}\nabla f$$

不断迭代直至得到最优解。

上述的求解方法，对于不太复杂的数学表达式，可以使用符号计算库来自动计算一阶导数和二阶导数，下面以Python中的符号计算库SymPy来演示如何求解目标函数的一阶导数和二阶导数，如代码4-2所示。

```
# 代码4-2，自动求导数
from sympy import diff, symbols, exp, log
# 定义变量
x1, x2, t = symbols('x1 x2 t')
# 定义目标函数
func = t*(-70*x1-30*x2) - log(-3*x1-9*x2+540) - log(-5*x1 - 5*x2+450) -
    log(-9*x1-3*x2+720) - log(-x1) - log(-x2)
# 求导
diff(func, x1, 1)    # 对x1求一阶导
diff(func, x2, 1)    # 对x2求一阶导
diff(func, x1, x1)   # 对x1和x1求二阶导
diff(func, x1, x2)   # 对x1和x2求二阶导
diff(func, x2, x1)   # 对x2和x1求二阶导
diff(func, x2, x2)   # 对x2和x2求二阶导
```

输出结果如下。

```
# 对x1求一阶导数
-70*t + 3/(-3*x1 - 9*x2 + 540) + 5/(-5*x1 - 5*x2 + 450) + 9/(-9*x1 - 3*x2 +
```

```
    720) - 1/x1
# 对x2求一阶导数
-30*t + 9/(-3*x1 - 9*x2 + 540) + 5/(-5*x1 - 5*x2 + 450) + 3/(-9*x1 - 3*x2 +
    720) - 1/x2
# 对x1,x1求二阶导数
9/(3*x1 + x2 - 240)**2 + (x1 + 3*x2 - 180)**(-2) + (x1 + x2 - 90)**(-2) +
    x1**(-2)
# 对x1,x2求二阶导数
3/(3*x1 + x2 - 240)**2 + 3/(x1 + 3*x2 - 180)**2 + (x1 + x2 - 90)**(-2)
# 对x2,x1求二阶导数
3/(3*x1 + x2 - 240)**2 + 3/(x1 + 3*x2 - 180)**2 + (x1 + x2 - 90)**(-2)
# 对x2,x2求二阶导数
(3*x1 + x2 - 240)**(-2) + 9/(x1 + 3*x2 - 180)**2 + (x1 + x2 - 90)**(-2) +
    x2**(-2)
```

用符号计算求导结果和前面手动求导的结果是一致的，说明对于不太复杂的函数，可以用符号计算库来计算梯度，而不是手动求导，这样可以使工程师们专注于问题本身，而不是数学计算。

4.4.3 内点法代码

根据公式推导和梯度函数，接下来使用Python实现牛顿迭代的过程，如代码4-3所示。

```
# 代码4-3,内点法求解约束优化问题
import numpy as np
import time
def gradient(x1, x2, t):
    """计算目标函数在x处的一阶导数(雅克比矩阵)"""
    j1 = -70 * t + 3 / (-3 * x1 - 9 * x2 + 540) + 5 / (-5 * x1 - 5 * x2 + 450)
        + 9 / (-9 * x1 - 3 * x2 + 720) - 1 / x1
    j2 = -30 * t + 9 / (-3 * x1 - 9 * x2 + 540) + 5 / (-5 * x1 - 5 * x2 + 450) +
        3 / (-9 * x1 - 3 * x2 + 720) - 1 / x2
    return np.asmatrix([j1, j2]).T
def hessian(x1, x2):
    """计算目标函数在x处的二阶导数(海塞矩阵)"""
    x1, x2 = float(x1), float(x2)
    h11 = 9 / (3 * x1 + x2 - 240) ** 2 + (x1 + 3 * x2 - 180) ** (-2) + (x1 +
        x2 - 90) ** (-2) + x1 ** (-2)
    h12 = 3 / (3 * x1 + x2 - 240) ** 2 + 3 / (x1 + 3 * x2 - 180) ** 2 + (x1 +
        x2 - 90) ** (-2)
```

```
    h21 = 3 / (3 * x1 + x2 - 240) ** 2 + 3 / (x1 + 3 * x2 - 180) ** 2 + (x1 + x2 - 90) ** (-2)
    h22 = (3 * x1 + x2 - 240) ** (-2) + 9 / (x1 + 3 * x2 - 180) ** 2 + (x1 + x2 - 90) ** (-2) + x2 ** (-2)
    return np.asmatrix([[h11, h12], [h21, h22]])

def invertible(H):
    """求海塞矩阵的逆矩阵"""
    H_1 = np.linalg.inv(H)
    return H_1

def main():
    x = np.asmatrix(np.array([10, 10])).T              # x 是牛顿法的初始迭代值
    t = 0.00001       # t 是指函数中的t
    eps = 0.01        # 迭代停止的误差
    iter_cnt = 0      # 记录迭代的次数
    while iter_cnt < 20:
        iter_cnt += 1
        J = gradient(x[0, 0], x[1, 0], t)
        H = hessian(x[0, 0], x[1, 0])
        H_1 = np.linalg.inv(H)                         # 海塞矩阵的逆
        x_new = x - H_1 * J                            # 牛顿法公式
        error = np.linalg.norm(x_new - x)              # 求二范数,判断迭代效果
        print('迭代次数是:%d, x1=%.2f, x2=%.2f, 误差是:%.2f' % (iter_cnt, x_new[0, 0], x_new[1, 0], error))
        x = x_new
        if error < eps:
            break
        time.sleep(1)
    # 打印结果
    print("目标函数值是:%.2f" % float(70 * x[0, 0] + 30 * x[1, 0]))
    # 输出
    # 目标函数值是:2021.17
```

结果发现,内点法和单纯形法的结果相差很大,这是因为内点法的搜索路径是在可行域内部,而不能在可行域的边界上,这也是内点法的局限性。

通过前面的求解过程发现内点法不仅局限在线性规划上,二次规划等也是可以求解的,因为其本质是利用函数梯度求最优值,这同很多机器学习算法的思路是一致的,真正的难点在于如何保证新的目标函数是否存在一阶导数和二阶导数,以及如何得到一阶导数和二阶导数的信息,有了导数信息,很多工具如Python中SciPy库的optimize包就可以利用函数的一阶导数和二阶导数快速求解函数的最优值。此外,初始迭代点的选择也是很重要的,在线性规划问题中能够保证最后得到的是最优解,而非线性规划问题中,函数是非凸的,因此很难保证最后的解是全局最优解。

4.5 列生成法

列生成法是一种用于求解大规模线性优化问题非常高效的算法,本质上,列生成算法就是单纯形法的一种形式,它是用来求解线性规划问题的,所不同的是列生成法改善了大规模优化问题中单纯形法基变换计算效率低的问题,列生成法在整数规划中已经得到了广泛应用。

4.5.1 列生成法的原理

列生成法主要用于解决变量很多而约束相对较少的问题,特别是经常用于解决大规模整数规划问题(整数规划问题后续会讲)。单纯形法虽然能保证在数次迭代后找到最优解,但是其面对变量很多的线性规划问题就显得很弱了。因为它需要在众多变量里进行基变换,所以这种遍历的计算量是很大的。有人基于单纯形法提出了列生成算法,其思路是强制原问题(Master Problem)把一部分变量限定(Restrict)为非基变量,得到一个规模更小(即变量数比原问题少的)的限制性主问题(Restricted Master Problem),在限制主问题上用单纯形法求最优解,但是此时求得的最优解只是限制主问题的解,并不是原问题的最优解,就需要通过一个子问题(Subproblem)去检查在那些未被考虑的变量中是否有使限制主问题的ReducedCost小于0,如果有,就把这个变量的相关系数列加入到限制主问题的系数矩阵中。

列生成法的形象化表示过程如下,考虑线性规划问题,即:

$$\min c_1x_1 + c_2x_2 + \cdots + c_nx_n$$
$$s.t.\begin{cases} a_{11}x_1 + a_{12}x_2 + \cdots + a_{1n}x_n = b_1 \\ \cdots \\ a_{m1}x_1 + a_{m2}x_2 + \cdots + a_{mn}x_n = b_m \end{cases}$$

把前面j个变量强制设定为基变量,后面$n-j$个变量设定为非基变量,由于非基变量等于0,用矩阵表示的线性规划形式是:

$$\min c_1x_1 + c_2x_2 + \cdots + c_jx_j$$
$$s.t.\left\{\begin{bmatrix} a_{11} & \cdots & a_{1j} \\ \vdots & \ddots & \vdots \\ a_{m1} & \cdots & a_{mj} \end{bmatrix}\boldsymbol{x} = \boldsymbol{b}\right.$$

此时的问题为限定主问题,通过求解限定主问题先得到对偶问题的最优解,然后用子问题检查是否存在新的变量使目标变量继续朝优化方向变化(检验数小于0),假设存在一个满足的变量x_{j+1},那么原问题则变成:

$$\min c_1x_1 + c_2x_2 + \cdots + c_jx_j + c_{j+1}x_{j+1}$$
$$s.t.$$
$$\begin{bmatrix} a_{11} & \cdots & a_{1j} & a_{1j+1} \\ \vdots & \ddots & \vdots & \vdots \\ a_{m1} & \cdots & a_{mj} & a_{mj+1} \end{bmatrix} \boldsymbol{x} = \boldsymbol{b}$$

此时系数矩阵多了一列,这就是列生成法名称的由来。此时新限定主问题得到对偶问题的最优解,通过子问题得到新的变量,如此循环往复直到无法添加新的变量。

通过这个过程可以看到,原问题的变量非常多,通过限定主问题和列生成后,最终的线性规划模型的变量相比原问题少得多,这也是列生成法能够求解大规模线性规划的原因之一。

接下来讲解限定主问题和子问题的关系。

假设有如下线性规划问题。

$$\min \boldsymbol{c}^{\mathrm{T}}\boldsymbol{x}$$
$$s.t. \begin{cases} \boldsymbol{A}\boldsymbol{x} = \boldsymbol{b} \\ \boldsymbol{x} \geqslant 0 \end{cases}$$

与单纯形的数学规范型章节的思路类似,令$\boldsymbol{x} = [\boldsymbol{x}_B, \boldsymbol{x}_N]$,其中$\boldsymbol{x}_B$表示基变量,$\boldsymbol{x}_N$表示非基变量,类似的$\boldsymbol{A} = [\boldsymbol{A}_B, \boldsymbol{A}_N]$,$\boldsymbol{c}^{\mathrm{T}} = [\boldsymbol{c}_B^{\mathrm{T}}, \boldsymbol{c}_N^{\mathrm{T}}]$,约束方程变成:

$$\begin{aligned} &\boldsymbol{A}\boldsymbol{x} = \boldsymbol{b} \\ \Leftrightarrow\ &\boldsymbol{B}\boldsymbol{x}_b + \boldsymbol{N}\boldsymbol{x}_N = \boldsymbol{b} \\ \Leftrightarrow\ &\boldsymbol{x}_B = \boldsymbol{B}^{-1}\boldsymbol{b} - \boldsymbol{B}^{-1}\boldsymbol{N}\boldsymbol{x}_N \end{aligned}$$

因为非基变量$\boldsymbol{x}_N = 0$,所以$\boldsymbol{x}_B = \boldsymbol{B}^{-1}\boldsymbol{b}$。

对于目标函数有如下推导关系:

$$\begin{aligned} &\min \boldsymbol{c}^{\mathrm{T}}\boldsymbol{x} \\ \Leftrightarrow\ &\min \boldsymbol{c}_B^{\mathrm{T}}\boldsymbol{x}_B + \boldsymbol{c}_N^{\mathrm{T}}\boldsymbol{x}_N \\ \Leftrightarrow\ &\min \boldsymbol{c}_B^{\mathrm{T}}(\boldsymbol{B}^{-1}\boldsymbol{b} - \boldsymbol{B}^{-1}\boldsymbol{N}\boldsymbol{x}_N) + \boldsymbol{c}_N^{\mathrm{T}}\boldsymbol{x}_N \\ \Leftrightarrow\ &\min\ (\boldsymbol{c}_N^{\mathrm{T}} - \boldsymbol{c}_B^{\mathrm{T}}\boldsymbol{B}^{-1}\boldsymbol{N})\boldsymbol{x}_N + \boldsymbol{c}_B^{\mathrm{T}}\boldsymbol{B}^{-1}\boldsymbol{b} \end{aligned}$$

其中$\boldsymbol{c}_B^{\mathrm{T}}\boldsymbol{B}^{-1}\boldsymbol{b}$是常数,$\boldsymbol{c}_N^{\mathrm{T}} - \boldsymbol{c}_B^{\mathrm{T}}\boldsymbol{B}^{-1}\boldsymbol{N}$称为ReducedCost,$\boldsymbol{x}_N$非负。ReducedCost即非基变量的检验数,如果ReducedCost<0,则说明有非基变量x_n,使得目标函数可以更优。

在检验数的计算公式中,$\boldsymbol{c}_B^{\mathrm{T}}\boldsymbol{B}^{-1}$有以下两重含义。

(1)通过求解RMP问题得到的影子价格(Shadow Price)。

(2)通过求解RMP对偶问题得到的对偶变量(Dual Variable)。

因此,可以通过限制性主问题及其对偶问题来确定非基变量。

下面是ReducedCost和原问题的对偶问题的关系(非对称形式对偶),即:

$$
\begin{array}{lcl}
\text{Primal} & & \text{Dual} \\
\min \boldsymbol{c}^{\mathrm{T}}\boldsymbol{x} & \leftrightarrow & \max \boldsymbol{\lambda}^{\mathrm{T}}\boldsymbol{b} \\
s.t.\begin{cases}\boldsymbol{A}\boldsymbol{x}=\boldsymbol{b}\\ \boldsymbol{x}\geqslant 0\end{cases} & & s.t.\ \boldsymbol{\lambda}^{\mathrm{T}}\boldsymbol{A}\leqslant \boldsymbol{c}^{\mathrm{T}}
\end{array}
$$

假设找到了原问题的最优解是 $\left[\boldsymbol{x}_B,0\right]$，那么 $\boldsymbol{c}_n^{\mathrm{T}}-\boldsymbol{c}_B^{\mathrm{T}}\boldsymbol{B}^{-1}\boldsymbol{a}_n\geqslant 0$，即 $\boldsymbol{c}_B^{\mathrm{T}}\boldsymbol{B}^{-1}\boldsymbol{a}_n\leqslant \boldsymbol{c}_n^{\mathrm{T}}$，$\boldsymbol{c}_B^{\mathrm{T}}\boldsymbol{B}^{-1}\boldsymbol{A}=\boldsymbol{c}_B^{\mathrm{T}}\boldsymbol{B}^{-1}\left[\boldsymbol{B},\boldsymbol{N}\right]$，由于 $\boldsymbol{B}^{-1}\boldsymbol{B}=1$，所以 $\boldsymbol{c}_B^{\mathrm{T}}\boldsymbol{B}^{-1}\boldsymbol{A}=\boldsymbol{c}_B^{\mathrm{T}}\boldsymbol{B}^{-1}\left[\boldsymbol{B},\boldsymbol{N}\right]\leqslant\left[\boldsymbol{c}_B^{\mathrm{T}},\boldsymbol{c}_N^{\mathrm{T}}\right]=\boldsymbol{c}^{\mathrm{T}}$，因此，$\boldsymbol{c}_B^{\mathrm{T}}\boldsymbol{B}^{-1}\boldsymbol{A}\leqslant\boldsymbol{c}^{\mathrm{T}}$，$\boldsymbol{c}_B^{\mathrm{T}}\boldsymbol{B}^{-1}$ 是对偶问题的可行解。

令 $\boldsymbol{\lambda}^{\mathrm{T}}=\boldsymbol{c}_B^{\mathrm{T}}\boldsymbol{B}^{-1}$，$\boldsymbol{\lambda}^{\mathrm{T}}\boldsymbol{b}=\boldsymbol{c}_B^{\mathrm{T}}\boldsymbol{B}^{-1}\boldsymbol{b}=\boldsymbol{c}^{\mathrm{T}}\boldsymbol{x}$，根据对偶理论，$\boldsymbol{\lambda}^{\mathrm{T}}$ 是对偶问题的最优解，因此，ReducedCost 和对偶问题的关系可以表示为：

$$\text{ReducedCost}=\boldsymbol{c}_N^{\mathrm{T}}-\boldsymbol{c}_B^{\mathrm{T}}\boldsymbol{B}^{-1}\boldsymbol{N}$$

在大多数情况下，由于 $\boldsymbol{c}=[1\cdots1]$，所以 $\boldsymbol{c}_N^{\mathrm{T}}=1$。因为每次迭代只生成一个新的非基变量 x_j，所以：

$$
\begin{aligned}
\text{ReducedCost}&=\boldsymbol{c}_N^{\mathrm{T}}-\boldsymbol{c}_B^{\mathrm{T}}\boldsymbol{B}^{-1}\boldsymbol{N}\\
&=1-\boldsymbol{c}_B^{\mathrm{T}}\boldsymbol{B}^{-1}a_j\\
&=\boldsymbol{\sigma}_j
\end{aligned}
$$

通过求 $\min\sigma_j$ 得到 a_n，通过对偶关系添加到限制性主问题，得到新的列。

在一些资料中，ReduceCost 又写成如下形式：

$$\boldsymbol{\sigma}_j=c_j-\boldsymbol{c}_B^{\mathrm{T}}\boldsymbol{B}^{-1}a_j$$

即 ReduceCost 就是需要寻找的新非基变量 x_j 的检验数，这句话非常重要。c_j 是原问题 Master Problem 的目标函数中 x_j 的系数，在大部分问题中 $c_j=1$，由于 $\boldsymbol{c}_B^{\mathrm{T}}\boldsymbol{B}^{-1}$ 是通过求解 RMP 对偶问题得到的对偶变量，a_j 是限制性主问题添加新变量 x_j 后约束方程的系数，具体如下：

$$
\begin{aligned}
&\min c_1x_1+\quad c_2x_2+\ c_3x_3+\qquad c_jx_j\\
&s.t.\begin{cases}
a_{11}x_1+a_{12}x_2+a_{13}x_3+\qquad a_{1j}x_j\quad=b_1\\
\qquad\qquad\cdots\cdots\\
\underbrace{a_{m1}x_1+a_{m2}x_2+a_{m3}x_3+}_{\text{限制性主问题未添加}x_j\text{ 前}}\qquad\underbrace{a_{mj}x_j}_{\text{添加新变量}x_j}\quad=b_1
\end{cases}
\end{aligned}
$$

c_j 是事先已知的，$\boldsymbol{c}_B^{\mathrm{T}}\boldsymbol{B}^{-1}$ 先通过求解限制性主问题的对偶变量得到，然后构造子问题 $\boldsymbol{\sigma}_j=c_j-\boldsymbol{c}_B^{\mathrm{T}}\boldsymbol{B}^{-1}a_j$，即求新变量 x_j 的检验数，如果检验数 $\boldsymbol{\sigma}_j<0$，则通过对偶关系将 x_j 和 a_j 添加到限制性主问题中，完成一轮循环。

综上所述，单纯形法虽然能保证在数次迭代后找到最优解，但是其面对变量很多的线性规划问题就显得很弱了。因为它需要在众多变量里进行基变换，这种枚举的工作量是可怕的。因此，基于单纯形法提出了列生成算法，其思路是先把主问题限制到一个规模更小(变量数比原问题少的)的限制性主问题，在限制性主问题上用单纯形法求最优解，但是此时求得的最优解只是限制性主问题上的，并不是主问题的最优解。此时，就需要通过一个子问题去检查在那些未被考虑的变量中是否有使Reduced Cost Rate小于0的（其具体的做法就是通过求解一个线性最大化问题，即求未被考虑的变量中的Reduced Cost Rate的最大值）？如果有，就把这个变量的相关系数列加入到限制性主问题的系数矩阵中。经过这样反复的迭代，直到子问题中的Reduced Cost Rate大于或等于0，那么主问题就求到了最优解。

4.5.2 列生成的过程

在最优化算法中经常采用切割钢管问题（Cutting Stock Problem）的一个例子来说明列生成的计算步骤。

假设需要长度为3米、7米、9米、16米的钢管各25根、30根、14根、8根，目前只有长度为20米的钢管若干，如何切割使消耗的钢管数量最少。

钢管的切割方案有很多，如可以切割6根3米的、2根7米的和2根3米的等。设p为切割方案；c_{ip}表示在p切割方案下得到长度为i的钢管的数量。若$c_{32}=2, c_{72}=2$，则得到3米的钢管2根，7米的钢管2根；x_p表示p切割方案的使用次数，可以写出如下模型：

$$\min \sum_p x_p$$

$$s.t. \sum_p c_{ip} x_p \geqslant D_i$$

式中，D_i表示长度为i钢管的需求数量。

接下来是列生成法的具体计算过程。

因为需求的钢管长度有4种，所以初始给定4种切割方案，每种方案都是只切割1种长度，如只切割3米的钢管得到6根，只切割7米的钢管得到2根，只切割9米的钢管得到2根，只切割16米的钢管得到1根，如表4.6所示。

表4.6 钢管切割方案

模式P	第一种	第二种	第三种	第四种
3m	6			
7m		2		
9m			2	
16m				1

对应的模型表示为：

$$
\min x_1 + x_2 + x_3 + x_4
$$

$$
s.t.\begin{cases} 6x_1 + 0x_2 + 0x_3 + 0x_4 \geqslant 25 \\ 0x_1 + 2x_2 + 0x_3 + 0x_4 \geqslant 30 \\ 0x_1 + 0x_2 + 2x_3 + 0x_3 \geqslant 14 \\ 0x_1 + 0x_2 + 0x_3 + 1x_4 \geqslant 8 \\ x_p \geqslant 0 \end{cases}
$$

这里将变量x_p去掉整数约束，只要求大于等于0即可，这样就能用普通的单纯形法或内点法求解，在最后无法添加新列时再使用整数规划求解最终的模型。

此时得到一个限制性主问题，因为切割方案肯定不止这4种（强制限定其他$x_p = 0$），所以这是一个限制性主问题，其对偶模型的变量值可以用Gurobi工具求解，如代码4-4所示。

```
# 代码4-4，列生成法主问题
import gurobipy as grb

model = grb.Model()
# 定义变量
z1 = model.addVar(vtype=grb.GRB.CONTINUOUS, name='z1')
z2 = model.addVar(vtype=grb.GRB.CONTINUOUS, name='z2')
z3 = model.addVar(vtype=grb.GRB.CONTINUOUS, name='z3')
z4 = model.addVar(vtype=grb.GRB.CONTINUOUS, name='z4')
# 添加约束
model.addConstr(6 * z1 >= 25)
model.addConstr(2 * z2 >= 30)
model.addConstr(2 * z3 >= 14)
model.addConstr(z4 >= 8)
model.addConstr(z1 >= 0)
model.addConstr(z2 >= 0)
model.addConstr(z3 >= 0)
model.addConstr(z4 >= 0)

# 目标函数
model.setObjective(z1 + z2 + z3 + z4, grb.GRB.MINIMIZE)
# 求解
model.optimize()
# 打印变量
for v in model.getVars():
    print(v.varName, '=', v.x)
# 获取约束的对偶变量的值
dual = model.getAttr(grb.GRB.Attr.Pi, model.getConstrs())
print(dual)
# 输出
# [0.16666, 0.5, 0.5, 1.0, 0.0, 0.0, 0.0, 0.0]
```

通过求解器可以获得对偶变量值 $\boldsymbol{\pi}=[0.166, 0.5, 0.5, 1]$，将对偶变量代入子问题 ReducedCost = $1-\boldsymbol{\pi}a_n$ 得到：

$$\min 1-0.166666a_1-0.5a_2+0.5a_3-a_4$$
$$s.t.\begin{cases}3a_1+7a_2+9a_3+16a_4 \leqslant 20 \\ a_1,a_2,a_3,a_4\text{为整数}\end{cases}$$

上式中的约束表示新的切割方案也必须满足长度不能超过钢管长度的限制，通过Gurobi求解上面的模型，如代码4-5所示。

```
# 代码4-5,列生成法子问题
import gurobipy as grb
model = grb.Model()
# 添加变量
a1 = model.addVar(vtype=grb.GRB.INTEGER, name='a1')
a2 = model.addVar(vtype=grb.GRB.INTEGER, name='a2')
a3 = model.addVar(vtype=grb.GRB.INTEGER, name='a3')
a4 = model.addVar(vtype=grb.GRB.INTEGER, name='a4')
# 添加约束
model.addConstr(3 * a1 + 7 * a2 + 9 * a3 + 16 * a4 <= 20)
# 目标函数
model.setObjective(1 - 0.166666 * a1 - 0.5 * a2 - 0.5 * a3 - a4, grb.GRB.MINIMIZE)
# 求解
model.optimize()
print('目标函数值是:', model.objVal)
for v in model.getVars():
    print(v.varName, '=', v.x)
# 输出
# 目标函数值是: -0.333
# a1 = 2.0
# a2 = 2.0
# a3 = -0.0
# a4 = 0.0
```

通过求解上面的模型，得到最优解 ReducedCost=-0.333<0，发现了更好的切割模型，新的切割模式是：

$$(a_1, a_2, a_3, a_4)=(2, 2, 0, 0)$$

将新的切割模式添加到限定主问题中，如表4.7所示。

表4.7　新的钢管切割方案

模式 P	第一种	第二种	第三种	第四种	第五种
3m	6				2
7m		2			2
9m			2		
16m				1	

新的限定性主问题是：

$$\min x_1 + x_2 + x_3 + x_4 + z_{\text{new}}$$
$$s.t.\begin{cases}6x_1 + 0x_2 + 0x_3 + 0x_4 + 2x_{\text{new}} \geqslant 25\\0x_1 + 2x_2 + 0x_3 + 0x_4 + 2x_{\text{new}} \geqslant 30\\0x_1 + 0x_2 + 2x_3 + 0x_3 + 0x_{\text{new}} \geqslant 14\\0x_1 + 0x_2 + 0x_3 + 1x_4 + 0x_{\text{new}} \geqslant 8\\x_p \geqslant 0\end{cases}$$

求解限定性主问题的对偶问题，得到对偶变量值为：

$$\boldsymbol{\pi} = [0, 0.5, 0.5, 1]$$

求解对应的子问题 ReducedCost $= 1 - \boldsymbol{\pi} a_n$，即：

$$\min 1 - 0a_1 - 0.5a_2 + 0.5a_3 - a_4$$
$$s.t.\begin{cases}3a_1 + 7a_2 + 9a_3 + 16a_4 \leqslant 20\\a_1,a_2,a_3,a_4\text{为整数}\end{cases}$$

此时 ReducedCost=0，所以已经没有更好的切割模式，列生成迭代终止。将变量 x_p 限定为整数，重新求解问题即可得到最优解。

从上面的例子可以看出，尽管切割模式可以列举很多，但是通过列生成法最终选用5种切割模式即可求解模型，大大降低了模型复杂度，同时也说明列生成法是求解大规模规划问题的一个有效方法。

4.6 对偶问题

在讲列生成法时曾讲到了线性规划的对偶问题，可以将原问题和对偶问题看成是一个问题的两个视角，如在一定的资源下如何安排生产才能使利润最大，这个问题的另一个角度就是怎样购买这些生产资源使花钱最少。从数学的角度来说，如果原问题不好求解，可以尝试从对偶问题的角度出发求解原问题，如在求最小问题中，对偶问题就是寻找原问题目标函数的下界。

4.6.1 对偶问题的形式

一个简单的资源优化问题：有3台设备分别是A、B、C，需生产两种产品，甲和乙分别生产x_1公斤和x_2公斤，其耗时和利润如表4.8所示。

表4.8 设备生产成本利润表

设备台时价	y_1	y_2	y_3	利润
设备	A	B	C	/
产品甲(x_1公斤)	3	5	9	70
产品乙(x_2公斤)	9	5	3	30
限制工时	540	450	720	/

从收益的角度来说，是如何安排生产使利润最大；从成本的角度来说是，如何安排生产使在满足生产要求下设备的总台时价(成本)最小，因此可以写出原问题和对偶问题的数学表达式，从成本角度来看为：

$$\min D = 540y_1 + 450y_2 + 720y_3$$
$$s.t. \begin{cases} 3y_1 + 5y_2 + 9y_3 \geqslant 70 \\ 9y_1 + 5y_2 + 3y_3 \geqslant 30 \\ y_1, y_2, y_3 \geqslant 0 \end{cases}$$

最优解是：$\boldsymbol{Y}^* = (y_1, y_2, y_3)^{\mathrm{T}} = (0,2,20/3)^{\mathrm{T}}$, $D^* = 5700$。

从利润角度来看为：

$$\max Z = 70x_1 + 30x_2$$
$$s.t. \begin{cases} 3x_1 + 9x_2 \leqslant 540 \\ 5x_1 + 5x_2 \leqslant 450 \\ 9x_1 + 93x_2 \leqslant 720 \\ x_1, x_2 \geqslant 0 \end{cases}$$

最优解是：$\boldsymbol{X}^* = (x_1, x_2)^{\mathrm{T}} = (75,15)^{\mathrm{T}}, Z^* = 5700$。

因此，可以总结出原问题和对偶问题的关系如下。

(1)原问题是求max，对偶问题是求min。

(2)原问题有2个变量，对偶问题有2个约束条件

(3)原问题有3个约束,对偶问题有3个变量。

(4)原问题目标函数系数是对偶问题约束方程的常数项。

(5)原问题的约束方程常数是对偶问题目标函数的系数。

(6)原问题约束方程系数矩阵是对偶问题约束方程系数矩阵的转置。

写成标准范式就是:

$$\max Z = \boldsymbol{CX} \quad \min D = \boldsymbol{b}^{\mathrm{T}}\boldsymbol{Y}$$
$$s.t.\begin{cases}\boldsymbol{AX} \leqslant \boldsymbol{b} \\ \boldsymbol{X} \geqslant 0\end{cases} \leftrightarrow \quad s.t.\begin{cases}\boldsymbol{A}^{\mathrm{T}}\boldsymbol{Y} \geqslant \boldsymbol{C}^{\mathrm{T}} \\ \boldsymbol{Y} \geqslant 0\end{cases}$$

回忆一下在列生成法中,因为原问题只有4个约束方程,所以对偶问题也就只有4个变量。

对偶问题有以下几个性质。

(1)可逆性,对偶问题的对偶是原问题。

(2)弱对偶性,设有如下互为对偶的两个问题:

$$\max Z = \boldsymbol{CX} \quad \min D = \boldsymbol{b}^{\mathrm{T}}\boldsymbol{Y}$$
$$s.t.\begin{cases}\boldsymbol{AX} \leqslant \boldsymbol{b} \\ \boldsymbol{X} \geqslant 0\end{cases} \leftrightarrow \quad s.t.\begin{cases}\boldsymbol{A}^{\mathrm{T}}\boldsymbol{Y} \geqslant \boldsymbol{C}^{\mathrm{T}} \\ \boldsymbol{Y} \geqslant 0\end{cases}$$

设$\boldsymbol{X}^*$和$\boldsymbol{Y}^*$是原问题和对偶问题的可行解,则其对应的目标函数有如下关系:

$$Z = \boldsymbol{CX}^* \leqslant D = \boldsymbol{b}^{\mathrm{T}}\boldsymbol{Y}^*$$

当$Z = \boldsymbol{CX}^* = D = \boldsymbol{b}^{\mathrm{T}}\boldsymbol{Y}^*$时,$\boldsymbol{X}^*$和$\boldsymbol{Y}^*$是原问题和对偶问题的最优解。

上述性质称为弱对偶性,利用弱对偶性可以得到规划问题的上界或下界。

(3)无界性,若原问题(对偶问题)的解无界,则其对偶问题(原问题)无可行解。

(4)可行解是最优解时的性质,若$\boldsymbol{X}^*$是原问题的可行解,$\boldsymbol{Y}^*$是对偶问题的可行解,当$\boldsymbol{CX}^* = \boldsymbol{b}^{\mathrm{T}}\boldsymbol{Y}^*$时,$\boldsymbol{X}^*$和$\boldsymbol{Y}^*$是原问题和对偶问题的最优解。

(5)对偶定理,若一个问题有最优解,则另一个问题必有最优解,而且它们的最优目标函数值相等($Z = D$)。

(6)互补松弛定理,在互为对偶的两个问题中,若一个问题的某个变量取正数,则另一个问题相应的约束条件必取等式,若一个问题的某个约束条件取不等式,则另一个问题相应的变量为0。

4.6.2 对称形式对偶

因为对偶形式和在列生成法中提到的对偶形式并不相同,所以有必要说一下非对称形式对偶的推导过程,应考虑如下形式的规划问题:

$$\min \boldsymbol{c}^{\mathrm{T}}\boldsymbol{x}$$
$$s.t.\begin{cases}\boldsymbol{A}\boldsymbol{x} \geqslant \boldsymbol{b} \\ \boldsymbol{x} \geqslant 0\end{cases}$$

其对偶问题的形式如下：

$$\max \boldsymbol{\lambda}^{\mathrm{T}}\boldsymbol{b}$$
$$s.t.\begin{cases}\boldsymbol{\lambda}^{\mathrm{T}}\boldsymbol{A} \leqslant \boldsymbol{c}^{\mathrm{T}} \\ \boldsymbol{\lambda} \geqslant 0\end{cases}$$

对于线性规划的标准型，其约束形式为$\boldsymbol{A}\boldsymbol{x}=\boldsymbol{b}$，等价于：

$$\boldsymbol{A}\boldsymbol{x} \geqslant \boldsymbol{b}$$
$$-\boldsymbol{A}\boldsymbol{x} \leqslant -\boldsymbol{b}$$

因此含有等式约束的原问题可以写成：

$$\min \boldsymbol{c}^{\mathrm{T}}\boldsymbol{x}$$
$$s.t.\begin{cases}\begin{bmatrix}\boldsymbol{A} \\ -\boldsymbol{A}\end{bmatrix} x \geqslant \begin{bmatrix}\boldsymbol{b} \\ -\boldsymbol{b}\end{bmatrix} \\ \boldsymbol{x} \geqslant 0\end{cases}$$

这与对称形式的原问题具有相同的结构，因此上述问题的对偶问题为：

$$\max \begin{bmatrix}\boldsymbol{u}^{\mathrm{T}} & \boldsymbol{v}^{\mathrm{T}}\end{bmatrix}\begin{bmatrix}\boldsymbol{b} \\ -\boldsymbol{b}\end{bmatrix}$$
$$s.t.\begin{cases}\begin{bmatrix}\boldsymbol{u}^{\mathrm{T}} & \boldsymbol{v}^{\mathrm{T}}\end{bmatrix}\begin{bmatrix}\boldsymbol{A} \\ -\boldsymbol{A}\end{bmatrix} \leqslant \boldsymbol{c}^{\mathrm{T}} \\ \boldsymbol{u},\boldsymbol{v} \geqslant 0\end{cases}$$

可以整理成：

$$\max (\boldsymbol{u}-\boldsymbol{v})^{\mathrm{T}}\boldsymbol{b}$$
$$s.t.\begin{cases}(\boldsymbol{u}-\boldsymbol{v})^{\mathrm{T}}\boldsymbol{A} \leqslant \boldsymbol{c}^{\mathrm{T}} \\ \boldsymbol{u},\boldsymbol{v} \geqslant 0\end{cases}$$

令$\boldsymbol{\lambda}=\boldsymbol{u}-\boldsymbol{v}$，上述问题可变成：

$$\max \boldsymbol{\lambda}^{\mathrm{T}}\boldsymbol{b}$$
$$s.t.\ \boldsymbol{\lambda}^{\mathrm{T}}\boldsymbol{A} \leqslant \boldsymbol{c}^{\mathrm{T}}$$

此时由于$\boldsymbol{u}$和$\boldsymbol{v}$的元素大于等于0，$\boldsymbol{\lambda}=\boldsymbol{u}-\boldsymbol{v}$，没有了非负约束，因此这种形式就成为了非对称形式的对偶。

4.6.3 对偶单纯形

如果对偶规划问题使用单纯形法求解，这个过程称为对偶单纯形法。根据对偶理论性质，很容易得出,单纯形过程和对偶单纯形过程的关系如图4.4所示。

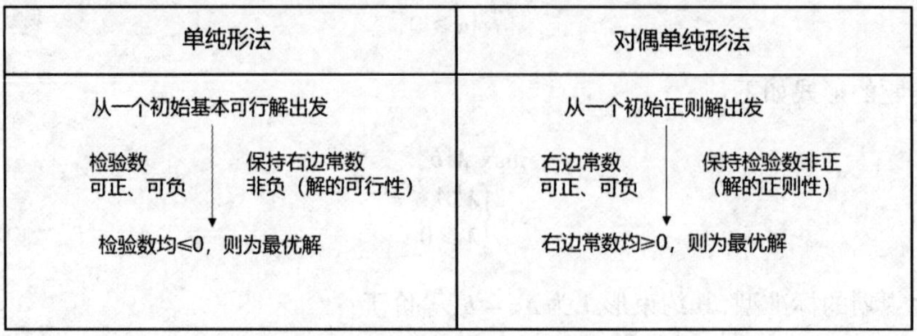

单纯形法	对偶单纯形法
从一个初始基本可行解出发 检验数 可正、可负 ↓ 保持右边常数 非负（解的可行性） 检验数均≤0，则为最优解	从一个初始正则解出发 右边常数 可正、可负 ↓ 保持检验数非正 （解的正则性） 右边常数均≥0，则为最优解

图4.4 单纯形与对偶单纯形关系

4.6.4 对偶问题的应用

前面讲解了对偶问题的相关知识,那么对偶问题到底有什么用呢？其实对偶问题更像一种解题技巧,使用好并不简单,对偶问题的意义如下。

(1)对偶问题可以理解为同一问题的另一个方面。如在有限的资源条件下,生产利润最大。其对偶面就是,收买这些生产资源,花的钱最少。两者的结果应该是相同的。

(2)弱对偶定理给原问题的最优解定了一个界,强对偶定理给出了原问题最优解的一个判定条件。可以化难为易(把难以求解的约束条件放到对偶问题的目标函数的位置上),如果问题的形式是变量少且约束多,还可以通过约束变量和对偶变量互换将大规模问题转换成小规模问题。

(3)在一些非凸问题或整数规划问题中,强对偶定理不一定成立,但是通过弱对偶定理往往能得到对原问题的一个下界,这对于求解原问题有时会有非常大的帮助,如在整数规划中的分支定界法,实际上就是凸问题,各种原始-对偶算法也往往比单纯的原始问题方法更有效,如对偶单纯形法一般认为比单纯形法要好。

(4)如果原问题比较复杂而对偶问题相对较为简单时,可以通过对偶问题来判断原问题是否有可行解,这点从对偶性质的无界性中可以得出,因此,通过对偶问题能快速了解原问题的基本情况。

如果使用现代求解器,可以直接从求解器的求解结果中得到对偶问题的解,如在讲解列生成法时就可以从Gurobi中得到对偶变量值。

4.7 拉格朗日乘子法

前面提到,对于约束优化问题,可以通过内点法转化成无约束优化问题,除了内点法,还有一种方法应用较广，就是拉格朗日乘子法。拉格朗日乘子法通过引入拉格朗日乘子将等式约束转成无约束优化问题，对于不等式约束，通过KKT对偶条件转化成等式约束后再使用拉格朗日乘子法求解。拉格朗日乘子法求得的并不一定是最优解，只有在凸优化的情况下，才能保证得到的是最优解。

4.7.1 无约束优化

考虑一个不带任何约束的优化问题，$x \in \mathbb{R}^N$的函数$f(x)$，求其最小值，即：

$$\min_x f(x)$$

这个问题只需要对x求导，令导数为0即可，即$\nabla_x f(x) = 0$。在知道梯度信息的情况下，可以使用梯度下降或牛顿法等迭代法使x沿着负梯度方向逐步逼近极小值点。

4.7.2 等式约束优化

当目标函数加上等式约束条件后，问题的形式如下：

$$\begin{aligned} &\min_x f(x) \\ &s.t.\ h_i(x) = 0, i = 1,2,3,\cdots,m \end{aligned}$$

约束条件将解空间约束在一个可行域内，此时不一定得到$\nabla_x f(x) = 0$的点，只需在可行域内找到$f(x)$的极小值即可。常用的方法是引入拉格朗日乘子$\alpha \in \mathbb{R}^m$，构建拉格朗日函数如下：

$$L(x,\alpha) = f(x) + \sum_{i=1}^{m} \alpha_i h_i(x)$$

然后对$L(x,\alpha)$分别对x和α求导，即：

$$\begin{aligned} \frac{\mathrm{d}L(x,\alpha)}{\mathrm{d}x} = 0 \\ \frac{\mathrm{d}L(x,\alpha)}{\mathrm{d}\alpha} = 0 \end{aligned}$$

令导数等于0，得到x和α的值后，将x代入$f(x)$得到在约束条件$h_i(x)$下的极小值。

为什么可以这样构造拉格朗日乘子呢，这样做的意义是什么呢？这里以只有两个变量x和y的情况为例，在二维平面中画出$f(x,y)$的等高线，如图4.5虚线所示，假设只有一个约束$h(x,y) = 0$，$f(x,y)$与$h(x,y) = 0$只有3种情况：相交、相切、没有交集，如图4.5所示。

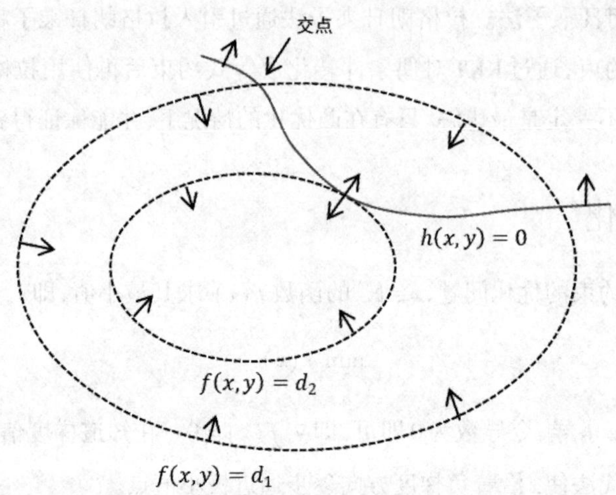

图4.5　等式约束等高线

可行解只能在相交或相切的地方找到,但是相交的点得到的不是最优解,因为相交意味着肯定还存在其他的等高线在该条等高线内部或外部,使得新的等高线与目标函数交点的值更大或更小,又或者说,从相交点出发沿着$h(x,y)=0$向内走,此时仍满足$h(x,y)=0$的条件,但是$f(x,y)$在不断变小,直到到达相切点,$f(x,y)$不再进一步变小,此时得到满足约束的最小值。

因此得出结论,拉格朗日乘子法取得极值的必要条件是,目标函数与约束函数相切,这时两者的法向量是平行的,即:

$$\nabla f(x)-\alpha\nabla h(x)=0$$

所以,只要满足上述等式,且满足之前的约束条件$h_i(x)=0$,即可得到解,联立起来得到的就是拉格朗日乘子法。

4.7.3　不等式约束优化

在单纯形法中,对于不等式约束是通过引入松弛变量的方式将不等式约束转换成为等式约束,在这里是通过KKT条件转化成拉格朗日乘子法的。

当加上不等式约束后,优化问题的表示如下:

$$\min_x f(x)$$
$$s.t.\ g(x)\leqslant 0$$

构建拉格朗日函数如下:

$$L(x,\beta)=f(x)+\beta g(x)$$

这时可行解必须落在约束区域$g(x)$内，如图4.6所示给出了目标函数的等高线与约束。

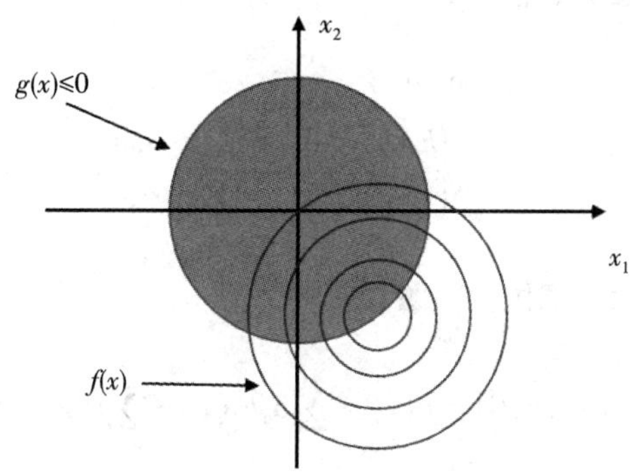

图4.6　不等式约束等高线1

可见，可行解只能在$g(x)<0$或$g(x)=0$的区域内得到。

(1)当可行解x在$g(x)<0$区域内，直接求$f(x)$极小值即可。

(2)当可行解x在$g(x)=0$边界上，此时等价于等式约束优化问题。

当约束区域包含目标函数原有的可行解时，此时加上约束条件，可行解仍然在约束区域内，对应$g(x)<0$的情况，如图4.7(a)所示，此时约束条件不起作用。当约束区域不包含目标函数原有的可行解时，此时加上约束后可行解落在$g(x)=0$边界上，如图4.7(b)所示。

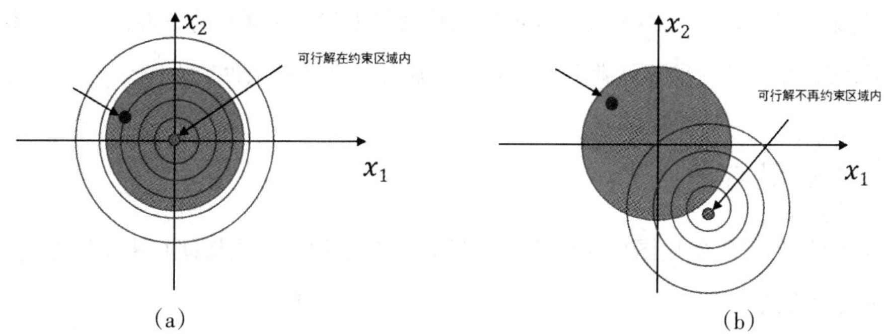

图4.7　不等式约束等高线2

以上两种情况说明，要么可行解落在约束边界上即得$g(x)=0$，要么可行解落在约束区域内部，此时约束不起作用，令$\beta=0$消去约束即可，所以无论哪种情况都可以得到：

$$\beta g(x)=0$$

对于β的取值，在等式约束优化中，约束函数与目标函数的梯度只需要满足平行即可，而在不等式约束中则不然，若$\beta\neq 0$，则说明可行解x在$g(x)=0$边界上。梯度$\nabla f(x)$方向与梯度$\nabla g(x)$的方向相反且平行，所以，若要使$\nabla f(x)=-\beta\nabla g(x)$，则要求是拉格朗日乘子$\beta>0$。

可见对于不等式约束,只要满足一定的条件,依然可以使用拉格朗日乘子法解决,这里的条件就是KKT条件,对于如下不等式约束优化问题:

$$\min_x f(x)$$
$$s.t.\begin{cases} h_i(x) = 0, i = 1,2,\cdots,m \\ g_j(x) \leqslant 0, j = 1,2,\cdots,n \end{cases}$$

构造拉格朗日函数得到无约束优化问题,即:

$$L(x,\alpha,\beta) = f(x) + \sum_{i=1}^{m}\alpha_i h_i(x) + \sum_{j=1}^{n}\beta_j g_j(x)$$

经过分析得到可行解x需要满足的KKT条件,即:

$$\nabla_x L(x, \alpha, \beta) = 0 \quad (1)$$
$$h_i(x) = 0 \quad (2)$$
$$g_j(x) \leqslant 0 \quad (3)$$
$$\beta_j \geqslant 0 \quad (4)$$
$$\beta_j g_j(x) = 0 \quad (5)$$

满足KKT条件后,极小化拉格朗日函数即可得到在不等式约束条件下的可行解。

KKT条件看起来很多,其实也不难理解,(1)式是拉格朗日函数取得可行解的必要条件,(2)式和(3)式是初始约束条件,(4)式是在不等式约束的两种情况下得出λ满足的条件,(5)式是不等式约束的两种情况下,无论哪一种情况都可满足$\lambda_j g_j(x) = 0$,成为松弛互补条件。

4.7.4 拉格朗日对偶

在讲KKT条件时,可以使用图形化的方法来推导KKT条件。在拉格朗日乘子法中,使用拉格朗日对偶是更常用的方法。

对于前面讲到的一个优化问题,即:

$$\min_x f(x)$$
$$s.t.\begin{cases} h_i(x) = 0, i = 1,2,\cdots,m \\ g_j(x) \leqslant 0, j = 1,2,\cdots,n \end{cases}$$

构造拉格朗日函数得到无约束优化问题,即:

$$L(x,\alpha,\beta) = f(x) + \sum_{i=1}^{m}\alpha_i h_i(x) + \sum_{j=1}^{n}\beta_j g_j(x)$$

把$L(x,\alpha,\beta)$看作是关于α和β的函数,x看作是常数,求$L(x,\alpha,\beta)$的最大值,即:

$$\max_{\alpha,\beta;\beta\geqslant 0} L(x,\alpha,\beta)$$

经过优化得到α和β的值后，此时α和β是一个定值，最大值$\max\limits_{\alpha\beta;\beta\geqslant 0} L(x,\alpha,\beta)$是$x$有关的函数，定义这个函数为：

$$\theta_p(x)=\max_{\alpha,\beta;\beta\geqslant 0} L(x,\alpha,\beta)=\max_{\alpha,\beta;\beta\geqslant 0}\left[f(x)+\sum_{i=1}^{m}\alpha_i h_i(x)+\sum_{j=1}^{n}\beta_j g_j(x)\right]$$

下面考虑x的约束满足问题，若x不满足$h_i(x)=0$则令$\alpha_i=+\infty$；若x不满足$g_j(x)\leqslant 0$则令$\beta_i=+\infty$，在满足约束条件下，即：

$$\theta_p(x)=\max_{\alpha\beta;\beta\geqslant 0} L(x,\alpha,\beta)=f(x)$$

在满足约束条件下求$\theta_p(x)$的最小值，称为原问题，记作p^*，即

$$p^*=\max_{x}\ \theta_p(x)=\min_{x}\ \max_{\alpha,\beta;\beta\geqslant 0} L(x,\alpha,\beta),$$

那么原问题的对偶问题是什么呢？

在原问题中我们是先把x看成常数求$L(x,\alpha,\beta)$的最大值，然后在求关于x的最小值时，可根据对偶对调的思路，原问题的对偶问题是，先把α和β看作常数，求关于x的最小值，此时得到的x是定值，然后再求关于α和β的最小值。

定义关于α和β的函数：

$$\theta_D(\alpha,\beta)=\min_{x}\ L(x,\alpha,\beta)$$

在求得x的值后，$L(x,\alpha,\beta)$最小值只与α和β有关，求$L(x,\alpha,\beta)$的极大值，即：

$$d^*=\max_{\alpha,\beta;\beta\geqslant 0}\theta_D(\alpha,\beta)=\max_{\alpha,\beta;\beta\geqslant 0}\min_{x}\ L(x,\alpha,\beta)$$

这便是原问题的对偶问题。

根据前面讲到的弱对偶定理可得：

$$d^*\leqslant p^*$$

证明如下：

$$\theta_D(\alpha,\beta)=\min_{x}\ L(x,\alpha,\beta)\leqslant L(x,\alpha,\beta)\leqslant\max_{\alpha,\beta;\beta\geqslant 0} L(x,\alpha,\beta)=\theta_P(x)$$

$$\max_{\alpha,\beta;\beta\geqslant 0}\theta_D(\alpha,\beta)\leqslant\min_{x}\ \theta_P(x)$$

即:

$$d^* = \max_{\alpha,\beta;\beta\geqslant 0} \min_x L(x,\alpha,\beta) \leqslant \min_x \max_{\alpha,\beta;\beta\geqslant 0} L(x,\alpha,\beta) = p^*$$

通过对偶性为原始问题引入一个下界。

当$d^* = p^*$时满足强对偶定理,在强对偶成立的情况下,可以通过求解对偶问题得到原始问题的解,使问题满足强对偶关系的条件称为KKT条件。

假设x^*、α^*和β^*分别是原问题和对偶问题的最优解,并且满足强对偶性,则有如下关系:

$$\begin{aligned} f(x^*) = d^* = p^* &= D(\alpha^*,\beta^*) \\ &= \min_x f(x) + \sum_{i=1}^{m} \alpha_i^* h_i(x) + \sum_{j=1}^{n} \beta_j^* g_j(x) \\ &\leqslant f(x^*) + \sum_{i=1}^{m} \alpha_i^* h_i(x) + \sum_{j=1}^{n} \beta_j^* g_j(x) \\ &\leqslant f(x^*) \end{aligned}$$

第一个不等式成立是因为x^*是$L(x,\alpha^*,\beta^*)$的一个极大值点,最后一个不等式成立是因为$h_i(x^*) = 0$,且$g_j(x^*) \leqslant 0, \beta_j \geqslant 0$,因此这个系列的式子里的不等号全部都可以换成等号。

因为x^*是$L(x,\alpha^*,\beta^*)$的一个极大值点,所以有$\nabla_x L(x,\alpha^*,\beta^*) = 0$。

因为$g_j(x^*) \leqslant 0, \beta_j \geqslant 0$,所以$\beta_j g_j(x^*) = 0$。

将这些条件写到一起,就是前面提到的KKT条件:

$$\begin{aligned} &\nabla_x L(x,\alpha,\beta) = 0 \quad &(1) \\ &h_i(x) = 0 \quad &(2) \\ &g_j(x) \leqslant 0 \quad &(3) \\ &\beta_j \geqslant 0 \quad &(4) \\ &\beta_j g_j(x) = 0 \quad &(5) \end{aligned}$$

因此任何满足强对偶性的优化问题,只要其目标函数与约束函数可微,任一对原始问题与对偶问题的解都是满足KKT条件的。即满足强对偶性的优化问题中,若x^*是原问题的最优解,α^*和β^*是对偶问题的最优解,则x^*、α^*和β^*满足KKT条件。

总之,拉格朗日乘子法提供了一种思路,可以将有约束优化问题转成无约束优化问题,进而可以使用梯度方法或启发式算法求解。拉格朗日乘子法中提到的对偶思想,是对一个约束优化问题,找到其对偶问题,当弱对偶成立时,可以得到原始问题的一个下界。如果强对偶成立,则可以直接求解对偶问题来解决原始问题。

4.8 本章小结

本章讲了线性规划的一般形式和解法，如单纯形法、内点法、列生成法，以及线性规划的对偶问题，更进一步讲解了与内点法思路类似的拉格朗日乘子法，并给出了单纯形法和内点法的详细求解过程和代码。对偶问题是线性规划的一个重要组成部分，在某些场景下可以简化原问题的求解过程，或者得到原问题的一个上界或下界，在列生成法和拉格朗日乘子法中就采用了对偶的思想。

线性规划是基础，掌握好线性规划及其求解思路，是学习整数规划、动态规划、网络问题等的基础条件。

第 5 章

整数规划

通常默认变量的取值是大于或等于0的自然数，然而在许多实际问题中，都要求决策变量的取值为正整数，如机器台数、商品数量、工人数量、装载货物的汽车数量等，这类要求变量为整数的问题称为整数规划（Integer Programming，IP）问题。如果只要求一部分决策变量取整数，则称为混合整数规划（Mix Integer Programming，MIP）。如果决策变量的取值只能是0或1，则称为0-1整数规划（Binary Integer Programming，BIP）。如果模型是线性模型，则称为整数线性规划（Integer Linear Programming，ILP）。

求解整数规划的常用方法有分支定界法和割平面法，这两种方法的共同特点是，在线性规划的基础上，通过增加附加约束条件，使整数最优解称为线性规划的一个极点（可行域的一个顶点），于是就可以用单纯形法等方法找到这个最优解，它们的区别在于约束条件的选取规划和方式不同。

本章主要内容：

- 快速掌握Gurobi整数规划
- 分支定界法
- 割平面法

5.1 快速掌握Gurobi整数规划

假设有如下整数规划问题：

$$\max Z = 3x_1 + 2x_2$$
$$s.t. \begin{cases} 2x_1 + 3x_2 \leqslant 14 \\ 4x_1 + 2x_2 \leqslant 18 \\ x_1, x_2 \geqslant 0\text{且为整数} \end{cases}$$

这个问题在不考虑分支定界法和割平面法的原理之前，可以用Gurobi来求解该问题，如代码5-1所示。

```
# 代码5-1，gurobi解整数规划问题
import gurobipy as grb

model = grb.Model()

# 定义整数变量
x1 = model.addVar(vtype=grb.GRB.INTEGER, name='x1')
x2 = model.addVar(vtype=grb.GRB.INTEGER, name='x2')

# 添加约束
model.addConstr(2 * x1 + 3 * x2 <= 14)
model.addConstr(4 * x1 + 2 * x2 <= 18)
model.addConstr(x1 >= 0)
model.addConstr(x2 >= 0)

# 定义目标函数
model.setObjective(3 * x1 + 2 * x2, sense=grb.GRB.MAXIMIZE)

# 求解
model.optimize()
print("目标函数值:", model.objVal)
for v in model.getVars():
    print('参数', v.varName, '=', v.x)

# 目标函数值: 14.0
# 参数 x1 = 4.0
# 参数 x2 = 1.0
```

上面的代码很简单，基本与线性规划的代码一样，不同之处在于，定义变量时，线性规划不限定变量的类型，而整数规划中限定变量类型为整数。

尽管如此，还是需要了解整数规划问题如何求解，以及分支定界和割平面的原理是什么。

5.2 分支定界法

分支定界法(Branch and Bound Algorithm, B&B),其基本思想是对有整数约束条件问题的可行域进行系统搜索,通常是把全部解空间反复地切割为越来越小的子集,称为分支,然后在每个子集内计算出一个目标下界,称为定界。在每次分支后,凡是下界比已知可行域目标值的那些子集差就不再进一步分支,从而减少搜索空间,称为剪枝,这就是分支定界法的主要思路。

以最大化目标函数的整数规划(MP)问题A为例,如果去掉整数约束,对应的松弛问题B为普通的线性规划问题(LP),假设B的最优解是Z_B,假设某一符合整数约束的A问题解(不一定是最优解)为Z_A,则有$Z_A \leqslant Z_B$。对松弛问题B一个或多个变量添加整数约束(分支),相当于对可行域进行切割,每个可行域空间对应一个线性松弛问题,设为B_i,这些松弛问题B_i的解的最大值(设为Z_B')一定会小于Z_B,即$Z_B' \leqslant Z_B$,因此Z_B'是MP问题的一个上界,同理,这些最松弛问题B_i的解的最小值(设为Z_B'')可能会小于Z_A,即Z_A是MP问题的一个下界,如果这些最松弛问题B_i的某个解(设为$\dot{Z}_B$)符合整数约束,且$\dot{Z}_B > Z_A$,则$\dot{Z}_B$是MP问题的一个新的下界。分支定界法就是将B的可行解空间分成子空间再求最大值的方法,逐步减小上界和下界,最终求得${Z_B}^*$。当LP问题满足全部整数约束条件时,即为MP问题的解,如图5.1所示。

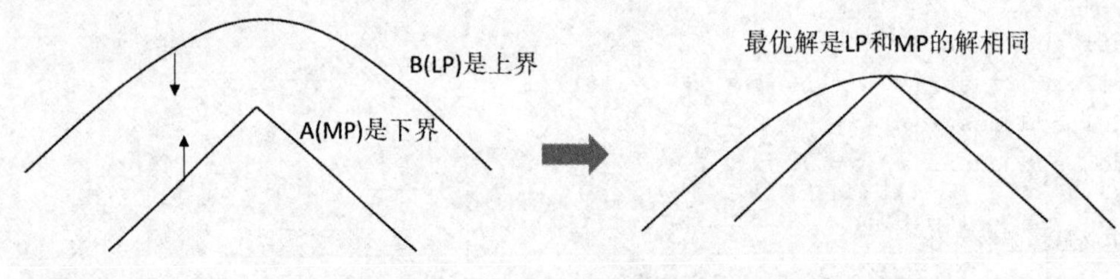

图5.1　分支定界法原理

下面以第5.1节中提到的最大化整数规划问题为例,讲解分支定界的过程。

假设有如下整数规划问题A。

$$\max Z = 3x_1 + 2x_2$$
$$s.t. \begin{cases} 2x_1 + 3x_2 \leqslant 14 \\ 4x_1 + 2x_2 \leqslant 18 \\ x_1, x_2 \geqslant 0 \text{且为整数} \end{cases}$$

求解步骤如下。

(1)去掉整数约束条件,得到原问题A的松弛问题B,使用单纯形法或内点法等求解B得到B的最优解,即:

$$X^{(0)} = (x_1, x_2)^T = (3.25, 2.5)^T$$
$$Z^{(0)} = 14.75$$

(2)由于此时x_1和x_2都不是整数，因此需要选择一个分支变量，如选择x_1作为分支变量，分成左支($x_1 \leqslant 3$)和右支($x_1 \geqslant 4$)，对应的分支子问题如下：

$$LP_1 \quad \max Z = 3x_1 + 2x_2 \quad s.t.\begin{cases}2x_1 + 3x_2 \leqslant 14\\4x_1 + 2x_2 \leqslant 18\\x_1 \leqslant 3\\x_1,x_2 \geqslant 0\end{cases}$$

$$LP_2 \quad \max Z = 3x_1 + 2x_2 \quad s.t.\begin{cases}2x_1 + 3x_2 \leqslant 14\\4x_1 + 2x_2 \leqslant 18\\x_1 \geqslant 4\\x_1,x_2 \geqslant 0\end{cases}$$

求解两个子问题的最优解如下：

$$X^{(1)} = (3, 2.66)^T \quad Z^{(1)} = 14.33$$
$$X^{(2)} = (4, 1)^T \quad Z^{(2)} = 14$$

此时原整数规划A的新的下界为14，新的上界为14.33，即$14 \leqslant Z^* \leqslant 14.33$。

(3)此时LP_2的最优解是14，如果继续LP_2分支，那么其分支后的最优解一定小于14。因为分支代表更多的约束，使线性规划更逼近整数规划，其最优解小于没有分支前的最优解$Z^{(2)} = 14$，所以没有必要对LP_2这个分支继续搜索，从优化的角度，不可能从这个点以后的分支中找到比目前14更优的解，可以直接删掉，只需要搜索LP_1分支即可，这样就大大减少了搜索空间，提高求解的效率。

(4)对LP_1选择x_2作为分支变量，分成左支($x_2 \leqslant 2$)和右支($x_2 \geqslant 3$)，对应的分支子问题如下。

$$LP_3 \quad \max Z = 3x_1 + 2x_2 \quad s.t.\begin{cases}2x_1 + 3x_2 \leqslant 14\\4x_1 + 2x_2 \leqslant 18\\x_1 \leqslant 3\\x_2 \leqslant 2\\x_1,x_2 \geqslant 0\end{cases}$$

$$LP_4 \quad \max Z = 3x_1 + 2x_2 \quad s.t.\begin{cases}2x_1 + 3x_2 \leqslant 14\\4x_1 + 2x_2 \leqslant 18\\x_1 \leqslant 3\\x_2 \geqslant 3\\x_1,x_2 \geqslant 0\end{cases}$$

求解两个子问题的最优解如下。

$$X^{(3)} = (3, 2)^T \quad Z^{(3)} = 13$$
$$X^{(4)} = (2.5, 3)^T \quad Z^{(4)} = 13.5$$

(5)此时可以看到，在第一次分支后的最优解为$14 \leqslant Z^* \leqslant 14.33$，而在第二次分支后最优解反而小于14，虽然可以继续在LP_4分支下继续搜索，但是搜索结果肯定不会大于$Z^{(2)} = 14$，只会更差，而且LP_2的解恰好满足变量为整数的约束条件，因此该整数规划问题A的最优解的LP_2对应的解为：

$$X^* = X^{(2)} = (4, 1)^T \quad Z^* = Z^{(2)} = 14$$

用图形展示搜索过程如图5.2所示。

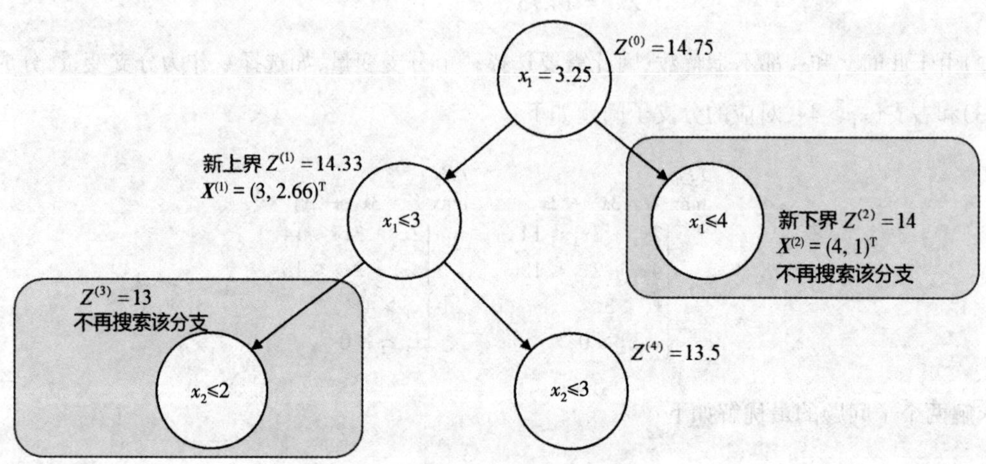

图5.2　分支定界法搜索过程

从分支定界的搜索过程来看,该方法非常简洁清晰,相当于增加约束条件后继续求解普通线性规划问题。但是也要注意到,在变量很多的情况下,该搜索过程是很复杂的,如对于0–1整数规划问题,每个变量的取值只可能是0或1,分支也只是简单的左右两支,形成简单二叉树。如果变量个数为10,那么最小分支数是1024;如果变量数为20,那么最小分支数是1048576,呈指数级增长。

因此,分支定界法一般不考虑直接求解该问题的精确解,而是求解近似解或局部最优解,如可以设定当上界和下界非常接近时(如0.001),分支定界结束或者使用相对差值,即分支定界法中的GAP:

$$\text{GAP}=\frac{(\bar{Z}-\underline{Z})}{\bar{Z}}$$

当GAP ⩽ 0.001时,可以认为当前的上界或下界是问题的最优解,分支定界法结束迭代。

5.3 割平面法

分支定界法的思路是对原问题对应的松弛问题的可行域进行切割,切割方法是对非整数变量取相邻整数作为附加约束。从几何的角度来说,这些约束相当于切割可行域的超平面,这些超平面与坐标轴平行。分支定界法的缺点是子问题由于分支的增加呈指数增长,为克服该缺点,学者提出了割平面法(Cutting Planes Method),割平面法也是通过增加切割超平面切割掉松弛问题的非整数解部分,但是并没有对问题进行分支。

割平面法通过增加切割超平面切割掉部分的解空间，该超平面应该满足两个条件：刚好切割掉松弛问题的非整数解部分；保留所有的整数解，如图5.3所示，割平面法和分支定界法一样都是很容易理解的。

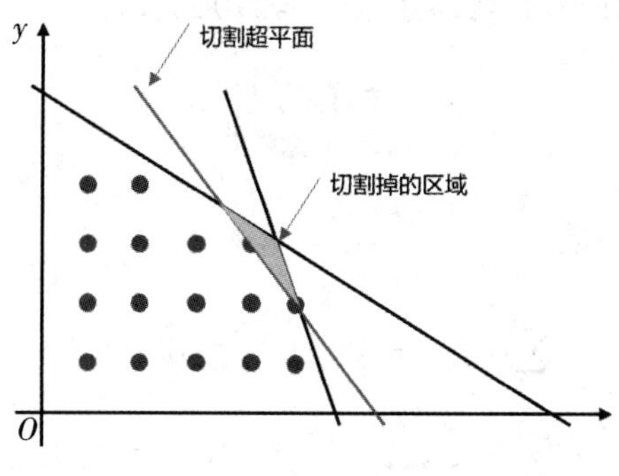

图5.3　割平面法原理

那如何找到这个切割超平面呢？

假设有如下一个整数规划问题及其对应的松弛问题。

$$IP:\max Z = \boldsymbol{c}^{\mathrm{T}}\boldsymbol{x} \qquad LP:\max Z = \boldsymbol{c}^{\mathrm{T}}\boldsymbol{x}$$

$$s.t.\begin{cases}\boldsymbol{Ax} = \boldsymbol{b} \\ \boldsymbol{x} \geqslant 0 \\ \boldsymbol{x}\text{为整数}\end{cases} \qquad s.t.\begin{cases}\boldsymbol{Ax} = \boldsymbol{b} \\ \boldsymbol{x} \geqslant 0\end{cases}$$

假设*LP*的最优解不是整数解，否则*LP*的最优解就是原问题*IP*的最优解了，设*LP*的最优解为：

$$\boldsymbol{X}^{(0)} = (b_1,\cdots,b_i,\cdots,b_m,0,\cdots,0)^{\mathrm{T}}$$

其中b_i是分数（不是整数），$\boldsymbol{X}^{(0)}$表示$x_1,\cdots,x_i,\cdots,x_m$是基变量，$x_{m+1},\cdots,x_n$是非基变量，在讲单纯形法时讲过，在标准型线性规划方程中，非基变量为0时，基变量的值等于常数项，所有基变量组成一个单位阵。

*LP*最优解对应的单纯形表，如表5.1所示。

表5.1　割平面法初始单纯形表

变量	x_1	…	x_i	…	x_m	x_{m+1}	…	x_n	b
x_1	1								
…		1							
x_i			1			a_{im+1}	…	a_{in}	b_i
…				1					
x_m					1				

b_i所在行的方程是：

$$x_i + a_{im+1}x_{m+1} + \dots + a_{im+j}x_{m+j} + \dots + a_{in}x_n = b_i$$
$$\Rightarrow x_i + \sum_{j=1}^{n-m} a_{im+j}x_{m+j} = b_i$$

把a_{im+j}和b_i分解成整数N和小数f两部分（如2.3=2+0.3），即：

$$a_{im+j} = N_{im+j} + f_{im+j}$$
$$b_i = N_{bi} + f_{bi}$$

因此b_i所在行的方程可以写成：

$$x_i + \sum_{j=1}^{n-m}(N_{im+j} + f_{im+j})x_{m+j} = N_{bi} + f_{bi}$$
$$x_i + \sum_{j=1}^{n-m}N_{im+j}x_{m+j} + \sum_{j=1}^{n-m}f_{im+j}x_{m+j} = N_{bi} + f_{bi}$$
$$x_i - N_{bi} + \sum_{j=1}^{n-m}N_{im+j}x_{m+j} = f_{bi} - \sum_{j=1}^{n-m}f_{im+j}x_{m+j}$$

因为$-\sum_{j=1}^{n-m}f_{im+j}x_{m+j} \leqslant 0, f_{bi} \leqslant 0$，所以：

$$f_{bi} - \sum_{j=1}^{n-m}f_{im+j}x_{m+j} \leqslant 1$$

若要决策变量都取整数，则：

$$f_{bi} - \sum_{j=1}^{n-m}f_{im+j}x_{m+j} \leqslant 0$$

这样就得到第i行对应的割平面法方程：

$$f_{bi} - \sum_{j=1}^{n-m}f_{im+j}x_{m+j} \leqslant 0$$

引入松弛变量y_i，将割平面法方程标准化，即：

$$-\sum_{j=1}^{n-m}f_{im+j}x_{m+j} + y_i = -f_{bi}$$

将新的约束加入到原来的问题约束中，继续求解，直到求出整数最优解为顶点时才停止计算。

下面对如下整数规划问题，以使用割平面法求解为例进行说明。

$$\max Z = 7x_1 + 9x_2$$
$$s.t.\begin{cases} -\frac{1}{3}x_1 + x_2 \leqslant 2 \\ x_1 + \frac{1}{7}x_2 \leqslant 5 \\ x_1,x_2 \geqslant 0\text{且为整数} \end{cases}$$

对应的松弛问题为：

$$\max Z = 7x_1 + 9x_2$$
$$s.t.\begin{cases} -\frac{1}{3}x_1 + x_2 + x_3 = 2 \\ x_1 + \frac{1}{7}x_2 + x_4 = 5 \\ x_1,x_2,x_3,x_4 \geqslant 0 \end{cases}$$

使用单纯形法求解，最优单纯形如表5.2所示。

表5.2　割平面法最优单纯形表1

目标和基变量	b	x_1	x_2	x_3	x_4
Z	−63	0	0	−28/11	−15/11
x_1	9/2	1		−1/22	3/22
x_2	7/2		1	7/22	1/22

在选择行i时，一般选择最大的f_{bi}所在的行i。如果f_{bi}相同，那么选择$\sum_{j=1}^{n-m} f_{im+j}$小的所在行$i$构造割平面，因此选择$x_2$所在行构造割平面，即：

$$f_{bi} - \sum_{j=1}^{n-m} f_{im+j}x_{m+j} \leqslant 0$$
$$\frac{1}{2} \leqslant \frac{7}{22}x_3 + \frac{1}{22}x_4$$

加入松弛变量，并调整后得到：

$$-\frac{7}{22}x_3 - \frac{1}{22}x_4 + y_1 = \frac{1}{2}$$

将新的约束加入到前面得到的最优单纯形表的最后一列中，如表5.3所示。

表5.3　割平面法单纯形表1

目标和基变量	b	x_1	x_2	x_3	x_4	y_1
Z	−63	0	0	−28/11	−15/11	0
x_1	9/2	1		−1/22	3/22	0
x_2	7/2		1	7/22	1/22	0
y_1	−1/2	0	0	−7/22	−1/22	1

使用对偶单纯形法求解，得到最终的最优单纯形表，如表5.4所示。

表5.4　割平面法最优单纯形表2

目标和基变量	b	x_1	x_2	x_3	x_4	y_1
Z	−59	0	0	0	−1	−8
x_1	32/7	1	0	0	1/7	−1/7
x_2	3	0	1	0	0	1
x_3	11/7	0	0	1	1/7	−22/7

选择x_1所在行构造割平面，得到割平面方程：

$$\frac{7}{4} \leqslant \frac{1}{7}x_4 + \frac{6}{7}y_1$$

加入松弛变量，并调整后得到：

$$-\frac{1}{7}x_4 - \frac{6}{7}y_1 + y_2 \leqslant \frac{7}{4}$$

将新的割平面方程加入到上一步得到的最优单纯形表2中，得到结果如表5.5所示。

表5.5　割平面法单纯形表2

目标和基变量	b	x_1	x_2	x_3	x_4	y_1	y_2
Z	−59	0	0	0	−1	−8	0
x_1	32/7	1	0	0	1/7	−1/7	0
x_2	3	0	1	0	0	1	0
x_3	11/7	0	0	1	1/7	−22/7	0
y_2	−4/7	0	0	0	−1/7	−6/7	1

迭代求解得到满足整数规划的解，结果如表5.6所示。

表5.6　割平面法最优单纯形表3

目标和基变量	b	x_1	x_2	x_3	x_4	y_1	y_2
Z	−55	0	0	0	0	−2	−7
x_1	4	1	0	0	0	−1	1
x_2	3	0	1	0	0	1	0
x_3	1	0	0	1	0	−4	1
x_4	4	0	0	0	1	6	−7

即，得到的满足整数规划的解为：

$$X^* = (x_1, x_2) = (4,3)$$
$$Z^* = 55$$

5.4 本章小结

本章的内容是整数规划，讲了整数规划的两种方法，分别是分支定界法和割平面法。分支定界法简明易于理解，但是在决策变量数较多时存在计算效率问题，而割平面法能够有效解决计算效率的问题。割平面法通过构造约束空间的分割超平面，再切割掉松弛问题的非整数解部分，而保留全部的整数解。构造的切割超平面就是增加问题的约束，使得松弛问题的最优解刚好是整数解。

整数规划在实际应用中非常广泛，因为生活中大部分的资源分配都有最小单位不可分割，所以整数规划在数学规划中占有非常重要的地位。

第6章 多目标优化

多目标优化(Multi-objective Optimization Problem, MOP)也叫多目标规划,即同时优化多个目标的规划问题。前面讲的都是单目标规划方法,但是在实际生活中,很多决策往往是多目标决策,如购买商品时,既要保证质量,也要价格合适,如果有赠品就更好了。那么,在企业的生产管理中,既希望利润最大化,也希望成本最小化。

本章主要内容:

- 多目标优化的一般形式
- Pareto最优解
- 多目标优化求解方法
- 目标规划法
- NSGA-Ⅱ

在讲Gurobi求解多目标决策时，已经介绍了Gurobi求解多目标规划的两种方法：一种是合成型，将多目标转化成单目标决策问题；另一种是分层型，在保证第一目标的情况下，尽量优化第二、第三等目标。

因此，多目标规划一般有两种方法：一种是化多为少，即将多目标转化为比较容易求解的单目标规划方法；另一种是分层序列法，即把目标按其重要性排序，每次都在前一个目标最优解集内求解下一个目标的最优解，直到求出共同的最优解。那么，如何理解目标最优解集呢？在多目标规划中往往有多个最优解同时满足约束条件，不同的解之间不能简单通过大小来比较，这点是同单目标规划的最大区别，多个解组成的集合称为帕累托最优解集，组成的超平面称为帕累托前沿。

6.1 多目标优化的一般形式

多目标规划是由多个目标函数构成的，其数学模型一般描述如下：

$$
\begin{aligned}
&\min\ f_1(x_1,x_2,\cdots,x_n)\\
&\min\ f_2(x_1,x_2,\cdots,x_n)\\
&\cdots\\
&\min\ f_m(x_1,x_2,\cdots,x_n)\\
&s.t.\begin{cases} g_i(x_1,x_2,\cdots,x_n)\leqslant 0,\ i=1,2,\cdots,p\\ h_j(x_1,x_2,\cdots,x_n)=0,\ i=1,2,\cdots,q\end{cases}
\end{aligned}
$$

该规划问题有 m 个目标函数，均为求最小值问题，最大化问题可以通过乘“-1”转成最小化问题，所以，写成向量的形式如下：

$$
\begin{aligned}
&Z=\min\ F(\boldsymbol{X})=\left[f_1(\boldsymbol{X}),f_2(\boldsymbol{X}),\cdots,f_m(\boldsymbol{X})\right]^{\mathrm{T}}\\
&s.t.\begin{cases} g_i(\boldsymbol{X})\leqslant 0,\ i=1,2,\cdots,p\\ h_j(\boldsymbol{X})=0,\ i=1,2,\cdots,q\end{cases}
\end{aligned}
$$

其中 $g_i(\boldsymbol{X})\leqslant 0$ 为等式约束，$h_j(\boldsymbol{X})=0$ 为不等式约束。

6.2 Pareto最优解

需要注意此时的目标函数是由多个目标函数组成的向量，在优化目标函数的过程中，如何比较迭代求解过程中前后两个解(多个目标函数值组成的向量)的优劣呢？由此引入向量序的概念。

对于向量$a=(a_1,a_2,\cdots,a_n)$和向量$b=(b_1,b_2,\cdots,b_n)$,有以下几点。

(1)对于任意的i,有$a_i=b_i$,称向量a等于向量b,记作$a=b$。

(2)对于任意的i,有$a_i \leqslant b_i$,称向量a小于或等于向量b,记作$a \leqslant b$。

(3)对于任意的i,有$a_i<b_i$,称a小于向量b,记作$a<b$。

由于多目标优化是多个目标函数组成的向量,因此可以比较不同解之间的优劣关系。假设决策变量$\boldsymbol{X}_a$和$\boldsymbol{X}_b$是两个可行解,则$f_k(\boldsymbol{X}_a)$和$f_k(\boldsymbol{X}_b)$表示不同决策变量对应第k个目标函数值。

对于任意的k,有$f_k(\boldsymbol{X}_a) \leqslant f_k(\boldsymbol{X}_b)$,且至少存在一个$k$,使得$f_k(\boldsymbol{X}_a)<f_k(\boldsymbol{X}_b)$成立,称决策变量$\boldsymbol{X}_a$支配$\boldsymbol{X}_b$。如果存在一个变量$\boldsymbol{X}$,不存在其他决策变量能够支配它,那么就称该决策变量为非支配解。从向量比较的角度来说,如果$\boldsymbol{X}_a$支配$\boldsymbol{X}_b$,则说明在该多目标规划中,$\boldsymbol{X}_a$要优于$\boldsymbol{X}_b$。

下面介绍Pareto的概念。

Pareto是经济学中的一个概念,翻译过来叫作帕累托。Pareto最优在经济学中的意思是,在一个经济系统中,不能再做任何改进,使得在不损害别人的效用情况下增加自己的效用。

在多目标规划中,Pareto是这样一个解,对其中一个目标的优化必然会导致其他目标变差,即一个解可能在其中某个目标上是最好的,但是在其他目标上可能是最差的,因此,不一定在所有目标上都是最优解。在所有目标函数都是极小化的多目标规划问题中,对于任意的k,有$f_k(\boldsymbol{X}^*) \leqslant f_k(\boldsymbol{X})$,$\boldsymbol{X}^*$支配其他解$\boldsymbol{X}$,称$\boldsymbol{X}^*$是多目标规划的一个Pareto最优解,又称非劣最优解。所有的Pareto最优解组成Pareto最优集合。所有Pareto最优解组成的曲面称为Pareto前沿(Pareto Front),如图6.1所示。

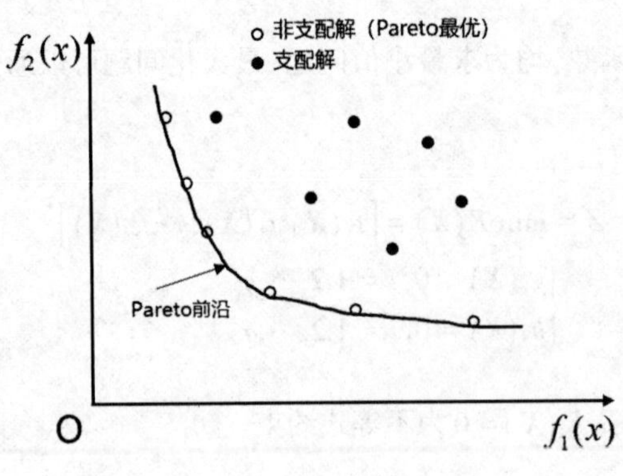

图6.1 帕累托前沿

其中白色空心点表示Pareto最优解,它们互不相同,这一点与单目标规划是不相同的。它不存在一个单独的最优解,而是一个最优解的集合,在这些解中,没有一个绝对的解比另一个更好,除非加入一些偏好信息。

总结一下,由于多目标规划的解是多个目标函数组成的向量,向量比较是通过向量的序来实现的。对于某个解$\boldsymbol{X}$,如果对每个子目标f_k都有$f_k(\boldsymbol{X}) \leqslant f_k(\boldsymbol{X}^*)$,则$\boldsymbol{X}$是非劣解,也称Pareto解。对于两个非劣解$\boldsymbol{X}_a$和$\boldsymbol{X}_b$,如果对每个子目标$f_k$均有$f_k(\boldsymbol{X}_a) \leqslant f_k(\boldsymbol{X}_b)$,则$\boldsymbol{X}_a$支配$\boldsymbol{X}_b$。如果没有一个解$\boldsymbol{X}$能够支配$\boldsymbol{X}^*$,则$\boldsymbol{X}^*$是Pareto最优解。

6.3 多目标优化求解方法

为了求解多目标规划问题的非劣解,常常会将多目标规划问题转化为单目标规划问题去处理,实现这种转化的方法有:评价函数法、目标规划法、分层序列法,以及智能优化算法,如NSGA-Ⅱ。

其中,评价函数法是一种常见的求解多目标规划的方法,其基本原理就是用一个评价函数来集中反映各个目标的重要性等因素,并最小化评价函数。常见的评价函数法有理想点法、极大极小法、线性加权法。

1. 理想点法

在决策优化过程中,每个目标函数都有一个最优解,假设为f_k^*,而在多目标求解过程的实际解是f_k,那么最优解和实际解之间存在差距可以用距离来表示,对于所有的目标,其评价函数为总的距离,表示如下:

$$h(F(\boldsymbol{X})) = \min Z = \sqrt{\sum_{k=1}^{m} \lambda_k [f_k^*(x) - f_k(x)]^2}$$

式中,λ_k为第k个目标函数的权重。

这个式子和最小二乘法的原理一样。利用距离表达式也存在一些问题,如果两个目标函数之间的度量单位不同,则不能直接进行比较和加权,如目标函数f_1的量纲是100,而目标函数f_2的量纲是10000,则Z的值基本上由f_2决定,对于f_1的影响可以忽略不计。

2. 极大极小法

极大极小法考虑的是在最不利的情况下找出最好的结果,其评价函数可以选择多个目标函数f_k中的最大值,即:

$$h(F(\boldsymbol{X})) = \max_{l \leqslant k \leqslant m} f_k(\boldsymbol{X})$$

原问题可以归结为数值极小化问题,即:

$$\min h(F(\boldsymbol{X})) = \min(\max_{l \leqslant k \leqslant m} f_k(\boldsymbol{X}))$$

为了求解上述问题,常常引入新的变量v,构造一个与之等价的最优化问题,即:

$$\begin{aligned} & \min v \\ & s.t.\ f_k(X) \leqslant v,\ k = 1,2,\cdots,m \end{aligned}$$

还可以根据各个目标的重要性赋予权重,用$w_k f_k(\boldsymbol{X})$替代$f_k(\boldsymbol{X})$,使各权重系数满足$\sum_{k=1}^{m} w_k = 1$。

极大极小法的思想类似整数规划中的分支定界法,$\max_{l \leqslant k \leqslant m} f_k(\boldsymbol{X})$是整个问题的上界,不断减小上界直到极值点。

3. 线性加权法

线性加权法是一种简单的多目标优化方法,基本原理是对每个目标赋予权重,然后将各个目标函数相加构成一个新的目标函数,并通过求解这个单目标函数得到多目标的一个解,即:

$$h(F(\boldsymbol{X})) = \sum_{k=1}^{m} w_k f_k$$

$$s.t. \sum_{k=1}^{m} w_k = 1$$

6.4 目标规划法

目标规划法(功效系数法)是目前流行的求解多目标规划的方法,这里将重点讲解该方法。目标规划的基本思想是,给定若干个目标及实现这些目标的优先顺序,在资源有限的情况下,使总偏离目标的偏差值最小。

这里提到两个概念:一个是优先顺序;另一个是偏差值。优先顺序很好理解,通过给目标赋予一个权重即可。那偏差值又如何理解呢?

考虑如下单目标规划问题:

$$\max Z = 8x_1 + 10x_2$$
$$s.t. \begin{cases} 2x_1 + x_2 \leqslant 11 \\ x_1 + 2x_2 \leqslant 10 \\ x_1, x_2 \geqslant 0 \end{cases}$$

其中x_1和x_2分别是A产品、B产品的生产数量,约束是指资源消耗的情况。

虽然用单纯形法能很好求解这个问题,但是在决策时还应考虑一系列因素,例如以下几种。

(1)A产品有销售下降趋势,就可以考虑A产品生产数量不要大于B产品。

(2)应该尽可能利用设备,但不希望有加班情况。

(3)应尽可能达到预期收益,如56元。

这里面有多个目标,这些目标同时反映了不同类型的约束。有些约束不能违反,称为硬约束,可以违反的约束称之为软约束,对于违反软约束的情况需要添加惩罚项,如允许加班,但是加班的惩罚需要体现在成本里面。对于任何违反硬约束的解都是不可行解。

6.4.1 偏差变量

偏差变量表示未达到目标或超过目标的部分,通常用正偏差 d^+ 表示目标值的部分,用负偏差 d^- 表示未达到目标值的部分,如图6.2所示。

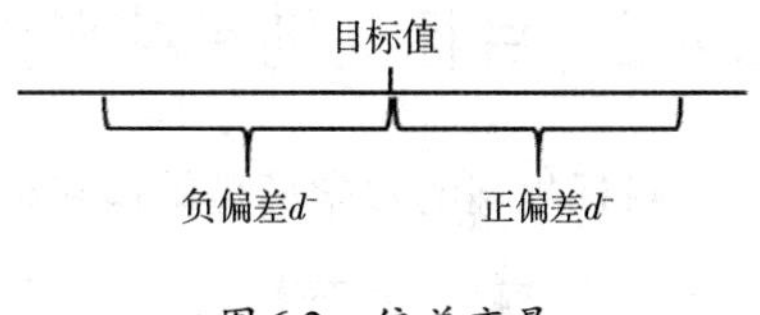

图6.2 偏差变量

注意:不可能出现正偏差的同时又出现负偏差,也就是说,决策值不可能既超过目标值,又没有达到目标值,因此 $d^- \times d^+ = 0$。

那该如何设置偏差变量呢? 有以下3种基本形式,通过最小化问题进行了解。

(1)要求恰好达到目标值,即正负偏差都要尽可能小,这时 $\min Z = d^- + d^+$。

(2)要求不超过目标值,即允许不达到目标值,即正偏差尽可能小,这时 $\min Z = d^+$。

(3)要求超过目标值,即负偏差尽可能小,这时 $\min Z = d^-$。

回到问题中,对于前面提到的一系列条件,考虑如下。

(1)A产品不大于B产品,即 $\min Z = d_1^+$。

(2)充分利用设备,但又不希望加班,即 $\min Z = d_2^+ + d_2^-$。

(3)最终产值不低于56元,即 $\min Z = d_3^-$。

6.4.2 优先等级和权重系数

对于多目标规划而言,通常要在保证前一个目标值不会劣化的前提下优化下一个目标,因此可以给每个目标赋予优先级 p_i 且 $p_i \gg p_{i+1}$,以及给每个目标赋予权重系数 ω_i。

加入权重系数的多目标优化可以表示为:

$$\min Z = \{ p_1(\omega_1 d_1^+), p_2(\omega_2 d_2^+ + \omega_2 d_2^-), p_3(\omega_3 d_3^-) \}$$

$$s.t. \begin{cases} 2x_1 + x_2 + x_3 = 11 \\ x_1 - x_2 + d_1^- - d_1^+ = 0 \\ x_1 + 2x_2 + d_2^- - d_2^+ = 10 \\ 8x_1 + 10x_2 + d_3^- - d_3^+ = 56 \\ x_1, x_2, d_i^-, d_i^+ \geqslant 0 \end{cases}$$

此处$d_i^- - d_i^+$起到了松弛变量的作用。模型中的第一个约束$2x_1 + x_2 \leqslant 11$是硬约束，可以添加松弛变量x_3使之变成等式约束。

6.4.3 目标规划单纯形法

目标规划的数学模型结构和线性规划的数学模型结构没有本质的区别，因此目标规划也可以用单纯形法求解。由于目标规划中含有多个目标函数，因此单纯形表中的检验数会有多行，检验数的行数由目标优先等级的个数决定，在确认入基变量时，不但要根据本优先级的检验数，还要根据比它更高优先级的检验数来确定。

假设多目标函数都是求最小值问题，则要求所有检验数$R_j \geqslant 0$。

目标规划单纯形法的计算步骤如下。

（1）建立初始单纯形表，在表中将检验数按优先因子个数分别列成K行，并设$k = 1$。

（2）检查第k行检验数是否存在负数，且对应前$k - 1$行的系数为0，若有则取其中最小者对应的变量为入基变量，然后转向第（3）步，否则转向第（5）步。

（3）按照最小比值法确定出基变量，当存在两个或两个以上相同的最小比值时，选取较高优先级别的变量为出基变量。

（4）按单纯形法进行旋转运算，建立新的单纯形表，然后返回第（2）步。

（5）当$k = K$时，计算结束，表中的解为满意解。否则令$k = k + 1$，返回第（2）步。

下面设有如下多目标规划问题：

$$\min Z = \{ p_1(d_1^+), p_2(d_2^+ + d_2^-), p_3(d_3^-) \}$$

$$s.t. \begin{cases} 2x_1 + x_2 + x_3 = 11 \\ x_1 - x_2 + d_1^- - d_1^+ = 0 \\ x_1 + 2x_2 + d_2^- - d_2^+ = 10 \\ 8x_1 + 10x_2 + d_3^- - d_3^+ = 56 \\ x_1, x_2, d_i^-, d_i^+ \geqslant 0 \end{cases}$$

建立初始单纯形表，如表6.1所示。

表6.1　多目标规划初始单纯形表

X_B		x_1	x_2	x_3	d_1^-	d_1^+	d_2^-	d_2^+	d_3^-	d_3^+	b	θ
变量	c_j					1	1	1	1			
	x_3	2	1	1							11	
	d_1^-	1	−1		1	−1					0	
	d_2^-	1	2				1	−1			10	
	d_3^-	8	10						1	−1	56	
R_j	p_1					1						
	p_2	−1	−2					2				
	p_3	−8	−10							1		

在前面的线性规划单纯形法中提到过，检验数$R_j = c_j - C_B a_j$，在目标规划中由于存在多个目标，所以每次计算检验数会得到多个检验数，相应的，单纯形的计算公式也会稍有变化，$R_{kj} = c_{kj} - C_B a_{kj}$，因此很容易可以计算出$x_1$的检验数：

$$R_j = \begin{bmatrix} 0 \\ 0 \\ 0 \\ 0 \end{bmatrix} - \begin{bmatrix} 0 \\ 0 \\ 1 \\ 1 \end{bmatrix} \begin{bmatrix} 2 \\ 1 \\ 1 \\ 8 \end{bmatrix} = \begin{bmatrix} 0 \\ 0 \\ -1 \\ -8 \end{bmatrix}$$

检验数$(p_1,p_2,p_3)^{\mathrm{T}} = (0, -1, -8)^{\mathrm{T}}$，而其他非基变量对应的检验数也是按照该方法计算得到的。

下面开始单纯形法迭代，$k = 1$时，因为第1行检验数没有负数，所以转至第2行，$k = 2$。

第2行存在负的检验数，其最小检验数是−2，对应的变量x_2为入基变量，根据最小比值确定d_2^-为出基变量，如表6.2所示。

表6.2　单纯形表变量出基

X_B		x_1	x_2	x_3	d_1^-	d_1^+	d_2^-	d_2^+	d_3^-	d_3^+	b	θ
变量	c_j					1	1	1	1			
	x_3	2	1	1							11	11/1
	d_1^-	1	−1		1	−1					0	
	d_2^-	1	2				1	−1			10	10/2
	d_3^-	8	10						1	−1	56	56/10
R_j	p_1					1						
	p_2	−1	−2					2				
	p_3	−8	−10							1		

下面进行旋转操作，方法和之前在线性规划单纯形表中的表4.3的方法一样，d_2^-所在行都除以2，得到d_2^-，如图6.3所示。

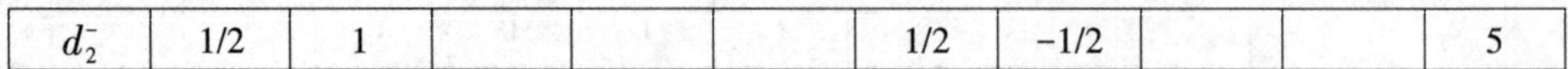

d_2^-	1/2	1				1/2	−1/2			5

图6.3　单纯形表迭代计算1

若使x_3行的x_2变成0，则直接相减即可，如图6.4所示。

x_3	2	1	1							11	
减去											
d_2^-	1/2	1				1/2	−1/2			5	
得到											
x_3	3/2	0	1							6	

图6.4　单纯形表迭代计算2

若使d_1^-行的x_2变成0，则要减去((−1)乘以d_2^-所在行)，如图6.5所示。

d_1^-	1	−1		1	−1					0	
减去(−1)乘以											
d_2^-	1/2	1				1/2	−1/2			5	
得到											
d_1^-	3/2	0		1	−1	1/2	−1/2			5	

图6.5　单纯形表迭代计算3

若使d_3^-行的x_2变成0，则要减去(10乘以d_2^-所在行)，如图6.6所示。

d_3^-	8	10						1	−1	56	
减去10乘以											
d_2^-	1/2	1				1/2	−1/2			5	
得到											
d_3^-	3	0				−5	5	1	−1	6	

图6.6　单纯形表迭代计算4

用刚才的方法重新计算检验数，得到新的单纯形表，如表6.3所示。

表6.3　单纯形迭代结果1

X_B		x_1	x_2	x_3	d_1^-	d_1^+	d_2^-	d_2^+	d_3^-	d_3^+	b	θ
变量	c_j					1	1	1	1			
	x_3	3/2	0	1							6	

续表

X_B		x_1	x_2	x_3	d_1^-	d_1^+	d_2^-	d_2^+	d_3^-	d_3^+	b	θ
	d_1^-	3/2	0		1	−1	1/2	−1/2			5	
	x_2	1/2	1				1/2	−1/2			5	
	d_3^-	3	0				−5	5	1	−1	6	
R_j	p_1											
	p_2						1	1				
	p_3	−3					5	−5		1		

因为第2行的检验数已经没有负数了，所以转至第3行，最小检验数为−5，选择d_2^+为入基变量，对应的d_3^-为出基变量，如表6.4所示。

表6.4　单纯形迭代结果2

X_B		x_1	x_2	x_3	d_1^-	d_1^+	d_2^-	d_2^+	d_3^-	d_3^+	b	θ
变量	c_j					1	1	1	1			
	x_3	3/2	0	1							6	4
	d_1^-	3/2	0		1	−1	1/2	−1/2			5	10/3
	x_2	1/2	1				1/2	−1/2			5	10
	d_3^-	3	0				−5	5	1	−1	6	2
R_j	p_1											
	p_2						1	1				
	p_3	−3					5	−5		1		

重复前面的步骤，直到全部的检验数却为正，最终的最优单纯形表如表6.5所示。

表6.5　最优单纯形表

X_B		x_1	x_2	x_3	d_1^-	d_1^+	d_2^-	d_2^+	d_3^-	d_3^+	b	θ
变量	c_j					1	1	1	1			
	x_3			1			2	−2	−1/2	1/2	2	
	d_1^-				1	−1	3	−3	1/2	−1/2	3	
	x_2		1				3/4	−3/4	−1/6	1/6	4	
	d_3^-	1					−5/3	5/3	1/3	−1/3	2	

续表

X_B		x_1	x_2	x_3	d_1^-	d_1^+	d_2^-	d_2^+	d_3^-	d_3^+	b	θ
R_j	p_1					1						
	p_2						1	1				
	p_3								1			

此时最优解为$x_1^* = 2, x_2^* = 4$,对应的目标函数值为56。

6.4.4 目标规划Gurobi实现

在Gurobi中,目标规划使用分层规划的方式实现,如代码6-1所示。

```
# 代码6-1,gurobi解目标规划
import gurobipy as grb

m = grb.Model()

# 定义变量
d11 = m.addVar(lb=0, vtype=grb.GRB.CONTINUOUS, name='d11')
d12 = m.addVar(lb=0, vtype=grb.GRB.CONTINUOUS, name='d12')
d21 = m.addVar(lb=0, vtype=grb.GRB.CONTINUOUS, name='d21')
d22 = m.addVar(lb=0, vtype=grb.GRB.CONTINUOUS, name='d22')
d31 = m.addVar(lb=0, vtype=grb.GRB.CONTINUOUS, name='d31')
d32 = m.addVar(lb=0, vtype=grb.GRB.CONTINUOUS, name='d32')
x1 = m.addVar(lb=0, vtype=grb.GRB.CONTINUOUS, name='x1')
x2 = m.addVar(lb=0, vtype=grb.GRB.CONTINUOUS, name='x2')
x3 = m.addVar(lb=0, vtype=grb.GRB.CONTINUOUS, name='x3')

# 添加约束
m.addConstr(2 * x1 + x2 + x3 == 11)
m.addConstr(x1 - x2 + d11 - d12 == 0)
m.addConstr(x1 + 2 * x2 + d21 - d22 == 10)
m.addConstr(8 * x1 + 10 * x2 + d31 - d32 == 56)

# 添加目标
# 此处priority的值只要目标1比目标2大,目标2比目标3大即可,具体可查看其官方文档
m.setObjectiveN(d12, index=0, priority=9, name='obj1')
m.setObjectiveN(d21 + d22, index=1, priority=6, name='obj2')
m.setObjectiveN(d31, index=2, priority=3, name='obj3')

# 求解
m.optimize()

# 查看变量值
```

```
for v in m.getVars():
    print(v.varName, '=', v.x)
# x1 = 2
# x2 = 4

# 查看各个目标函数值
for i in range(3):
    m.setParam(grb.GRB.Param.ObjNumber, i)
    print('Obj%d = ' % (i + 1), m.ObjNVal)
# Obj1 =  0.0
# Obj2 =  0.0
# Obj3 =  0.0
# 查看最终的目标函数值
print('8 * x1 + 10 * x2 =', 8 * 2 + 10 * 4)
# 8 * x1 + 10 * x2 = 56
```

这里我们用分层规划的方法,结果与前面的单纯形表计算结果一致。

6.5 NSGA-Ⅱ

多目标规划算法除了前面提到的目标规划法外,使用智能优化算法求解多目标规划问题也是常见的方法,其中以 NSGA-Ⅱ应用较为广泛。

NSGA-Ⅱ是在 NSGA 的基础上提出的,而 NSGA 是基于遗传算法的多目标优化算法。遗传算法的原理我们在后面会详细讲解,在遗传算法中,种群的交叉、变异、复制等操作在不同的领域问题有不同的形式,NSGA-Ⅱ相比于 NSGA,其改进点在于采用了快速非支配排序算法,计算复杂度大大地降低,采用拥挤度比较算子,而不是 NSGA 中的共享半径,使得搜索范围更广泛,种群个体能够扩展到整个 Pareto 域,在个体复制操作上采用精英策略,精英策略可以加速算法的执行速度,而且在一定程度上也能确保已经找到的满意解不被丢失,提高算法的鲁棒性。

上面的解释很拗口,没关系,使用遗传算法求解多目标规划的内容,我们将在智能优化算法章节中讲解,也会详细讲解当前最流行的智能优化算法——遗传算法的原理和使用方法。在本章提及 NSGA-Ⅱ是让大家有个印象,了解大部分的优化问题都有两种方法:一种是精确算法,如数学规划方法;另一种是启发式算法,如遗传算法。在实际建模过程中,如果数学规划方法不可行时,可从启发式算法入手分析问题,解决问题。

6.6 本章小结

本章主要讲解多目标规划的基本形式、Pareto解，以及多目标规划的两种常见方法，分别是目标规划法和NSGA-Ⅱ。这里不会讲解NSGA-Ⅱ的原理，在后面的智能优化算法章节我们会演示使用Geatpy框架中的NSGA-Ⅱ算法来求解多目标问题。多目标规划比单目标规划复杂，主要原因是如何平衡各个目标之间的结果和差异，多目标规划问题的解不像单目标规划问题有明确的单一可行解。多目标的解是Pareto解的集合，集合中的每一个pareto解无法判断孰优孰劣，这也是多目标规划比较难以理解的地方。

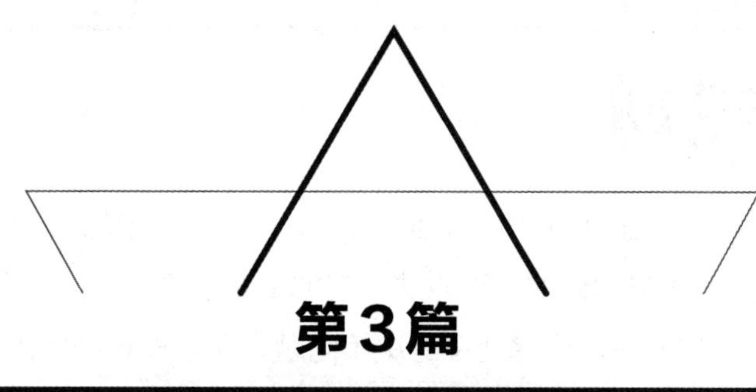

第3篇

启发式算法

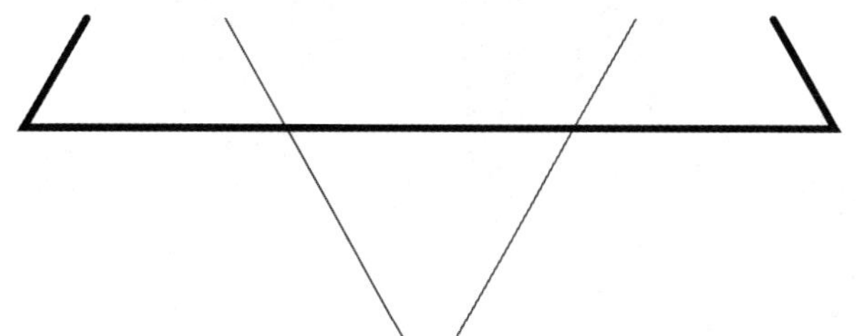

第 7 章

动态规划

动态规划(Dynamic Programming,DP)是运筹学的一个分支,是解决多阶段决策过程最优化的一种方法。它把多变量复杂决策的问题进行分阶段决策,可高效求解多个单变量的决策问题。动态规划在现代企业管理、工农业生产中有着广泛的应用,许多问题用动态规划处理,比用线性规划或非线性规划处理更加有效,如最短路径、设备维修换新、多阶段库存等问题。

本章主要内容:

- 多阶段决策问题
- 动态规划的基本概念
- 动态规划的最优化原理
- 最短路径问题
- 使用整数规划解最短路径问题
- 背包问题

7.1 多阶段决策问题

有这样一类问题,它可以从时间或空间上将决策的过程分解为若干个相互联系的阶段,每个阶段都需要做出决策,当前阶段的决策往往会影响到下一个阶段的决策,将各阶段的决策构成一个决策序列,称为策略。每个阶段都有若干个决策可供选择,因此就有许多策略可以选择。如何在这些策略中选择一个最优策略,这类问题就是多阶段决策问题。

一个较常见的多阶段决策问题是网络最短路径问题,如图7.1所示。

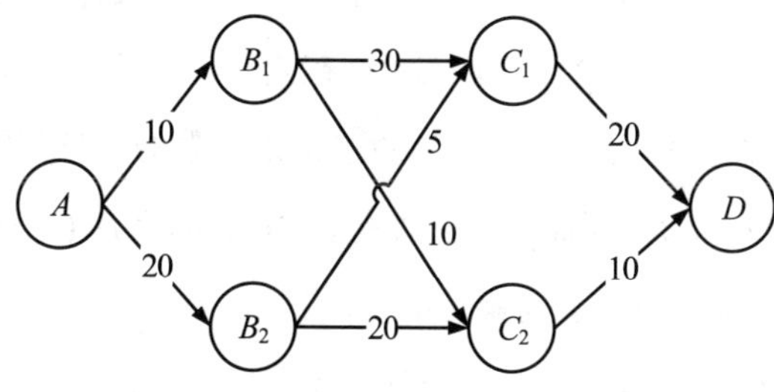

图7.1　网络路径

给定的一个网路,需要从A出发到达D,如何选择路径才能使总路程最短,显然这是一个4阶段决策问题。

动态规划的另一个常见例子是背包问题,如图7.2所示,一个背包最多能放15kg的物品,每个物品的重量和价值都已经知道,那要选择哪些物品才能使背包内的物品总价值最大?背包问题可以看成是一个多阶段规划问题,如果选择物品A,占用的空间将使得其他可供选择的物品减少。虽然简单背包问题可以用整数规划方法求解,但是用动态规划方法求解更为高效。

图7.2　背包问题

7.2 动态规划的基本概念

为方便建模和讨论,可对动态规划的基本概念和符号做一些约定。

(1)阶段k:把问题划分为多个互相联系的阶段,按一定的次序去求解,阶段用k表示。

(2)状态S_k:在不同阶段k的选择状态(Status),如在图7.1所示的最短路径问题中,第1阶段只有一个状态$S_1=\{A\}$,而第2阶段有2个状态,即$S_2=\{B_1,B_2\}$,第3阶段有2个状态,即$S_3=\{C_1,C_2\}$,第4阶段只有1个状态,即$S_4=\{D_1\}$。

(3)决策x_k:指在第k阶段的某个状态为S_k时,所做出的选择。如在第2阶段的B_2状态下,能做的选择是$\{C_1,C_2\}$,一旦做出选择,下一个阶段的状态也就确定了。常用$x_k(S_k)$表示处在S_k状态时的决策变量,它是状态的决策函数,在实际问题中,$x_k(S_k)$的选择是有限的,有限的选择组成集合用$D_k(S_k)$表示,$x_k\in D_k$。如在第2阶段的B_1状态,所能做的选择是$\{C_1,C_2\}$,那么$D_2(B_1)=\{C_1,C_2\}$;如果做出的选择是C_2,则$x_2(B_2)=C_2$,那么第3阶段的状态也就确定为C_2。

(4)策略$P_{k,n}$:从起点到终点的全过程中,每个阶段都有一个决策$x_s(S_k)$,由每个阶段的决策组成的序列,把该序列称为策略,记作$P_{1,n}=\{x_1(\mathrm{S}_1),\cdots,x_n(S_n)\}$,从中间的某个阶段$k$到结束状态的过程,称为原问题的子过程,所组成的决策序列称为子过程的策略,记作$P_{k,n}=\{x_k(\mathrm{S}_k),\cdots,x_n(S_n)\}$。

(5)状态转移方程$T_k(S_k,x_k)$:如果在第k阶段的状态为S_k,若此时的决策变量x_k一旦确定,那么下一阶段的S_{k+1}也就确定了,S_{k+1}是S_k和x_k共同决定的函数,即$S_{k+1}=T_k(S_k,x_k)$,该函数关系称为状态转移方程。

(6)阶段指标函数$d_k(S_k,x_k)$:对于第k阶段而言,在每一个状态下做出的决策都会影响最后的结果,它是S_k和x_k的函数,记$d_k(S_k,x_k)$为第k阶段的指标函数。

(7)指标函数$V_{k,n}$:使用指标函数衡量当前决策对总体的影响,而最优指标函数衡量的是整体决策过程的优劣,它是定义在全过程和所有后部子过程上确定的函数,常用$V_{k,n}$表示:

$$V_{k,n}=V_{k,n}(S_k,x_k,S_{k+1},x_{k+1},\cdots,S_n,x_n)$$

注意阶段指标函数和指标函数是不一样的。指标函数通常有两种形式,分别是累加形式和累积形式。

累加形式的公式如下:

$$V_{k,n}=V_{k,n}(S_k,x_k,S_{k+1},x_{k+1},\cdots,S_n,x_n)=\sum_{j=k}^{n}d_j(S_j,x_j)$$

累积形式的公式如下:

$$V_{k,n} = V_{k,n}(S_k,x_k,S_{k+1},x_{k+1},\cdots,S_n,x_n) = \prod_{j=k}^{n} d_j(S_j,x_j)$$

指标函数的最优值称为最优指标函数，记作$f_k(S_k)$，它表示从第k阶段由状态S_k开始到第n阶段终止状态的过程，所采取最优策略得到的指标函数值，即：

$$f_k(S_k) = \max(\min)\{V_{k,n}(S_k,x_k,S_{k+1},x_{k+1},\cdots,S_n,x_n)\}$$

在不同的问题中，最优指标函数的定义是不同的，在最短路径问题中，$V_{k,n}$表示从第k阶段的S_k状态到终点的距离。

7.3 动态规划的最优化原理

动态规划的最优性原理是：作为整体过程的最优策略，无论过去的状态和决策如何，对前面的形成状态而言，剩下的决策必然构成最优策略，简而言之，一个最优策略的子策略总是最优的。

最优性原理是动态规划的核心，各种动态规划模型都是根据这个原理进行的，在求解动态规划问题时，可以按照从后往前倒推最优解的思路进行，如图7.3所示。

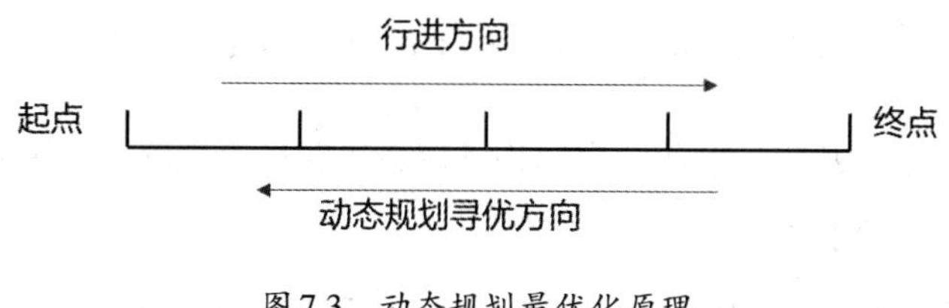

图7.3　动态规划最优化原理

利用最优化原理，可以推导最短路径问题的指标函数的递推方程，即：

$$f_n(S_n) = \min_{x_n \in D_n(S_n)} [d_n(S_n,x_n) + f_{n+1}(S_{n+1})],\ n = 3,2,1$$

其中$f_n(S_n)$表示从第n阶段到终点的最短距离，$f_{n+1}(S_{n+1})$为从第$n+1$阶段到终点的最短距离，$d_n(S_n,x_n)$为第n阶段的距离，$f_4(S_4)$为递推起点，通常是已知的。

7.4 最短路径问题

最短路径是一类经典的动态规划问题，以图7.1为例，计算从A点出发，到达D点的最短路径，以图7.4为例。

先确定动态规划的几个变量，具体如下。

(1)阶段k：此处的问题中，k=1，2，3。

(2)状态S_k表示第k阶段可做的选择：

$$S_1=\{A\},S_2=\{B_1,B_2\},S_3=\{C_1,C_2\},S_4=\{D\}$$

其中S_1和S_4只有一个状态，其实没有选择。

(3)决策x_k：表示第k阶段所做的下一步选择，即$x_k=S_{k+1}$。

(4)阶段指示函数$d_k(S_k,x_k)$：表示从S_k出发，采取决策x_k到达S_{k+1}所走的距离。

(5)最优指标函数$f_k(S_k)$：表示从第k阶段的S_k出发最终到达终点的最短路径。

(6)递推方程：根据动态规划的最优化原理，递推方程从后往前推导，终点是D，所以递推方程如下：

$$f_3(S_3)=\min_{x_3\in D_3(S_3)}[d_3(S_3,x_3)]$$
$$f_k(S_k)=\min_{x_k\in D_k(S_k)}[d_k(S_k,x_k)+f_{k+1}(S_{k+1})],k=2,1$$

下面采用表格法演示以从后往前的顺序递推求解最短路径。理解了最短路径的求解思路，其他的动态规划问题也是类似的解法。

由于最后一个阶段D是终点，因此我们从倒数第二个阶段开始往前递推。k=3有两个选择，可以从C到D，由于$d_3(S_4,x_4)$有两种情况，递推方程中$f_3(S_3)$也就有两种可能，如果递推完毕，那么$f_3(S_3)=\min_{x_4\in\{C_1,C_2\}}[d_3(S_3,x_3)]$即是两者中的最小值，如表7.1所示。

表7.1 最短路径阶段3

$S_3(X_3)$	$d_3(S_3,x_3)$	$f_3(S_3)$	X_3^*
	D		
C_1	20	20	D
C_2	10	10	D

当k=2时，由于$f_{k+1}(S_{k+1})=d_3(S_3,x_3)$已经确定，有2个不同的取值，在$B\to C$时，需要考虑$d_3(S_3,x_3)$的两种状态对当前选择的影响，因此在状态转移方程中，$d_2(S_2,x_2)+d_3(S_3,x_3)$就有4种可能，如表7.2

所示。

表7.2　最短路径阶段2

$S_2(X_2)$	$d_2(S_2,x_2)+f_3(S_3)$		$f_2(S_2)$	X_2^*
	C_1	C_2		
B_1	30+20=50	10+10=20	20	C_2
B_2	5+20=25	20+10=30	25	C_1

对于表7.2，其意思是如果当前状态是B_1，那么选C_2到达终点的路径最短，最短距离为20；如果当前状态是B_2，则选C_1到达终点的路径最短，距离为25。

从上表可理解动态规划的最优性原理，即一个最优策略的子策略也是最优的。

从$B \to C$虽然有很多种选择，但是从$C \to D$的最短路径却是B阶段无法影响的，而且，不管选择C_1还是C_2，$C_1 \to D$和$C_2 \to D$的最短路径已经在前一步计算出来，可以说，S_{k+1}的各个状态（C_1，C_2）到终点的最短路径已知，当前只需要计算$S_k \to S_{k+1}$的最短路径即可。其中的思路有点像马尔可夫链的无后效性原理，当前状态只与上一状态有关，而与再之前的状态无关。只要确定了B那么C也就确定了。

继续递推，k=1时，$d_1(S_1,x_1)$是起点，只有一种选择，而$d_2(S_2,x_2)$有两种选择，因此总共有两种选择，如表7.3所示。

表7.3　最短路径阶段1

$S_1(X_1)$	$d_1(S_1,X_1)+f_2(S_2)$		$f_1(S_1)$	x_{1*}
	B_1	B_2		
A	10+20=30	20+25=45	30	B_l

至此，所有的状态和阶段就已经递推完成，现在再从头开始查找最优路径，从表7.3得到，A的最优决策$x_1 = B_1$，从表7.2得到，B_1的最优决策$x_2 = C_2$，从表7.1中得到，C_2的最优决策是$x_3 = D$，所以最短路径是：

$$A \to B_1 \to C_2 \to D$$

即最短距离是$f_1(S_1) = 30$。

从上面的推导中需要记住以下3点。

（1）决策表是当前阶段k的状态数和下一阶段k+1的状态数的组合。

（2）下一阶段k+1的每个状态S_k到终点的最优决策是已经计算好的，当前阶段到下一阶段的决策只需从决策表中取递推方程的最小值即可。

(3)当前阶段的决策只受下一阶段的最优决策影响,下下阶段甚至后面的决策不影响当前阶段的决策,即无后效性。

下面用代码7-1实现表格的推导过程。

```
# 代码7-1,动态规划解最短路径问题
import pandas as pd
import numpy as np

# 前后两阶段的节点距离,使用dataframe存储
# A->B 的距离
df1 = pd.DataFrame(np.array([[10, 20]]), index=["A"], columns=['B1', 'B2'])
# B->C 的距离
df2 = pd.DataFrame(np.array([[30, 10], [5, 20]]), index=['B1', 'B2'],
     columns=['C1', 'C2'])
# C->D 的距离
df3 = pd.DataFrame(np.array([[20], [10]]), index=['C1', 'C2'], columns=['D'])


def dp(df_from, df_to):
    """从 df_from 阶段到 df_to 阶段的动态规划求解"""
    from_node = df_to.index
    f = pd.Series()
    g = []
    for j in from_node:
        m1 = df_to.loc[j]                        # 如取B1
        m2 = m1 + df_from                        # 则t=[C1, C2]
        m3 = m2.sort_values()
        f[j] = m3[0]                             # B1->C 取路径最短的
        g.append(m3.index[0])
    dc = pd.DataFrame()
    dc['v'] = f.values
    dc['n'] = g
    dc.index = f.index
    cv.append(dc)
    if len(start) > 0:
        df = start.pop()
        t = dp(dc['v'], df)                      # 使用递归
    else:
        return dc

# 主函数
start = [df1]                                    # 初始状态
cv = []                                          # 存储路径
t1 = df3['D']                                    # 初始状态
h1 = dp(df3['D'], df2)

```

```
# 打印路径
for m in range(len(cv)):
    xc = cv.pop()
    x1 = xc.sort_values(by='v')
    print(x1['n'].values[0], end='->')
# 所以最短路径是:
# A->B->C->D
```

7.5 使用整数规划解最短路径问题

使用动态规划求解从起点到终点的最短路径，其实也可以看成是一个整数规划问题，与第8.2节的TSP问题很相似，此处还是以图7.1所示的最短网络路径为例。

用edge $=(i,j,l)$ 表示从 i 节点出发到达 j 节点距离为 l 的边，对于非起点和终点，如 B_1 节点，如果 B_1 节点被选中，则进来的边数=出去的边数；如果没有被选中，则出去的边数和进来的边数都是0。对于起点，只有出去的边，没有进来的边，对于终点，则只有进来的边没有出去的边。该问题可以建模成一个简单的0-1整数规划问题，即：

$$
\min \sum l_{ij} x_{ij}
$$

$$
s.t.\begin{cases}
\sum\limits_j x_{ji} - \sum\limits_j x_{ij} = 0,\ i \notin \{A,D\} \\
\sum\limits_j x_{ji} - \sum\limits_j x_{ij} = 1,\ i \notin \{A\} \\
\sum\limits_j x_{ji} - \sum\limits_j x_{ij} = -1,\ i \notin \{D\} \\
x_{ij} = \{0,1\}
\end{cases}
$$

用整数规划MIP解最短路径的演示如代码7-2所示。

```
# 代码7-2,MIP解最短路径问题
import gurobipy as grb

# 定义边
edge = {
    ('V1', 'A'): 0,
    ('A', 'B1'): 10,
    ('A', 'B2'): 20,
    ('B1', 'C1'): 30,
    ('B1', 'C2'): 10,
    ('B2', 'C1'): 5,
    ('B2', 'C2'): 20,
    ('C1', 'D'): 20,
```

```
    ('C2', 'D'): 10,
    ('D', 'V2'): 0
}
# 创建边和边长度的Gurobi常量
links, length = grb.multidict(edge)

# 创建模型
m = grb.Model()
x = m.addVars(links, obj=length, name="flow")

# 添加约束
for i in ['A', 'B1', 'B2', 'C1', 'C2', 'D']:
    if i == 'A':
        delta = 1
    elif i == 'D':
        delta = -1
    else:
        delta = 0
    name = 'C_%s' % i
    # m.addConstr(x.sum(i, '*') - x.sum('*' ,i) == delta, name=name) # 另一种写法
    m.addConstr(sum(x[i, j] for i, j in links.select(i, '*')) - sum( x[j, i]
     for j, i in links.select('*', i)) == delta,  name=name)

# 求解并打印结果
m.optimize()

for i, j in links:
    if (x[i, j].x > 0):
        print("%-2s->%-2s: %d" % (i, j, edge[(i, j)]))

# A ->B1: 10
# B1->C2: 10
# C2->D : 10
```

从上述代码可以看出,其结果和使用动态规划一样。

7.6 背包问题

背包问题是学习动态规划的经典例题,虽然是多阶段决策问题,但不像解最短路径问题那样直观。最短路径问题的不同阶段、状态、决策、收益是固定而明显的,而背包问题的状态、决策则需要通过动态规划表来表达。

背包问题根据物品的数量分为不同的类型,如果每种物品只有一件,则成为0-1背包问题,可以

看成是0-1整数规划问题；如果每种物品有多件，则背包问题可以看成是普通的整数规划问题；如果某件物品具有两种不同的费用，选择这件物品必须同时付出这两种代价，那么每种代价都有一个可付出的最大值，这种情况是二维费用的背包问题；如果物品之间有冲突，选择A物品则不能选B物品，这种情况是分组背包问题；如果物品之间有依赖，选择A物品则必须同时选B物品，这种情况是有依赖的背包问题。

这里以0-1背包问题为例讲解动态规划的原理。动态规划求解背包问题的思想是，假设背包中已经有A、B、C三件物品，还有D、E没有放进背包中，此时，以某种规则（如选择价值最大的）从备选物品中选择一件物品，如D，此时存在两种情况。第一种情况是，背包剩余容量能放进D，则将D放入背包中；第二种情况是，背包剩余容量不足以装载D，则需要从A、B、C选择一件物品拿出来才能将D放进去，此时需要比较前后背包总价值是否变大。

用数学表达式表示如下。

设$V(i,j)$表示将前i个物品放入容量为j的背包中所获得的最大价值（i不是原始物品编号）。当前阶段的前一个状态用$V(i-1,j)$表示，对于下一个状态，即对于物品i，有两种情况。第一种情况是，背包总容量不足以装入物品i，背包物品不做替换，背包的总价值等于前$i-1$个物品的总价值，$V(i,j)=V(i-1,j)$。第二种情况是，背包容量能够装入物品i，如果把第i个物品装入背包，则背包中物品的价值等于把前$i-1$个物品装入容量为$j-w_i$（其中w_i指第i个物品的容量）的背包中的价值加上第i个物品的价值v_i；如果第i个物品没有装入背包，则背包中物品的价值等于把前$i-1$个物品装入容量为j的背包中的价值，显然，取二者中价值较大的作为前i个物品装入容量为j的背包中的最优解。递推方程如下：

$$V(i,j)=\begin{cases}V(i-1,j), & j<w_i\\ \max\{V(i-1,j),V(i-1,j-w_i)+v_i\} & j\geqslant w_i\end{cases}$$

逻辑关系如图7.4所示。

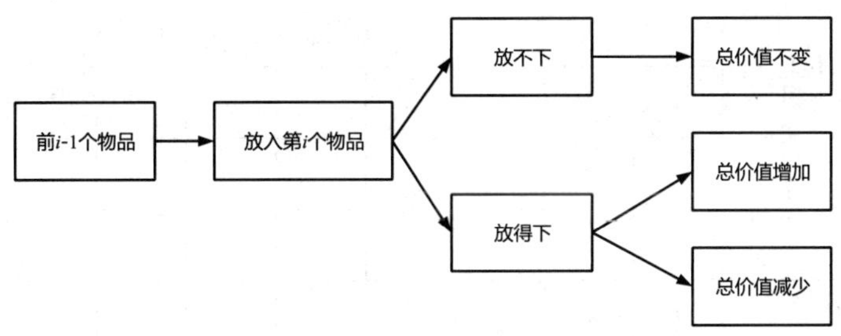

图7.4　背包问题的逻辑关系

下面举例说明，如有5种物品A、B、C、D和E，对应的重量为{2,2,6,5,4}，对应的价值为{6,3,5,4,6}，背包的总容量是10，如表7.4所示。

表7.4 背包问题物品重量和价值表

物品	重量	价值
A	2	6
B	2	3
C	6	5
D	5	4
E	4	6

背包问题中动态规划的变量如下。

(1)阶段k:此处的问题有5种物品,所以$k = 1,2,3,4,5$。

(2)状态S_k:表示第k阶段可做的选择,在背包问题中是背包剩余空间还能装入的物品种类。

(3)决策x_k:表示第k阶段所做的下一步选择,即$x_k = S_{k+1}$。

(4)状态转移方程:$S_{k+1} = S_k - w_k$。

(4)阶段指示函数$d_k(S_k,x_k)$:表示在背包剩余重量下装入物品k后增加的价值。

(5)最优指标函数$f_k(S_k)$:表示背包在剩余重量下所能增加的最大价值。

(6)递推方程:根据动态规划的最优化原理,递推方程从后往前推导,所以递推方程如下:

$$f_k(S_k) = \min_{x_k \in D_k(S_k)} [d_k(S_k,x_k) + f_{k+1}(S_{k+1})],\ k = 5,4,3,2,1$$

接下来使用动态规划表来演示0-1背包问题的具体计算过程。

动态规划表如表7.5所示,每个单元格用$v_{i,j}$表示当前已有的商品,在已有重量下所能获得的最大价值,0~10表示背包剩余可装入的重量。

表7.5 背包问题动态规划表1

物品序号i	商品(重量、价值)	背包剩余容量j对应价值										
		0	1	2	3	4	5	6	7	8	9	10
1	A(2,6)	/	/									
2	B(2,3)	/	/									
3	C(6,5)	/	/									
4	D(5,4)	/	/									
5	E(4,6)	/	/									

初始情况下,背包剩余容量为0,因此装不下任何物品,第1列$v_{i,0} = 0$。同理背包剩余容量为1时

也装不下任何物品，第2列 $v_{i,1}=0$。

当背包剩余容量为2时，可以装入A或B，按照前面的思路，可以按A~E的顺序进行选择，首先选择A，背包中的价值如表7.6所示。

表7.6　背包问题动态规划表2

物品序号 i	商品（重量、价值）	背包剩余容量 j 对应价值										
		0	1	2	3	4	5	6	7	8	9	10
1	A(2,6)	/	/	6								
2	B(2,3)	/	/									
3	C(6,5)	/	/									
4	D(5,4)	/	/									
5	E(4,6)	/	/									

此时B也能装进去，由于把A拿出来再把B放进去不能增加背包的总价值，所以不选B而选A，背包的总价值不变，如表7.7所示。

表7.7　背包问题动态规划表3

物品序号 i	商品（重量、价值）	背包剩余容量 j 对应价值										
		0	1	2	3	4	5	6	7	8	9	10
1	A(2,6)	/	/	6								
2	B(2,3)	/	/	6								
3	C(6,5)	/	/									
4	D(5,4)	/	/									
5	E(4,6)	/	/									

对于第2个物体B，$i=2$，$j=2$，有：

$$
\begin{aligned}
v(i,j) &= \max\{v(i-1,j),\ v(i-1,j-w_i)+v_i\} \\
v(2,2) &= \max\{v(2-1,2),\ v(2-1,2-2)+6\} \\
&= \max\{0,\ 0+6\} \\
&= 6
\end{aligned}
$$

继续看C、D、E，因为C、D、E重量已经超过背包的剩余容量，所以此时背包的总价值不变。当背包剩余容量为3时，情况和剩余容量为2时相同，其计算过程是一样的。当背包剩余容量为4时，能放进A，背包总价值为6。当背包剩余容量为4时，也能放进B，其总价值为9，如表7.8所示。

表7.8　背包问题动态规划表4

物品序号i	商品(重量、价值)	背包剩余容量j对应价值										
		0	1	2	3	4	5	6	7	8	9	10
1	A(2,6)	/	/	6	6	6						
2	B(2,3)	/	/	6	6	9						
3	C(6,5)	/	/	6	6							
4	D(5,4)	/	/	6	6							
5	E(4,6)	/	/	6	6							

C、D放不进去了，接下来判断E放进去后能否使总价值提升，根据前面的公式判断，情况如下。

对于物体E，i=5，j=4，有：

$$\begin{aligned}v(i,j) &= \max\{v(i-1,j), v(i-1,j-w_i)+v_i\}\\ v(5,4) &= \max\{v(5-1,4), v(5-1,4-4)+4\}\\ &= \max\{9, 0+4\}\\ &= 9\end{aligned}$$

公式中$v(i-1,j-w_i)=v(5-1,4-4)$，$i-1$表示还没有放入物品E，$j-w_i$表示需要腾出E的容量后背包所能装入的最大价值，值可以直接从表中获取，如表7.9所示。当$v(5-1,4-4)=v(4,0)=0$时，发现腾出的空间装入E后总价值范围变小了，所以最大价值是不选择E，总价值仍为上一步的价值。

表7.9　背包问题动态规划表5

物品序号i	商品(重量、价值)	背包剩余容量j对应价值										
		0	1	2	3	4	5	6	7	8	9	10
1	A(2,6)	/	/	6	6	6						
2	B(2,3)	/	/	6	6	9						
3	C(6,5)	/	/	6	6	9						
4	D(5,4)	/	/	6	6	9						
5	E(4,6)	/	/	6	6							

基于前面的判断规则，很容易推导出后面的背包选择，最终的动态规划如表7.10所示。

表7.10 背包问题最优动态规划表

物品序号i	商品（重量、价值）	背包剩余容量j对应价值										
		0	1	2	3	4	5	6	7	8	9	10
1	A(2,6)	/	/	6	6	6	6	6	6	6	6	6
2	B(2,3)	/	/	6	6	9	9	9	9	9	9	9
3	C(6,5)	/	/	6	6	9	9	9	9	11	11	14
4	D(5,4)	/	/	6	6	9	9	9	10	11	13	14
5	E(4,6)	/	/	6	6	9	9	12	12	15	15	15

此时背包中物品的总价值是15，放入的物品是{A,B,E}。根据上面的推导过程，可以写出动态规划的代码，如代码7-3所示。

```
# 代码7-3,动态规划解0-1背包问题
def dp(weight, count, weights, costs):
    """动态规划求解01背包问题"""
    preline, curline = [0] * (weight + 1), [0] * (weight + 1)
    for i in range(count):
        for j in range(weight + 1):
            if weights[i] <= j:
                curline[j] = max(preline[j], costs[i] + preline[j - weights[i]])
        preline = curline[:]
    return curline[weight]

# 求解
count = 5                           # 物品数量
weight = 10                         # 背包总重量
costs = [6, 3, 5, 4, 6]             # 每件物品的价值
weights = [2, 2, 6, 5, 4]           # 每件物品的重量
print(dp(weight, count, weights, costs))
# 输出 15
```

7.7 本章小结

本章主要讲解动态规划的原理，包括如何使用动态规划的最优化原理分析问题，并使用动态规划方法求解最短路径问题、背包问题及分配问题。从中可以看到，部分动态规划问题可以使用线性规划或整数规划的思路求解，但是在面对特定问题时动态规划比整数规划方法效率更高。动态规划虽然是运筹优化领域的一个重要方法，但是多阶段决策问题需要构造特定问题的递推方程，明确各阶段的状态和决策，这也是动态规划较难理解的原因之一。

第 8 章

图与网络分析

学习了数学规划方法和动态规划方法后，将学习图与网络分析。图与网络在生活中很常见，然而图与网络的建模问题的求解方法却不太一样，多使用启发式算法，尽管在某些情形下也能转换成数学规划建模形式，但面对大规模问题往往效率会比较低。本章将学习图与网络的表示、图与网络的路径搜索，同时对比启发式算法和数学规划算法的差异，使读者对最优化算法有更深入的认识。

本章主要内容：

- 图的基本概念
- 图的矩阵表示
- 最小生成树
- 最短路径问题
- 网络最大流问题
- 路径规划
- VRP 问题

8.1 图的基本概念

在算法最优化领域，图与网络分析是一个很重要的组成部分，特别是在交通运输领域中，问题会被建模成一个图优化问题。不仅仅是交通问题可以用图的模型表示，像人物关系图谱、任务流程依赖关系、电力线网、信息网络等都可以用图来表示。

在讲动态规划的例子时同样是一个图模型，如图8.1所示是一个简单的图，图8.1(a)所示的子图节点之间没有方向之分，即从某个节点出发可以直接到达另外节点，从另外一个节点出发也可以直接到达该节点。图8.1(b)和图8.1(a)的区别是，节点之间有方向的区别，从某个节点出发可以直接到达另外一个节点，而从另外一个节点出发却不能直接到达该节点。为了便于区分，图8.1(a)所示的没有方向区分的子图称为无向图，如交通网络就是无向图；图8.1(b)所示的子图为有向图，流程任务图就是很典型的有向图，如必须经过v_2节点后才能到达v_5节点。

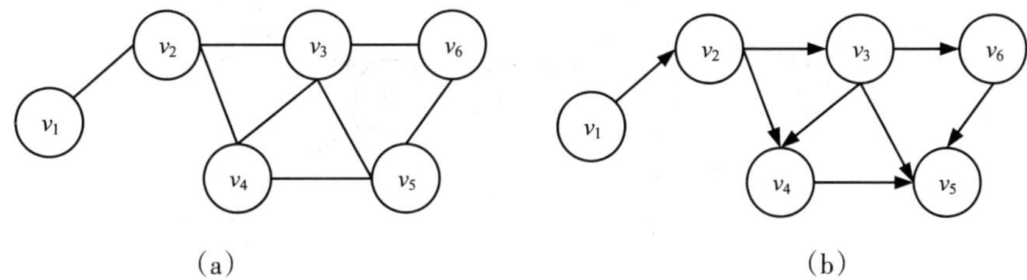

图8.1　无向图与有向图

一般将图记作$G=(V,E)$，其中V表示顶点的集合，E是边的集合，对于有向图通常称有方向的边为弧(arc)，用尖括号表示弧的方向，如$<A,B>$表示弧的方向是$A \rightarrow B$。有些图的边或弧具有与它相关的数字，这种与图的边或弧相关的数字叫作权，在实际问题中，权通常是两个城市之间的距离、两个地点之间的运输费用等。

图的其他概念如下。

(1)连通图：若图中任意两个顶点之间至少有一条路径连接起来，这样的图称为连通图。如图8.2所示，图8.2(a)所示为非连通图，图8.2(b)所示为连通图。

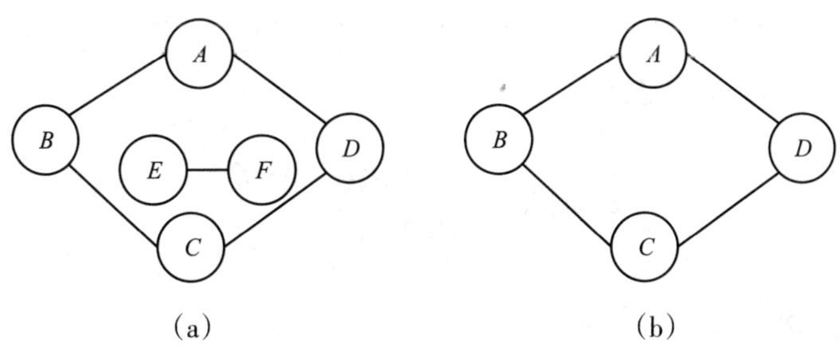

图8.2　连通图与非连通图

(2)连通分量：在无向图中的极大连通子图称为连通分量，注意连通分量的概念，首先它是子图，其次子图是连通的，连通子图具有极大顶点数，最后，具有极大顶点数的连通子图包含依附于这些顶点的所有边。

图8.2(a)虽然是非连通图，但是有两个连通分量，图8.2(b)是图8.2(a)的一个连通分量。而如图8.3所示，它虽然是图8.2(a)的一个子图，但它并不满足连通子图的极大顶点数(图8.2(b)满足)，因此它不是图8.2(a)的一个连通分量。

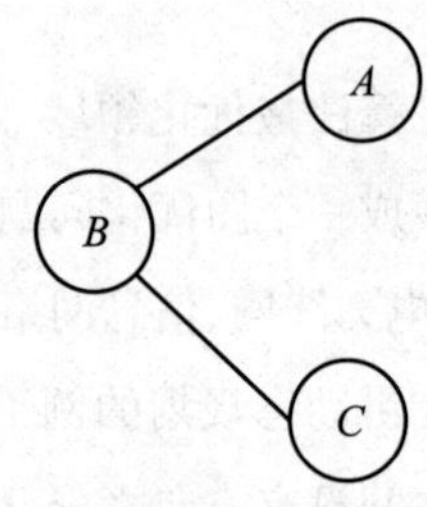

图8.3　连通分量

(3)强连通分量：在有向图中，如果对于每一对v_i和v_j，$v_i \neq v_j$，无论从v_i到v_j还是从v_j到v_i都存在路径，则称为强连通图。有向图中的极大强连通子图称为有向图的强连通分量。如图8.4所示，其中图8.4(a)不是强连通图，但图8.4(b)却是有向图的强连通分量。

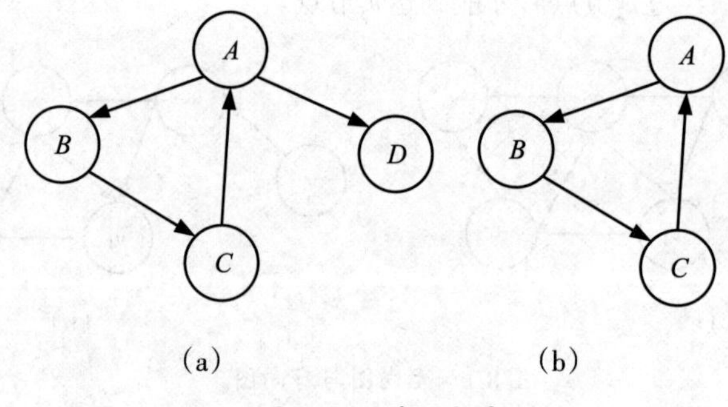

(a)　　(b)

图8.4　强连通分量

8.2 图的矩阵表示

对于图的存储和表示，一个常见的方式就是邻接矩阵。邻接矩阵是一个二维矩阵，其中矩阵的行和列表示顶点编号，值表示顶点之间的边信息。设图G有n个顶点，则邻接矩阵是一个$n \times n$的方阵，用$\boldsymbol{arch}$表示，方阵的元素$\boldsymbol{arch}[i,j]$定义为：

$$\boldsymbol{arch}[i,j]=\begin{cases}1,\text{如果}(v_i,v_j)\in E\\0,\text{否则}\end{cases}$$

还是以图8.4(a)为例。

根据图和邻接矩阵的定义，很容易写出对应的邻接矩阵，如表8.1所示。

表8.1 图的邻接矩阵

节点	*A*	*B*	*C*	*D*
A		1		1
B			1	
C	1			
D				

注意：对于有向图，$\boldsymbol{arch}[i,j] \neq \boldsymbol{arch}[j,i]$，而无向图则是$\boldsymbol{arch}[i,j] = \boldsymbol{arch}[j,i]$。在有向图中，通常用1表示$< v_i,v_j >$连通，用0表示$< v_i,v_j >$不连通。在实际问题中，还可以用$\boldsymbol{arch}[i,j]$表示城市之间的距离、运输的费用等。

下面以TSP问题讲解邻接矩阵在图分析中的应用。TSP问题(Traveling Salesman Problem)又称为旅行商问题，假设有一个旅行商人要拜访n个城市，他必须选择所要走的路径，路径的限制是每个城市只能拜访一次，而且最后要回到原来出发的城市。TSP在后面智能优化算法章节中会详细讲解。

问题：设有20个城市，要使任意两个城市之间能够直接通达，需要规划一条线路，使每个城市都能访问一次，且路线的总路程最短。

显然，这是一个无向图问题，设邻接矩阵$\boldsymbol{cost}[i,j]$表示城市i与城市j之间的距离，基于整数规划的思想，用0-1变量$X[i,j]$表示从城市i出发访问城市j。所以，在TSP问题中有两个邻接矩阵：$\boldsymbol{cost}[i,j]$表示距离；$X[i,j]$表示路径。TSP问题可以建模成一个0-1整数规划问题，其具体如下。

$$\min \sum_{i=1}^{I}\sum_{j=1}^{J} \boldsymbol{cost}[i,j] \times X[i,j]$$

$$s.t.\begin{cases} \sum_{i=1}^{I} X[i,j] = 1, j = 1,2....J \\ \sum_{j=1}^{J} X[i,j] = 1, i = 1,2....I \end{cases}$$

8.3 最小生成树

在计算机中，树是一个很重要的数据结构。生活中的很多组织关系就是以树的形式体现的，如家族图谱、省市县三级行政划分、企业组织架构、图书分类等，基于树的数据结构有极高的计算效率，因此很多图问题会转变成树的形式来求解。这里不会详细讲解树的相关知识，只讲算法中经常碰到的最小生成树。

在图网络中,一个无圈且连通的无向图称为树。需要注意的是,树先是无圈的,其次是连通的。如图8.5所示,其中图8.5(a)是一个连通图,而图8.5(b)是图8.5(a)的一棵树。

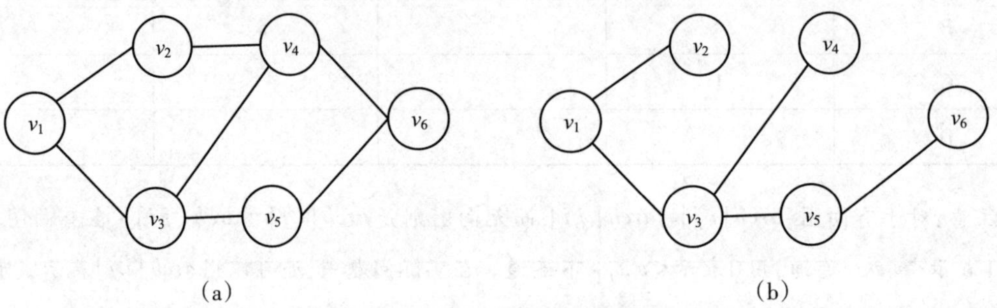

图8.5　图与树

最小生成树也称最小部分树,从图8.5中可以看出,不同的切割方法可以得到不同的树,树边的权值总和也不相同,如图8.6所示是通过两种不同的切割方法,得到了不同的两棵树。

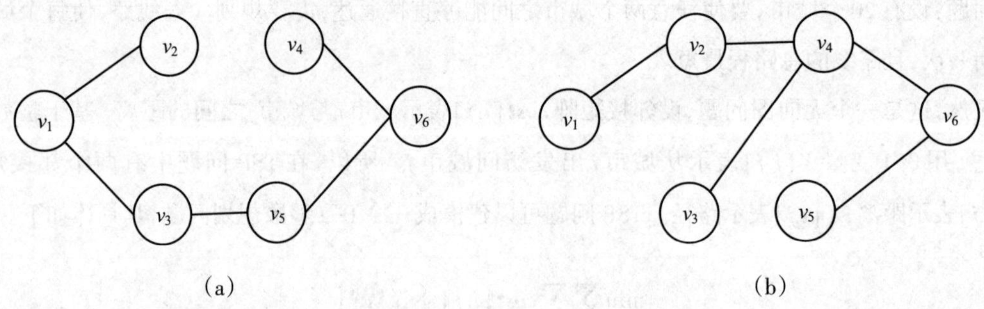

图8.6　最小生成树

权值总和是衡量切割优劣的一个指标,在大部分问题中,图经过切割后生成的树,其边权值总和最小的树,称为最小生成树。

在数学建模中,如果用图的数据结构求解比较麻烦,而用树的数据结构求解比较简单时,就会用到最小生成树,将图转成树来建模。在实际问题中,一个经典的案例就是村庄架设电话线问题,还是以图8.7为例,假设v_1~v_6表示6个村庄,网络边的权值标志村庄之间的距离,现在需要架设一条电话线构造成通信网,使每个村庄都能相互通信,且电话线的总长度最小。这同最短路径TSP问题有点相似,不同的是,在最短路径问题中,每个节点只能访问一次,而在村庄电话线问题中,有些节点是可以被访问多次的。

求解最小生成树的算法有很多,其中一个经典算法是Kruskal(克鲁斯卡尔)算法,其原理非常直观朴素:将连通图的边按权值从小到大排序,每一步从未选择的边中选择一条权值最小的边,逐条链接,直到获得最小生成树,在此过程中需要注意的是,判断添加边的过程是否会形成环路。

首先将所有边按权值从小到大排序位，按照这个顺序先取边(v_1,v_2)，然后取边(v_2,v_3)，再取(v_3,v_5)或(v_3,v_1)，但此时如果取(v_3,v_1)则会形成回环路，因此(v_3,v_1)舍弃掉。接下来取(v_5,v_4)，最后取(v_4,v_6)或(v_5,v_6)，因此最终得到的最小生成树有两种，而且树的权值和都是17，如图8.7所示。

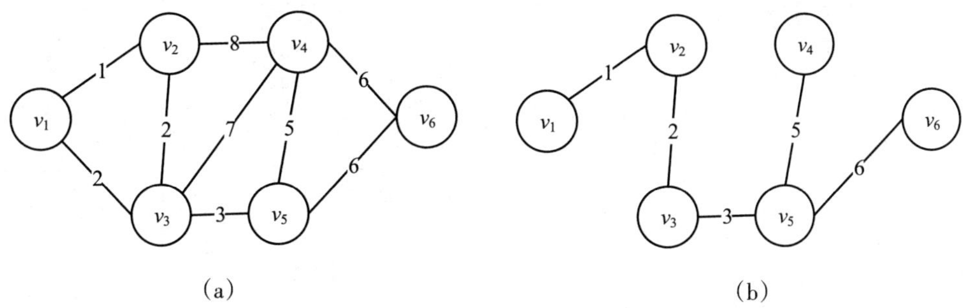

图8.7 最小生成树生成

为了使用Kruskal算法，下面介绍存储图的另一种数据结构：边集数组。边集数组是一个E行3列的矩阵，E是图的边集合数，存储的格式是：第1列是边的起点编号，第2列是边的终点编号，第3列是边的权值，图8.8的边集数组如表8.2所示。

表8.2 边集数组

起点	终点	值
v_1	v_2	1
v_1	v_3	3
v_2	v_4	8
……	……	……

有了边集数组，Kruskal算法的实现过程就很简单了。另外，还需要注意的是，在取新的边时，判断是否会形成环路的方法是，将之前选择过的顶点放到一个集合中，如果下次选择新的边时，其顶点在集合中，则说明形成回路。

最小生成树Kruskal算法的实现，如代码8-1所示。

```
# 代码8-1，Kruskal算法解最小生成树
import numpy as np

# 邻接矩阵
M = 99999
graph = np.array([
    [0, 1, 3, M, M, M],
    [1, 0, 2, 8, M, M],
```

```
    [3, 2, 0, 7, 3, M],
    [M, 8, 7, 0, 5, 6],
    [M, M, 3, 5, 0, 6],
    [M, M, M, 6, 6, 0]])

# 邻接矩阵转边集数组
edge_list = []
for i in range(graph.shape[0]):
    for j in range(graph.shape[0]):
        if graph[i][j] < M:
            edge_list.append([i, j, graph[i][j]])
edge_list.sort(key=lambda a: a[2])

# 最小生成树
group = [[i] for i in range(graph.shape[0])]
res = []
for edge in edge_list:
    for i in range(len(group)):
        if edge[0] in group[i]:
            m = i
        if edge[1] in group[i]:
            n = i
    if m != n:
        res.append(edge)
        group[m] = group[m] + group[n]
        group[n] = []

print("最小生成树是:", res)
# 最小生成树是: [[0, 1, 1], [1, 2, 2], [2, 4, 3], [3, 4, 5], [3, 5, 6]]
```

最小生成树如图8.8所示，需要注意的是，在代码8-1中，由于节点编号是从0开始的，而图中的节点编号是从1开始，因此代码输出的结果对应的图节点如下。

```
最小生成树是: [[1, 2, 1], [2, 3, 2], [3, 5, 3], [4, 5, 5], [4, 6, 6]]
```

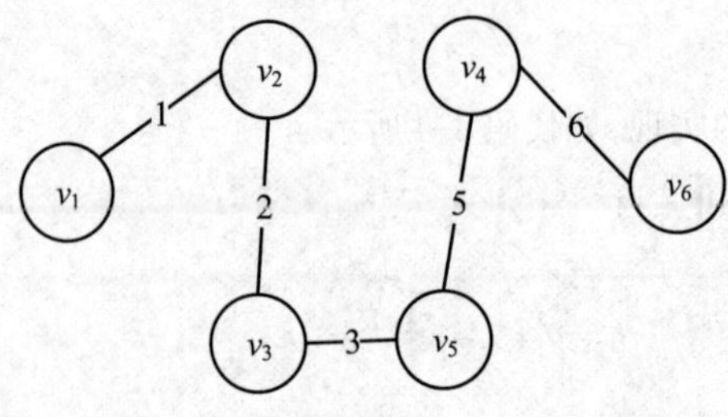

图8.8　最小生成树

8.4 最短路径问题

最短路径问题在动态规划章节中也曾讲到，即最短路径问题可通过贝尔曼最优原理及其递推方程求解，这是一种反向搜索方法。而在阶段不明确的情况下，可以用函数迭代法逐步正向搜索，直到指标函数衰减稳定得到最优解。这些算法都是基于这个原理建立，即在图网络分析中，若$\{v_1,v_2,\cdots,v_n\}$是从v_1到v_n的最短路径，则$\{v_1,v_2,\cdots,v_i\}$也必然是v_1到v_i的最短路径$(1\leqslant i\leqslant n)$。

用图网络理论来分析最短路径问题也是基于相同的原理，只不过动态规划属于反向搜索方法，而图分析属于正向搜索方法。图分析中解最短路径问题最常用的算法是Dijkstra（迪克斯特拉）算法，在一些书籍中也称为TP标号法。该算法的主要特点是以起始点为中心向外层扩展（广度优先搜索思想），直到扩展到终点为止。

1. Dijkstra算法的基本思路

通过Dijkstra算法计算图G中的最短路径时，需要指定起点s（从顶点s开始计算），此外需要引进两个集合P和T。P的作用是记录已求出最短路径的顶点（以及相应的最短路径长度），而T则是记录还未求出最短路径的顶点（以及该顶点到起点s的距离）。

（1）初始时，P只包含起点s，T包含除s外的其他顶点，且T中顶点的距离为“起点s到该顶点的距离”，如果T中顶点和起点s不相邻，则v的距离为∞。

（2）从T中选出距离最短的顶点k，并将顶点k加入到P中，同时从T中移除顶点k。

（3）更新T中各个顶点到起点s的距离。之所以更新T中顶点的距离，是由于上一步中确定了k是求出最短路径的顶点，从而可以利用k来更新其他顶点的距离。例如，(s,v)的距离可能大于$(s,k)+(k,v)$的距离。

重复步骤（2）和（3），直到遍历完所有顶点。

单纯看上面的理论可能比较难理解，下面通过实例来对Dijkstra进行讲解，如图8.9所示，需要找出一条从起点D到终点A的最短路径。

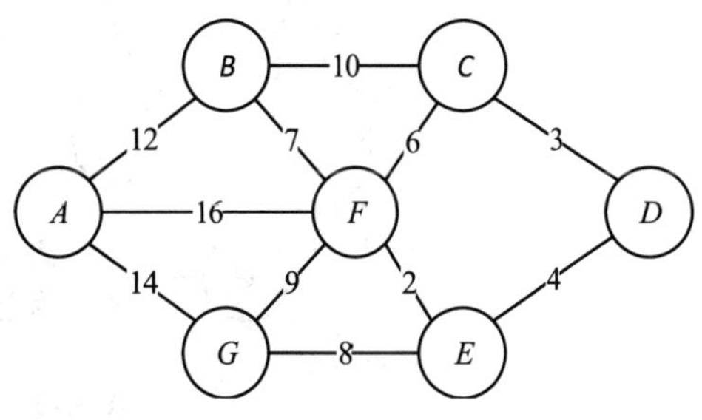

图8.9　最短路径网络

2. Dijkstra算法求解最短路径的步骤

（1）没有选择任何节点，将起点D放入P集合中，并计算D到起点的路径，当然D到D的路径为0，同时计算其他与D相邻的节点到D的距离，与D相邻的节点是C、E，其距离分别是3、4，其他节点与D不相邻，距离为∞，如图8.10所示。

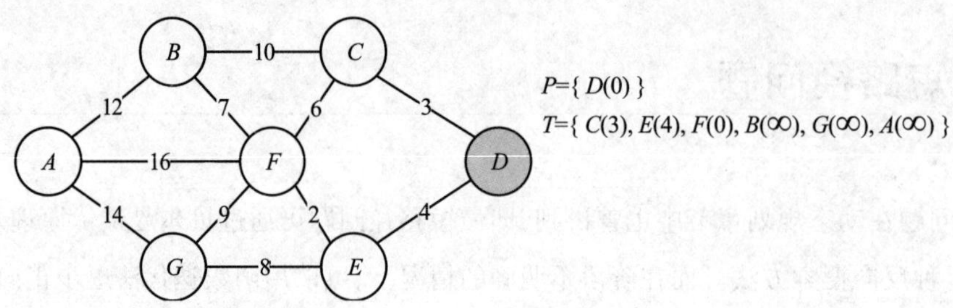

图8.10　Dijkstra算法迭代步骤1

(2)选择T集合中距离起点D路径最小的节点C,加入到P集合中,重新计算T集合中各节点到起点D的距离。由于E与D相连,故距离不变,而其余各节点由于没有与D相连,故需要计算其与P集合中各节点的距离,从而得到距离D的最短距离。如图8.11所示,B与C相连,故B到D的距离是13。

注意:F到D需要从P中选择中转节点,而不能在T中选择E作为中转节点,故F到$D(F \to C \to D)$的距离是6+3=9,而不是2+4=6($F \to E \to D$)。

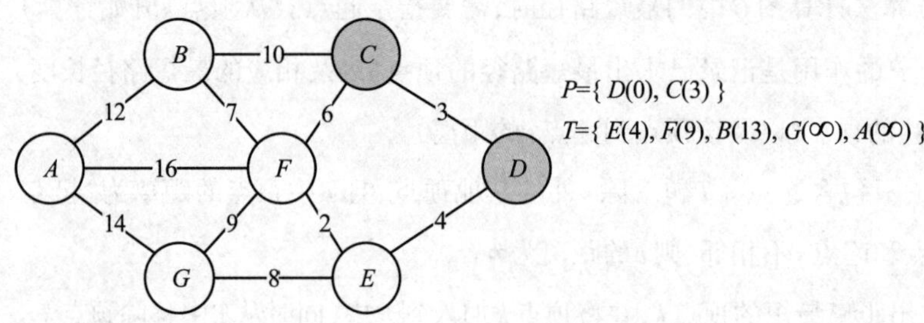

图8.11　Dijkstra算法迭代步骤2

(3)从T集合中选择距离节点D路径最短的节点E,加入到P集合中,重新计算T集合中各节点到节点D的最短距离,如图8.12所示。

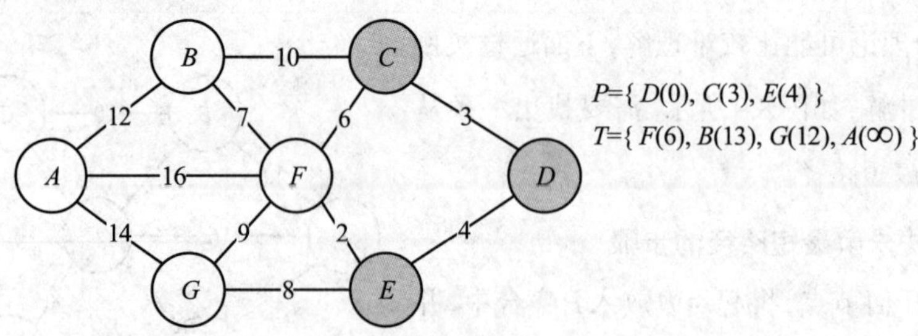

图8.12　Dijkstra算法迭代步骤3

(4)从T集合中选择距离节点D路径最短的节点F,加入到P集合中,重新计算T集合中各节点到节点D的最短距离,如图8.13所示。

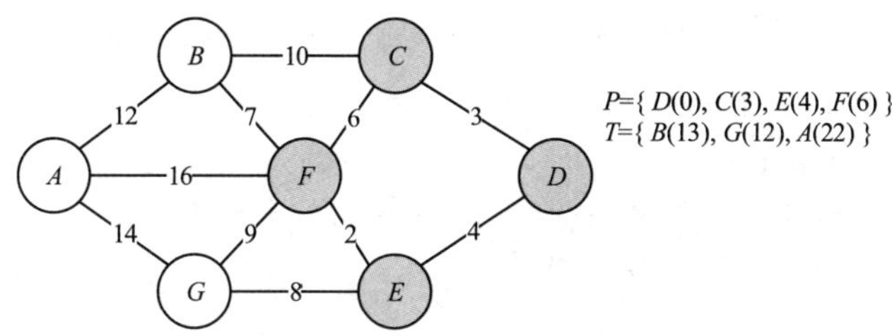

图 8.13　Dijkstra 算法迭代步骤 4

(5)从T集合中选择距离D路径最短的节点G,加入到P集合中,重新计算T集合中各节点到D的最短距离,如图8.14所示。

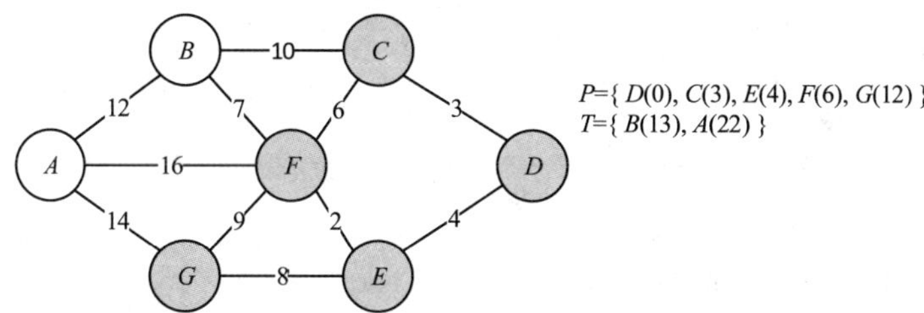

图 8.14　Dijkstra 算法迭代步骤 5

(6)从T集合中选择距离D路径最短的节点B,加入到P集合中,重新计算T集合中剩余的A节点到D的最短距离,如图8.15所示。

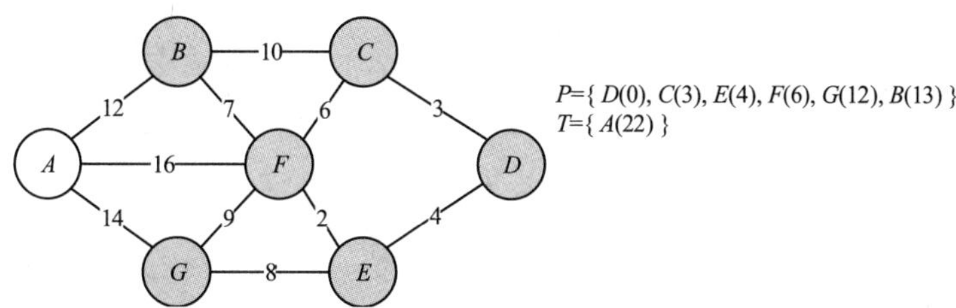

图 8.15　Dijkstra 算法迭代步骤 6

(7)将T集合中仅剩下的A节点加入到P集合中。此时遍历所有节点后,得到各节点到D的最短路径,如图8.16所示。

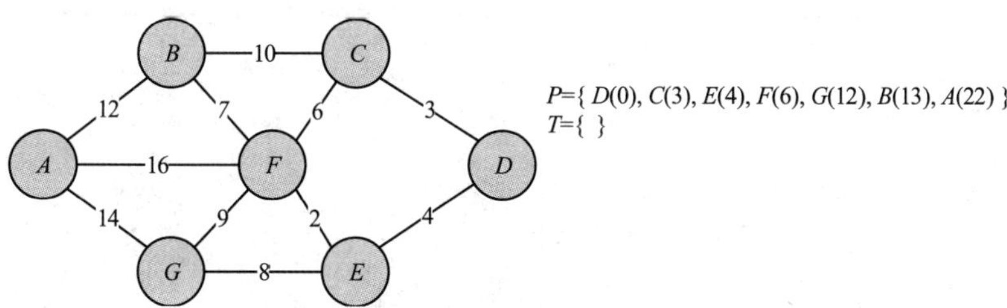

图 8.16　Dijkstra 算法迭代步骤 7

得到最短路径后，就可以根据之前的推导得到各点到节点D的具体路径了。针对上面的问题，可以使用代码来求解，如代码8-2所示。

```
# 代码8-2,Dijkstra最短路径问题
# 使用堆(heap)的数据结构,可以简单地认为heap就是有序的list
from heapq import heappop, heappush

def dijkstra(graph_dict, from_node, to_node):
    cost = -1
    ret_path = []
    T, P = [(0, from_node, ())], set()  # from_node->from_node的距离是0
    while T:
        # 从T中取出距离最近的节点
        (cost, v1, path) = heappop(T)
        # 如果最近的节点不在P中,就加入P
        if v1 not in P:
            P.add(v1)
            path = (v1, path)
            if v1 == to_node:  # 到达终点
                break
            # 将最新选择的节点V1的相邻节点,加入到T中
            for v2, c in graph_dict.get(v1, ()).items():
                if v2 not in P:
                    heappush(T, (cost + c, v2, path))
    # 找到路径后进行格式化
    if len(path) > 0:
        left = path[0]
        ret_path.append(left)
        right = path[1]
        while len(right) > 0:
            left = right[0]
            ret_path.append(left)
            right = right[1]
        ret_path.reverse()
    return cost, ret_path

def main():
    # 为方便编程,使用字典嵌套字典的数据结构存储图
    # 即 { from_node: { to_node1: cost1, to_node2: cost2 ...} ... }
    graph_dict = {
        'A': {'B': 12, 'G': 14, 'F': 16},
        'B': {'A': 12, 'C': 10, 'F': 7},
        'C': {'B': 10, 'D': 3, 'F': 6},
        'D': {'C': 3, 'E': 4},
        'E': {'D': 4, 'F': 2, 'G': 8},
        'F': {'B': 7, 'C': 6, 'E': 2, 'G': 9},
        'G': {'A': 16, 'F': 9, 'E': 8}
    }
    from_node = 'D'
    to_node = 'A'
```

```
    dijkstra(graph_dict, from_node, to_node)
    # 路径是:D->C->B->A
    # 距离是:25
```

代码的运行结果D->C->B->A,和前面的图形推导结果一致。在上面的代码中,使用到堆的数据结构,堆是一种树的数据结构,里面存放的元素是按大小排序好的,由于在Python中已经封装好了,如果不需要深入了解,则可以简单认为堆就是有序的列表,如上面代码中所使用的那样。

8.5 网络最大流问题

研究网络通过的流量也是生产管理中经常遇到的问题,如交通干线车辆最大通行能力、生产流水线产品最大加工能力、供水网络中最大水流量等。这类网络的弧有确定的容量(Capacity),虽然常用c_{ij}表示从节点i到节点j的弧最大流量,但实际上通过该弧的流量不一定能达到最大流量,因此常用f_{ij}表示通过弧的实际流量。

对于网络最大流研究的两个问题:一个是从网络的起点出发到网络终点所能达到的最大流量;另一个问题是,当求解网络最大流量后,分析限制网络流量最大化的关键弧,通过某些方法增加该弧的容量,使网络最大化流量增加更多。

如图8.17所示是一个简单的容量网络,v_1是网络的起点,v_6是网络的终点,弧上的数字表示弧的最大流量(容量),那么,如何安排各条弧的流量,才能使从起点到终点的网络总流量最大呢?

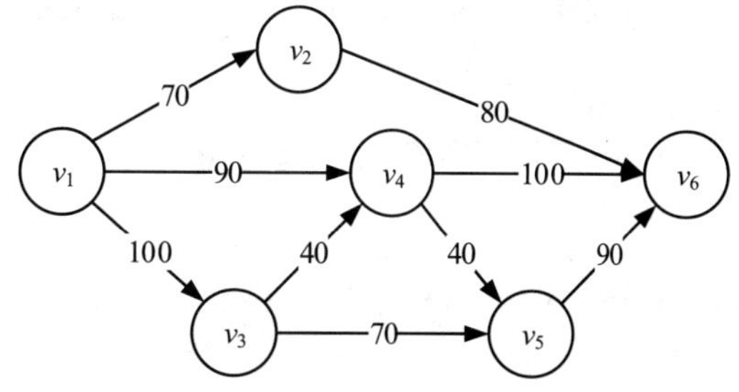

图8.17　网络最大流

从图中分析发现,网络最大流有以下3个基本特点。

(1)起点的流出量和终点的流入量相等。

(2)每个节点的流入量和流出量相等。

(3)每条弧的实际流量不能超过最大容量。

基于这3个特点,结合学习过的线性规划的知识,可以很容易建立起网络最大流的线性规划模型,这里用s表示起点v_1的编号,用e表示终点v_6的编号,具体如下:

$$\max V = \sum_{i=1}^{m} f_{si} = \sum_{i=1}^{n} f_{ie}$$

$$s.t.\begin{cases} \sum_{v} f_{iv} = \sum_{v'} f_{v'i},\ i \neq s,e \\ 0 \leqslant f_{ij} \leqslant c_{ij} \end{cases}$$

既然得到了线性规划模型的数学表达式，就可以使用Gurobi来实现网络最大流求解了。在Gurobi的安装目录下的example文件夹中也有类似的例子，如代码8-3所示。

```
# 代码8-3,网络最大流问题
# 为了方便编程,添加虚拟节点 0->1 和虚拟终点 6->7
import gurobipy as grb

# 定义网络
flow = {(0, 1): 99999, (1, 2): 70, (1, 3): 100, (1, 4): 90, (2, 6): 80,
        (3, 4): 40, (3, 5): 70, (4, 5): 40, (4, 6): 100, (5, 6): 90, (6, 7): 99999
        }
# 创建模型
arch, maxflow = grb.multidict(flow)
m = grb.Model("maxflow")
X = m.addVars(arch, name='X')

# 添加约束
for i, j in arch:
    # 对任意网络流不能超过最大流量
    m.addConstr(X[i, j] <= maxflow[i, j])
    if i == 0 or j == 7:
        continue
    else:
        m.addConstr(X.sum(i, '*') == X.sum('*', i))

# 添加目标函数
m.setObjective(X.sum(1, '*'), sense=grb.GRB.MAXIMIZE)
# 求解
m.optimize()
print("目标函数值:", m.objVal)
for i, j in arch:
    print("%d->%d: %d" % (i, j, X[i, j].x))
# 目标函数值: 260.0
# 0->1: 260
# 1->2: 70
# 1->3: 100
# 1->4: 90
# 2->6: 70
# 3->4: 40
# 3->5: 60
# 4->5: 30
# 4->6: 100
# 5->6: 90
```

除了使用Gurobi求解，还可以使用Google开源的Ortools工具来求解网络最大流问题，和大多数求解器一样，Ortools除了自带默认的数学规划求解器，还支持调用Gurobi、Cplex等作为底层优化的求解器。与Gurobi不同的是，Ortools针对常见网络优化问题的调用接口，可进行针对性的优化，而不是像

Gurobi中需要把问题建模成常规线性规划问题,然后再用标准的线性规划编程方法写代码。Ortools的详细使用方法可以参考官方文档及相应的代码,这里给出网络最大流的Ortools的代码,如代码8-4所示。

```
# 代码8-4,Ortools解网络最大流问题
from ortools.graph import pywrapgraph

# 定义 start->end 的弧容量
# 即 start_node[i] -> end_node[i] = capacities[i]
start_nodes = [1, 1, 1, 2, 4, 4, 3, 3, 5]
end_nodes = [2, 4, 3, 6, 6, 5, 4, 5, 6]
capacities = [70, 90, 100, 80, 100, 40, 40, 70, 90]
# 创建简单流
max_flow = pywrapgraph.SimpleMaxFlow()
# 添加节点和弧的约束
for i in range(len(start_nodes)):
    max_flow.AddArcWithCapacity(start_nodes[i], end_nodes[i], capacities[i])

# 求解 1->6 的最大流
if max_flow.Solve(1, 6) == max_flow.OPTIMAL:
    print('最大流是:', max_flow.OptimalFlow())
    print('   边     流量 / 边的最大流量')
    for i in range(max_flow.NumArcs()):
        print('%1s -> %1s    %3s  / %3s' % (
            max_flow.Tail(i),
            max_flow.Head(i),
            max_flow.Flow(i),
            max_flow.Capacity(i)))

# 结果如下
# 最大流是: 260
#    边     流量 / 边的最大流量
# 1 -> 2    70  /  70
# 1 -> 4    90  /  90
# 1 -> 3   100  / 100
# 2 -> 6    70  /  80
# 4 -> 6   100  / 100
# 4 -> 5    30  /  40
# 3 -> 4    40  /  40
# 3 -> 5    60  /  70
# 5 -> 6    90  /  90
```

结果表明Ortools和Gurobi的结果是一致的,因此该模型建模求解正确。

8.6 路径规划

路径规划描述的问题和最短路径问题类似，前面讲的最短路径问题是一维网络最短路径问题，网络使用节点和边来表达，而路径规划问题是二维坐标系中的最短路径问题，节点使用二维坐标表示，例如，地图、棋盘等场景的路径规划，在地图或棋盘中，每个坐标点表示一个节点，这样任意两个节点之间的路径搜索比之前讲的最短路径问题要多很多。在讲Dijkstra算法时得知，Dijkstra使用深度优先搜索或广度优先搜索对整个网络进行搜索，显然这种方法在二维坐标中耗费会更多，这就需要使用新的方法来解决路径规划问题。

路径规划问题中，常使用A*(A star)算法来求解这类问题，A*是一种广泛用于寻路和图遍历的算法，它是在多个点之间寻找路径的过程，因其性能和准确性而得到广泛的应用。A*可以看作是Dijkstra算法的延伸，A*通过使用启发式方法来指导搜索，从而获得更好的性能。

下面通过一个问题来讲解A*算法。如图8.18所示，在二维坐标系中，有A、B两点，假设要从A点移动到B点，但是这两点之间被一堵墙隔开，若上下左右的相邻节点距离均是10，对角线的节点距离是14，各个节点的编号为n_{xy}，此时该如何规划路径呢？

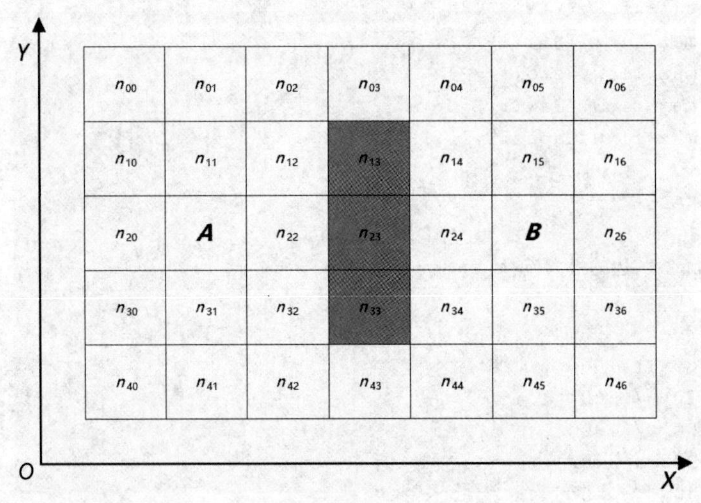

图8.18　路径规划地图

下面来分析如何规划路径。

A是起始节点，在开始寻路前，先将A节点放入已遍历列表(close list)中。

与A点相邻的8个节点都不是障碍物，是可达的，将其放入待遍历列表(open list)中，同时把A设置为这些节点的父节点，当追踪路径时，这些父节点的内容是很重要的。

A周围的8个节点都是可选择的，只需要从open list选一个与A相邻的节点，但是到底选择哪个节点好呢？方法是选择具有最小f值的那个，f的计算公式是：

$$f(n)=g(n)+h(n)$$

式中，$f(n)$为节点n的综合优先级。当选择下一个要遍历的节点时，就会选取综合优先级最高（值最小）的节点。$g(n)$是节点n距离起点A的代价（距离）。$h(n)$是节点n距离终点B的预估代价（距离），这也就是A*算法的启发函数，关于启发函数将在后续详细讲解。

下一步路径的产生：反复遍历open list，选择f值最小的节点。

$g(n)$的值可以直接计算，那$h(n)$的值如何计算呢？在这个的问题中，只允许朝上、下、左、右4个方向移动，因此选择曼哈顿距离（Manhattan Distance）来衡量，如果能朝任意方向移动，则使用欧氏距离（Euclidean Distance）来衡量。有意思的是，在计算$h(n)$时要忽略路径中的障碍物，不考虑对角线距离，这是对剩余距离的估算值，而不是实际值，因此才称为试探法。

A节点周围的8个节点的f值计算，如图8.19所示。

close list = { A }, open list = { n_{10},n_{11},n_{12},n_{20},n_{22},n_{30},n_{31},n_{32} }。因此选择n_{22}节点加到close list中，close list = { A, n_{22} }。

接下来继续搜索。检查n_{22}周围节点，忽略障碍物节点{ n_{42},n_{43},n_{44} }，将可达节点添加到open list，并将n_{22}设置为这些新添加节点的父节点，重新计算各个节点的f值，如图8.20所示。

n_{10} 14+60=74	n_{11} 10+50=60	n_{12} 14+40=54
n_{20} 10+50=60	***A***	n_{22} 10+30=40
n_{30} 14+60=74	n_{31} 10+50=60	n_{32} 14+40=54

图8.19 路径规划寻路计算1

n_{11}	n_{12}
A	n_{22}
n_{31}	n_{32} 14+40=54 (1) 20+40=60 (2)

图8.20 路径规划寻路计算2

通过观察，n_{32}节点发现路径（1）$A\rightarrow n_{32}$比路径（2）$A\rightarrow n_{22}\rightarrow n_{32}$的$f$值更优，此时路径可变更为$A\rightarrow n_{32}$。由于$A\rightarrow n_{32}$与$A\rightarrow n_{12}$的$f$值是相同的，在编程过程中一般选择最后加入open list的节点。

这里的思路和动态规划很相似，不仅需要考虑上一阶段最优，还需要考虑上上阶段对当前的影响，再往前的阶段对当前的影响就不需要考虑了。

接下来，把选择节点n_{32}加入到close list中，并将n_{32}周围的节点都添加到open list中，即：

close list = { A, n_{22}, n_{32} }, open list = { n_{10},n_{11},n_{12},n_{20},n_{30},n_{31} n_{41},n_{42},n_{43} }

同样计算open list中每个节点的f值，如图8.21所示。

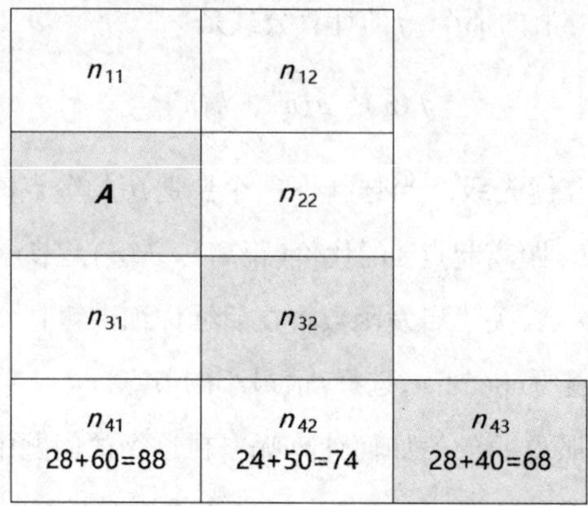

图 8.21 路径规划寻路计算3

计算f值后，选择最小的n_{41}节点添加到open list中。

不断重复上面的过程，直到将终点也加入到open list中，如图8.22所示。

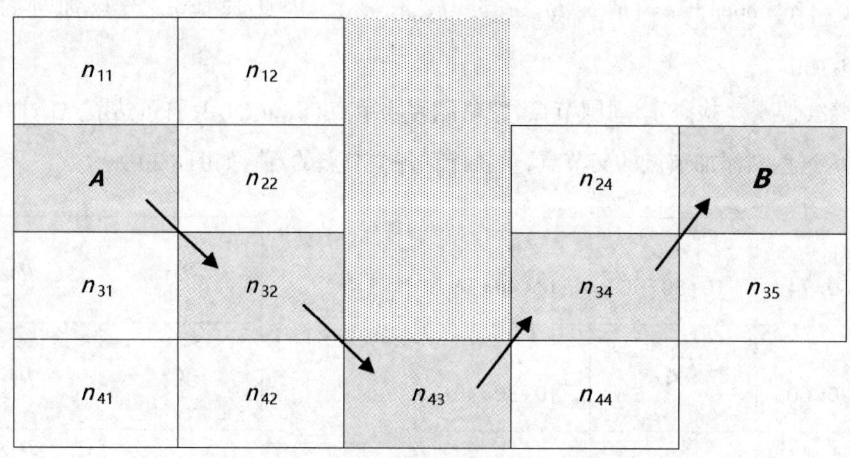

图 8.22 路径规划寻路结果

那么怎样去确定实际路径呢？很简单，从终点开始，根据箭头向父节点移动，这样就被带回到了起点，这就是最终的路径。

了解A*算法的原理和步骤后，接下来通过代码来实现A*算法。

如代码8-5所示，在代码中，先定义地图中每个点的坐标，并且定义了起点(用1表示)、终点(用3表示)、可通行点(用0表示)、障碍物点(用2表示)的表示方法。

```
# 代码8-5,A*路径规划
import numpy as np

# 地图
# 1:起点,3:终点,0:可通行,2:障碍物
map = np.array([[0, 0, 0, 0, 0, 0, 0],
```

```
                  [0, 0, 0, 2, 0, 0, 0],
                  [0, 0, 0, 2, 0, 0, 0],
                  [0, 0, 0, 2, 0, 0, 0],
                  [0, 0, 0, 0, 0, 0, 0]])

# 设置起点和终点的坐标
start_point = (2, 1)
end_point = (2, 5)
map[start_point] = 1
map[end_point] = 3

# 已遍历列表和待遍历列表
global openList
global closeList
openList = []
closeList = []

```

定义一个节点类，回顾Python编程方法中关于类的定义和使用，这里定义的类是节点类，该类的属性包括坐标点、到达此点的父节点，以及当前的g值和h值。这里并没有定义类的方法。

```
# 使用类来描述节点，可以存储更多信息
class Node:
    # 描述 A* 算法中的节点数据，包含坐标、父节点，以及g值和h值
    def __init__(self, point, g=0):
        self.point = point              # 自己的坐标
        self.father = None              # 父节点
        self.g = g                      # g值在用到时会重新算
        self.h = (abs(end_point[0] - point[0]) + abs(end_point[1] - point[1])) * 10   # 计算h值

```

下面定义一些搜索函数，用于搜索过程中对节点的操作。

```
def get_minF_node():
    """ 获得openlist中f值最小的节点 """
    global openList
    currentNode = openList[0]
    for node in openList:
        if node.g + node.h < currentNode.g + currentNode.h:
            currentNode = node
    return currentNode

def point_in_closeList(point):
    """判断节点是否在clost_list中"""
    global closeList
    for node in closeList:
        if node.point == point:
            return True
    return False
```

```
def point_in_openList(point):
    """根据坐标判断节点是否在open_list中,有就取出给节点"""
    global openList
    for node in openList:
        if node.point == point:
            return node
    return None

def end_point_in_closeList():
    """结束判断,终点是否在openList中,有就返回终点"""
    global openList
    for node in openList:
        if node.point == end_point:
            return node
    return None

def is_validate_point(point):
    """判断节点是否越界,以及是否有障碍物"""
    if point[0] < 0 or point[0] >= map.shape[0]-1 or point[1]< 0 or point[1] >=
        map.shape[1] - 1:
        return False
    elif map[point] == 2:
        return False
    else:
        return True

```

下面的邻域搜索函数是核心,首先尝试移动一下,然后判断当前节点是否更优,如果是更优就更新,否则就放弃该节点的尝试。

```
def search_near(minF, offsetX, offsetY):
    """
    搜索节点周围的点
    :param minF:F值最小的节点
    :param offsetX: 坐标偏移量,即上下左右对角移动
    :param offsetY:
    """
    global openList
    new_point = (minF.point[0] + offsetX, minF.point[1] + offsetY)
    # 判断周围的点是否可行
    if not is_validate_point(new_point):
        return
    # 如果在关闭表中,就忽略
    currentPoint = (minF.point[0] + offsetX, minF.point[1] + offsetY)
    if point_in_closeList(currentPoint):
        return
    # 设置单位花费
    if offsetX == 0 or offsetY == 0:
```

```
        g = 10
    else:
        g = 14
    # 如果不在openList中，就把它加入openList
    currentNode = point_in_openList(currentPoint)
    if not currentNode:
        currentNode = Node(currentPoint, g=minF.g + g)
        currentNode.father = minF
        openList.append(currentNode)
        return
    # 如果在openList中，判断minF到当前点的g是否更小
    if minF.g + g < currentNode.g:  # 如果更小，就重新计算g值，并且改变father
        currentNode.g = minF.g + g
        currentNode.father = minF

```

用主函数定义路径规划搜索主流程。

```
def a_star():
    global openList
    global closeList
    openList.append(Node(start_point))
    # 主循环逻辑
    while True:
        # 找到F值最小的点
        minF = get_minF_node()
        # 把这个点加入closeList中，并且在openList中删除它
        closeList.append(minF)
        openList.remove(minF)
        # 判断这个节点的上下左右节点及对角线节点
        search_near(minF, -1, 0)            # 左边
        search_near(minF, 1, 0)             # 右边
        search_near(minF, 0, 1)             # 上边
        search_near(minF, 0, -1)            # 下边
        search_near(minF, -1, 1)            # 左上角
        search_near(minF, -1, -1)           # 左下角
        search_near(minF, 1, 1)             # 右上角
        search_near(minF, 1, -1)            # 右下角
        # 判断是否终止
        point = end_point_in_closeList()
        # 如果终点在closeList中，就返回结果
        if point:
            cPoint = point
            pathList = []
            while True:
                if cPoint.father:
                    pathList.append(cPoint.point)
                    cPoint = cPoint.father
                else:
                    # break
```

```
                    return list(reversed(pathList))
                    # print('abc')
        if len(openList) == 0:
            return None
            # print('abc')

# 运行
a_star()
# (1, 2)->(0, 3)->(1, 4)->(2, 5)]
```

结果和前面的推导不一致，前面的推导是从下方搜索，而程序结果是从上方搜索，由于地图是左右对称的，因此可以认为程序结果与前面的推导是一致的。

关于A*算法的扩展有不少的变种，使用较广的包括Anytime Repairing A (ARA*)、Dynamic A (D*)、Field D*、Block A*等，有兴趣的读者可以阅读相关资料。

8.7 VRP问题

VRP（Vehicle Routing Problem，车辆路径问题）是TSP问题的扩展，是交通物流领域的研究热点。

这里以物流配送场景为例介绍VRP问题。某配送中心对一定区域内的客户（需求点）进行货物配送服务，每个客户的货物配送量小于车辆最大装载量，且每个客户距离配送中心，以及各个客户间的距离是已知的，通常不存在只需要一辆车跑一趟就能满足全部客户的配送需求，否则VRP就退化为TSP问题，一般来说，需要几辆车或一辆车跑多趟才能满足全部客户的配送需求。此时需要解决的问题有以下两点。

（1）哪些客户的货物应该分配到同一辆车上。

（2）每辆车对客户服务的次序是什么。

对VRP问题建模，设某配送中心有m辆车，需要对k个客户（节点）进行运输配送，每个客户的货物需求量是$d_i(i=1,2,\cdots,k)$，每辆配送车的最大载重量是Q，设c_{ij}表示客户i到客户j的运输成本，如时间、路程、花费等，配送中心编号为0，各客户编号为$i(i=1,2,\cdots,k)$，定义两个2值变量$x_{ijs}\in\{0,1\}$和$y_{is}\in\{0,1\}$，如果车辆S由i行驶到j，则$x_{ijs}=1$，否则$x_{ijs}=0$，如果客户i的货物由车辆S完成，则$y_{is}=1$，否则$y_{is}=0$，如下所示。

$$x_{ijs}=\begin{cases}1, 车s由i行驶至j\\0, 否则\end{cases}$$

$$y_{is}=\begin{cases}1, 客户i的货物由s车完成\\0, 否则\end{cases}$$

由此建立数学模型,即:

$$\min Z=\sum_{i=0}^{K}\sum_{j=0}^{K}\sum_{s=0}^{M}c_{ij}x_{ijs}$$

对于数学模型的约束条件有如下几个。

(1)车辆的装载量不能超过最大装载量,即:

$$\sum_{i=0}^{K}g_iy_{is}\leqslant Q, s=1,2,\cdots,M$$

(2)每个客户的配送任务仅由其中的一辆车完成,而所有的任务由M辆车协同完成,即:

$$\sum_{s=1}^{M}y_{is}=\begin{cases}1, i=1,2,\cdots,K\\M, i=0\end{cases}$$

(3)达到某一客户的车辆有且只有一辆,从某一客户离开的车辆也有且只有一辆,即:

$$\sum_{i=0}^{K}x_{ijs}=y_{js}, j=1,2,\cdots,K; s=1,2,\cdots,M$$

$$\sum_{j=0}^{K}x_{ijs}=y_{is}, i=1,2,\cdots,K; s=1,2,\cdots,M$$

初看,这是一个整数规划问题,可尝试使用Gurobi来求解,然而在实际问题中,规模比较大的情况下,通常使用智能优化算法如遗传算法来求解,即使是建模成整数规划问题,也会通过构造合适的模型结构进而使用列生成算法来求解大规模整数规划问题。

针对上面的模型,如果是小规模VRP问题,可尝试使用Gurobi编程求解,如代码8-6所示。

```
# 代码8-6,Gurobi解VRP问题
import math
import networkx
import gurobipy as grb

def vrp(V, c, m, q, Q):
    """
    求解VRP问题
    :param V: 节点的列表
    :param c: c[i,j] 表示i->j的距离
    :param m: 车辆数量
```

```
    :param q: q[i] 表示客户i的需求量
    :param Q: 车辆的容量
    :return:
    """

    def vrp_callback(model, where):
        # 添加约束以消除不可行的解决方案
        if where != grb.GRB.callback.MIPSOL:
            return
        edges = []
        for (i, j) in x:
            if model.cbGetSolution(x[i, j]) > 0.5:
                if i != V[0] and j != V[0]:
                    edges.append((i, j))
        G = networkx.Graph()
        G.add_edges_from(edges)
        Components = networkx.connected_components(G)
        for S in Components:
            S_card = len(S)
            q_sum = sum(q[i] for i in S)
            NS = int(math.ceil(float(q_sum) / Q))
            S_edges = [(i, j) for i in S for j in S if i < j and (i, j) in edges]
            if S_card >= 3 and (len(S_edges) >= S_card or NS > 1):
                model.cbLazy(grb.quicksum(x[i, j] for i in S for j in S if
                     j > i) <= S_card - NS)
                print("adding cut for", S_edges)
        return

    model = grb.Model("vrp")
    x = {}
    for i in V:
        for j in V:
            if j > i and i == V[0]:  # depot
                x[i, j] = model.addVar(ub=2, vtype="I", name="x(%s,%s)" % (i, j))
            elif j > i:
                x[i, j] = model.addVar(ub=1, vtype="I", name="x(%s,%s)" % (i, j))
    model.update()

    model.addConstr(grb.quicksum(x[V[0], j] for j in V[1:]) == 2 * m, "DegreeDepot")
    for i in V[1:]:
        model.addConstr(grb.quicksum(x[j, i] for j in V if j < i) +
             grb.quicksum(x[i, j] for j in V if j > i) == 2, "Degree(%s)" % i)

    model.setObjective(grb.quicksum(c[i][j] * x[i, j] for i in V for j in V
        if j > i), grb.GRB.MINIMIZE)

    model.update()
    model.__data = x
    return model, vrp_callback
```

```

def make_data():
    """生成数据"""
    # 节点的编号
    V = range(17)
    # 每个节点的需求量,0表示起始节点没有需求
    q = [0, 1, 1, 2, 4, 2, 4, 8, 8, 1, 2, 1, 2, 4, 4, 8, 8]
    # 车辆的数量m及每辆车的容量Q
    m = 4
    Q = 15
    c = [
    [0, 548, 776, 696, 582, 274, 502, 194, 308, 194, 536, 502, 388, 354, 468, 776, 662],
    [548, 0, 684, 308, 194, 502, 730, 354, 696, 742, 1084, 594, 480, 674, 1016, 868, 1210],
    [776, 684, 0, 992, 878, 502, 274, 810, 468, 742, 400, 1278, 1164, 1130, 788, 1552, 754],
    [696, 308, 992, 0, 114, 650, 878, 502, 844, 890, 1232, 514, 628, 822, 1164, 560, 1358],
    [582, 194, 878, 114, 0, 536, 764, 388, 730, 776, 1118, 400, 514, 708, 1050, 674, 1244],
    [274, 502, 502, 650, 536, 0, 228, 308, 194, 240, 582, 776, 662, 628, 514, 1050, 708],
    [502, 730, 274, 878, 764, 228, 0, 536, 194, 468, 354, 1004, 890, 856, 514, 1278, 480],
    [194, 354, 810, 502, 388, 308, 536, 0, 342, 388, 730, 468, 354, 320, 662, 742, 856],
    [308, 696, 468, 844, 730, 194, 194, 342, 0, 274, 388, 810, 696, 662, 320, 1084, 514],
    [194, 742, 742, 890, 776, 240, 468, 388, 274, 0, 342, 536, 422, 388, 274, 810, 468],
    [536, 1084, 400, 1232, 1118, 582, 354, 730, 388, 342, 0, 878, 764, 730, 388, 1152, 354],
    [502, 594, 1278, 514, 400, 776, 1004, 468, 810, 536, 878, 0, 114, 308, 650, 274, 844],
    [388, 480, 1164, 628, 514, 662, 890, 354, 696, 422, 764, 114, 0, 194, 536, 388, 730],
    [354, 674, 1130, 822, 708, 628, 856, 320, 662, 388, 730, 308, 194, 0, 342, 422, 536],
    [468, 1016, 788, 1164, 1050, 514, 514, 662, 320, 274, 388, 650, 536, 342, 0, 764, 194],
    [776, 868, 1552, 560, 674, 1050, 1278, 742, 1084, 810, 1152, 274, 388, 422, 764, 0, 798],
    [662, 1210, 754, 1358, 1244, 708, 480, 856, 514, 468, 354, 844, 730, 536, 194, 798, 0]]
    return V, c, q, m, Q

def main():
    V, c, q, m, Q = make_data()
    model, vrp_callback = vrp(V, c, m, q, Q)

    model.params.DualReductions = 0
    model.params.LazyConstraints = 1
    model.optimize(vrp_callback)
    x = model.__data

    edges = []
    for (i, j) in x:
        if x[i, j].X > .5:
            if i != V[0] and j != V[0]:
                edges.append((i, j))

    print("最优解是:", model.objVal)
    print("最优路径是:")
    print(sorted(edges))
```

```
    # [(1, 4), (1, 7), (2, 6), (2, 8), (3, 4), (5, 6), (9, 14), (10, 16), (11, 12),
        (11, 15), (13, 15), (14, 16)]
```

在上面的代码中，VRP函数是求解的核心，通过添加割平面来求解整数规划问题，同时使用callback函数来修改模型的结构，使模型能够快速求解问题。

VRP问题是运筹优化中一类普遍又重要的问题，Google开源的运筹优化求解器Ortools针对这类问题有专门的调用接口，前面提到的VRP问题就是车辆容量限制的CVRP问题，如果是时间窗约束，如寄快递会指定快递员上门取件的时间段，这就是时间窗口约束的VRP问题，即VRPTW。在配货场景中，因仓库装卸能力有限，只能同时对两辆车进行装卸，那么其他车就需要等待前面的车装卸完成。相似的场景还有飞机场的飞机调度问题，由于飞机场的机位是有限的，如何安排飞机的起降时间和顺序就显得尤为重要，这类问题是资源约束的VRP问题，即VRRC。这些类常见问题Ortools提供了现成的解决方案，下面用Ortools来求解上述的VRP问题，如代码8-7所示。

```
# 代码8-7,ortools解VRP问题
from __future__ import print_function
from ortools.constraint_solver import routing_enums_pb2
from ortools.constraint_solver import pywrapcp

def create_data_model():
    # 生成测试数据
    data = {}
    # 客户 i->j 的距离矩阵
    data['distance_matrix'] = [
    [0, 548, 776, 696, 582, 274, 502, 194, 308, 194, 536, 502, 388, 354, 468, 776, 662],
    [548, 0, 684, 308, 194, 502, 730, 354, 696, 742, 1084, 594, 480, 674, 1016, 868, 1210],
    [776, 684, 0, 992, 878, 502, 274, 810, 468, 742, 400, 1278, 1164, 1130, 788, 1552, 754],
    [696, 308, 992, 0, 114, 650, 878, 502, 844, 890, 1232, 514, 628, 822, 1164, 560, 1358],
    [582, 194, 878, 114, 0, 536, 764, 388, 730, 776, 1118, 400, 514, 708, 1050, 674, 1244],
    [274, 502, 502, 650, 536, 0, 228, 308, 194, 240, 582, 776, 662, 628, 514, 1050, 708],
    [502, 730, 274, 878, 764, 228, 0, 536, 194, 468, 354, 1004, 890, 856, 514, 1278, 480],
    [194, 354, 810, 502, 388, 308, 536, 0, 342, 388, 730, 468, 354, 320, 662, 742, 856],
    [308, 696, 468, 844, 730, 194, 194, 342, 0, 274, 388, 810, 696, 662, 320, 1084, 514],
    [194, 742, 742, 890, 776, 240, 468, 388, 274, 0, 342, 536, 422, 388, 274, 810, 468],
    [536, 1084, 400, 1232, 1118, 582, 354, 730, 388, 342, 0, 878, 764, 730, 388, 1152, 354],
    [502, 594, 1278, 514, 400, 776, 1004, 468, 810, 536, 878, 0, 114, 308, 650, 274, 844],
    [388, 480, 1164, 628, 514, 662, 890, 354, 696, 422, 764, 114, 0, 194, 536, 388, 730],
    [354, 674, 1130, 822, 708, 628, 856, 320, 662, 388, 730, 308, 194, 0, 342, 422, 536],
    [468, 1016, 788, 1164, 1050, 514, 514, 662, 320, 274, 388, 650, 536, 342, 0, 764, 194],
    [776, 868, 1552, 560, 674, 1050, 1278, 742, 1084, 810, 1152, 274, 388, 422, 764, 0, 798],
    [662, 1210, 754, 1358, 1244, 708, 480, 856, 514, 468, 354, 844, 730, 536, 194, 798, 0],
    ]
    # 每个节点的需求量,0表示起始节点没有需求
    data['demands'] = [0, 1, 1, 2, 4, 2, 4, 8, 8, 1, 2, 1, 2, 4, 4, 8, 8]
    # 有4辆车,以及每辆车的最大装载容量
    data['vehicle_capacities'] = [15, 15, 15, 15]
```

```
    # 车辆数量
    data['num_vehicles'] = 4
    # 配送中心编号,假设所有的车辆都从同一地点出发
    data['depot'] = 0
    return data

```

print_solution 函数输出求解后的结果,这里也可以添加代码将 VRP 中各车辆的行驶轨迹绘制出来。

```
def print_solution(data, manager, routing, assignment):
    # 打印每辆车的路线(访问的位置),以及路线的距离
    # 注意,这些距离包括从仓库到路线中第一个位置的距离,以及从最后一个位置返回仓库的距离
    # IndexToNode, NextVar 函数和前面的TSP问题是相同的意思
    total_distance = 0
    total_load = 0
    for vehicle_id in range(data['num_vehicles']):
        index = routing.Start(vehicle_id)
        plan_output = '车辆 {}:\n'.format(vehicle_id)
        route_distance = 0
        route_load = 0
        while not routing.IsEnd(index):
            node_index = manager.IndexToNode(index)
            route_load += data['demands'][node_index]
            plan_output += ' {0} 累积装载({1}) -> '.format(node_index, route_load)
            previous_index = index
            index = assignment.Value(routing.NextVar(index))
            route_distance += routing.GetArcCostForVehicle(
                previous_index, index, vehicle_id)
        plan_output += ' {0} 累积装载({1})\n'.format(manager.IndexToNode(index),
            route_load)
        plan_output += '总行驶距离: {}m\n'.format(route_distance)
        plan_output += '总装载量: {}\n'.format(route_load)
        print(plan_output)
        total_distance += route_distance
        total_load += route_load
    print('所有车辆总距离: {}m'.format(total_distance))
    print('所有车辆总装载量: {}'.format(total_load))

```

使用主函数定义VRP路由模型,并定义各回调函数,然后求解。

```
def main():
    # 生成测试数据
    data = create_data_model()
    # 创建模型
    manager = pywrapcp.RoutingIndexManager(len(data['distance_matrix']),
        data['num_vehicles'], data['depot'])
    routing = pywrapcp.RoutingModel(manager)

```

```
    # 回调函数,用于计算两个节点间的距离
    def distance_callback(from_index, to_index):
        from_node = manager.IndexToNode(from_index)
        to_node = manager.IndexToNode(to_index)
        return data['distance_matrix'][from_node][to_node]

    transit_callback_index = routing.RegisterTransitCallback(distance_callback)
    # 定义网络中各条边的成本
    routing.SetArcCostEvaluatorOfAllVehicles(transit_callback_index)

    # 添加容量约束,返回每个节点的需求量
    def demand_callback(from_index):
        from_node = manager.IndexToNode(from_index)
        return data['demands'][from_node]

    demand_callback_index = routing.RegisterUnaryTransitCallback(
        demand_callback)
    routing.AddDimensionWithVehicleCapacity(
        demand_callback_index,
        0,  # null capacity slack
        data['vehicle_capacities'],  # 车辆最大装载量
        True,  # "累积到零"的意思应该和"装了这么多剩余空间还能装多少"差不多
        'Capacity')
    # 必须指定启发式方法找到第一个可行解
    search_parameters = pywrapcp.DefaultRoutingSearchParameters()
    search_parameters.first_solution_strategy = (
        routing_enums_pb2.FirstSolutionStrategy.PATH_CHEAPEST_ARC)
    # 求解并打印结果
    assignment = routing.SolveWithParameters(search_parameters)
    if assignment:
        print_solution(data, manager, routing, assignment)


if __name__ == '__main__':
    main()
```

运行上面的代码,输出结果如下。

```
# 车辆 0:
#  0 累积装载(0) -> 1 累积装载(1) -> 4 累积装载(5) -> 3 累积装载(7) -> 15 累积装载(15)
#   -> 0 累积装载(15)
# 总行驶距离: 2192m,总装载量: 15
# 车辆 1:
#  0 累积装载(0) -> 14 累积装载(4) -> 16 累积装载(12) -> 10 累积装载(14) -> 2 累积装载(15)
#   ->  0 累积装载(15)
# 总行驶距离: 2192m,总装载量: 15
# 车辆 2:
#  0 累积装载(0)-> 7 累积装载(8) -> 13 累积装载(12) -> 12 累积装载(14) -> 11 累积装载(15)
#   ->  0 累积装载(15)
```

```
# 总行驶距离: 1324m,总装载量: 15
# 车辆 3:
#  0 累积装载(0) -> 9 累积装载(1) ->  8 累积装载(9) -> 6 累积装载(13) -> 5 累积装载(15)
#    ->  0 累积装载(15)
# 总行驶距离: 1164m,总装载量: 15
# 所有车辆总距离: 6872m
# 所有车辆总装载量: 60
```

从使用效果看,由于Ortools进行了高级封装,所以使用起来更加方便,只需要定义网络参数和节点需求量即可,而使用Gurobi则需要理解模型,编写对应的整数规划求解代码,因此对掌握算法原理和编程技巧提出了更高的要求。

8.8 本章小结

在本章中讲解了图与网络分析的基本概念,常见模型如最小生成树、最短路径问题、网络最大流、路径规划、VRP等模型的原理和代码编程。图与网络分析在现实生活中的应用非常广泛,如物流、交通网络、资源调度等,这些应用场景往往都比较复杂,而且规模很大,此时精确解法如分支定界、割平面法等无法在有限时间内给出最优解,针对大规模优化问题,往往使用列生成法,或者智能优化算法如遗传算法、粒子群算法、大规模邻域搜索等。

第 9 章 智能优化算法

在前面讲的优化问题所使用的方法都是基于梯度方法的，梯度方法是数学解析方法，有完善的数理逻辑和严谨的推理过程。在优化领域，还有另外一类方法，就是智能优化算法。它要解决的一般是最优化问题，这类算法有一个共同的特点就是模拟自然过程，如粒子群算法模拟的是鸟群捕食、遗传算法模拟的是生物种群进化、蚁群算法模拟的是蚂蚁觅食等。

智能优化算法虽然没有传统数学严谨的推导过程，但在实际应用中效果不错，因此得到了广泛的研究和使用。随着计算机技术的快速发展，智能优化算法在一定程度上解决了大空间、非线性、全局寻优、组合优化等复杂问题，在运筹优化领域，如果是中小规模问题，一般可使用求解器求解。

常用的智能优化算法有遗传算法、粒子群算法、模拟退火算法、禁忌搜索算法、蚁群算法、差分进化算法等，本章将讲解使用比较广泛的两种算法，即粒子群算法和遗传算法。

本章主要内容：

- 粒子群算法
- 遗传算法

9.1 粒子群算法

粒子群算法(Particle Swarm Optimization,PSO)的思想源于对鸟群捕食行为的研究,它模拟鸟群飞行觅食的行为。在捕食时,鸟之间通过集体的协作使群体行为达到最优目的,这是一种基于群体智能的优化方法。它没有遗传算法的交叉和变异操作,只通过追随当前搜索到的最优值来寻找全局最优。粒子群算法与其他现代优化方法相比的一个明显特色就是所需要调整的参数很少、简单易行,且收敛速度快,已成为现代优化方法领域研究的热点。

9.1.1 粒子群算法原理

粒子群算法是指模拟鸟群捕食过程的算法,它的基本核心是利用群体中的个体对信息的共享,使整个群体的运动在问题求解空间中产生从无序到有序的演化过程,从而获得问题的最优解。利用一个有关PSO的经典描述来对该算法进行直观描述,设想这么一个场景:一群鸟正在觅食,而远处有一片玉米地,但所有的鸟都不知道玉米地具体在哪里,只知道自己当前的位置距离玉米地有多远。那么找到玉米地的最佳策略即最简单有效的策略,就是搜寻当前距离玉米地最近的鸟的周围区域。PSO就是从这种群体觅食的行为中得到了启示,从而构建的一种优化模型。

在PSO中,每个优化问题的解都是搜索空间中的一只鸟,称之为"粒子",而问题的最优解就对应为鸟群要寻找的"玉米地"。所有的粒子都具有一个位置向量(粒子在解空间的位置)和速度向量(决定下次飞行的方向和速度),并可以根据目标函数来计算当前的所在位置的适应值,可以将其理解为距离"玉米地"的距离。在每次的迭代中,种群中的粒子除了根据自身的"经验"(历史位置)进行学习,还可以根据种群中最优粒子的"经验"来学习,从而确定下一次迭代时需要如何调整和改变飞行的方向和速度。就这样逐步迭代,最终整个种群的粒子就会逐步趋于最优解。

粒子群算法的信息共享机制可以解释为一种共生合作的行为,即每个粒子都在不停地搜索,并且其搜索行为在不同程度上受到群体中其他个体的影响,同时这些粒子还具备对所经历最佳位置的记忆能力,即其搜索行为在受其他个体影响的同时,还受到自身经验的引导。基于独特的搜索机制,粒子群算法首先生成初始种群,即在可行解空间和速度空间随机地初始化粒子的速度与位置,其中粒子的位置用于表征问题的可行解,然后通过种群间粒子个体的合作与竞争来求解优化问题。

虽然PSO算法是仿生优化算法,但是其数学原理很简单,下面来推导一下其中的过程。

在一个空间n中,以$\boldsymbol{X}_i=(x_{i1},x_{i2},\cdots,x_{in})$表示第$i$个粒子(鸟)的位置向量,以$\boldsymbol{V}_i=(v_{i1},v_{i2},\cdots,v_{in})$表示第$i$个粒子的速度向量,对于第$i$个粒子,速度向量的迭代公式是:

$$\boldsymbol{V}_i^{t+1}=\boldsymbol{V}_{i-1}^{t}+c_1r_1(\boldsymbol{Pbest}_i-\boldsymbol{X}_i)+c_2r_2(\boldsymbol{Gbest}-\boldsymbol{X}_i)$$

位置的迭代公式是:

$$X_i^{t+1} = X_i^t + V_i^{t+1}$$

其中$Pbest_i$表示粒子i的历史最佳位置,$Gbest$表示整个群体的历史最佳位置。c_1、c_2为学习因子,也称加速常数,r_1和r_2为[0,1]范围内的均匀随机数。更新速度的式子由三部分组成。

(1)“惯性”或“动量”部分,反映了粒子的运动“习惯”,代表粒子维持自己先前速度的趋势。

(2)“认知”部分,反映了粒子对自身历史经验的记忆或回忆,代表粒子有向自身历史最佳位置逼近的趋势。

(3)“社会”部分,反映了粒子间协同合作与知识共享的群体历史经验,代表粒子有向群体或领域历史最佳位置逼近的趋势。

从上面的迭代公式可以看出,种群中的粒子通过不断地向自身和种群的历史信息进行学习,从而可以找出问题的最优解。

但是,在后续的研究中,也发现了PSO迭代更新的一些问题,即V_i的更新具有随机性,从而使得整个PSO算法虽然全局优化能力很强,但是局部搜索能力较差。实际上在算法迭代初期需要PSO有较强的全局优化能力,在该算法的后期,整个种群需要更强的局部搜索能力。后来学者通过引入惯性权重从而提出了PSO的惯性权重模型。

速度向量迭代公式:

$$V_i^{t+1} = \omega V_{i-1}^t + c_1 r_1 (Pbest_i - X_i) + c_2 r_2 (Gbest - X_i)$$

一般来说,ω在0.8~1.2之间,粒子群算法有较快的收敛速度;但当$\omega > 1.2$时,该算法容易陷入局部极值。另外,搜索过程中可以对ω进行动态调整:在算法开始时,可给ω赋予较大正值,随着搜索的进行,可以线性地使ω逐渐减小,这样可保证算法在刚开始各粒子都有较大的速度步长,并在全局范围内探测到较好的区域;而在后期,较小的ω则保证粒子能够在极值点周围做精细的搜索,从而使算法有较大的概率向全局最优解收敛。对ω调整,可以权衡全局搜索和局部搜索能力,目前多采用线性递减权值策略,表达式如下:

$$\omega = \omega_{max} - \frac{(\omega_{max} - \omega_{min})t}{T_{max}}$$

式中,T_{max}表示最大迭代次数;ω_{min}表示最小惯性权重;ω_{max}表示最大惯性权重;t为当前迭代次数。在大多数情况下,$\omega_{max} = 0.9$,$\omega_{min} = 0.4$。

如何评价PSO算法当前迭代的好坏呢?在鸟捕食时,虽然每只小鸟都不知道玉米地在哪里,但是知道自己离玉米地还有多远,通过计算比较到玉米地的距离就可以知道自己当前位置的好坏。相类似的,在最大化或最小化问题中,虽然每个粒子(鸟)都不知道最优解是多少,但是每个粒子的位置X_i就是一个解,将这个解代入到目标函数中就能知道当前解相对于其他解的好坏,在智能优化算法中,称为适应度值(fitness),其实就是目标函数值的意思。

基于上面的描述,整个粒子群算法的迭代步骤如下。

(1)种群初始化:可以进行随机初始化或根据被优化的问题设计特定的初始化方法,然后计算每个粒子的适应度值,从而选择出个体的局部最优位置向量和种群的全局最优位置向量 。

(2)迭代设置:设置迭代次数 g_{max},令当前迭代次数 $g = 1$。

(3)根据公式更新每个粒子的速度向量 $\boldsymbol{V}_i$。

(4)根据公式更新每个粒子的位置向量 $\boldsymbol{X}_i$。

(5)局部位置向量和全局位置向量更新:更新每个粒子的 $\boldsymbol{Pbest}_i$ 和种群的 $\boldsymbol{Gbest}$。

(6)终止条件判断:判断迭代次数时都达到 g_{max} 或误差是否足够小,如果满足则输出 $\boldsymbol{Gbest}$。否则继续进行迭代,跳转至步骤(3)。

PSO算法的整体流程如图9.1所示。

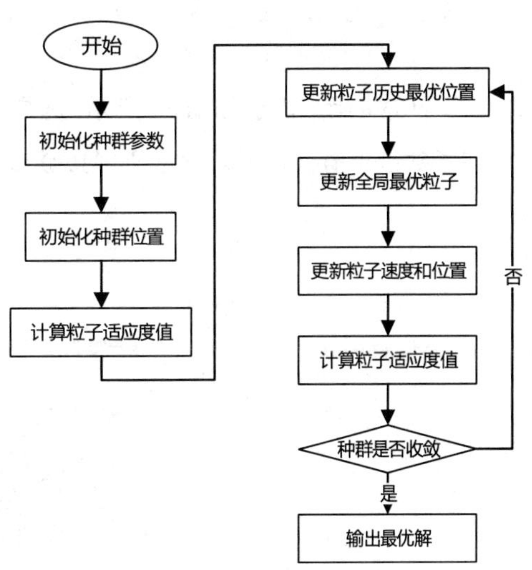

图9.1 PSO算法流程图

对于粒子群优化算法的实际应用,因为主要是对速度和位置向量迭代算子的设计,迭代算子是否合理将决定整个PSO算法性能的优劣,所以如何设计PSO的迭代算子是PSO算法应用的研究重点和难点。

9.1.2 粒子群求解无约束优化问题

下面的例子是用粒子群算法求解Rastrigin函数的极小值,Rastrigin是一个典型的非线性多峰函数,在搜索区域内存在许多极大值和极小值,导致寻找全局最小值比较困难,常用来测试寻优算法的性能。Rastrigin函数的表达式如下。

$$Z = 2a + x^2 - a\cos 2\pi x + y^2 - a\cos 2\pi y$$

这是一个典型的非凸优化问题,通过Python绘制函数图形,如代码9-1所示。

```
# 代码9-1,绘制Rastrigin函数图像
import numpy as np
import matplotlib.pyplot as plt
from matplotlib import cm
from mpl_toolkits.mplot3d import Axes3D

# 生成X和Y的数据
X = np.arange(-5, 5, 0.1)
Y = np.arange(-5, 5, 0.1)
X, Y = np.meshgrid(X, Y)
```

```python

# 目标函数
A = 10
Z = 2 * A + X ** 2 - A * np.cos(2 * np.pi * X) + Y ** 2 - A * np.cos(2 * np.pi * Y)

# 绘图
fig = plt.figure()
ax = Axes3D(fig)
surf = ax.plot_surface(X, Y, Z, cmap=cm.coolwarm)
plt.show()
```

Rastrigin函数图形如图9.2所示，这是一个典型的非凸优化问题，因此，无法使用梯度优化的方法求解函数最小值。接下来尝试使用PSO算法求解函数最小值。

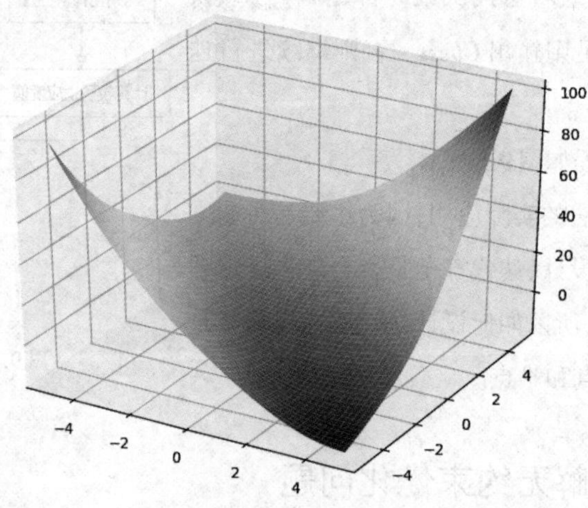

图9.2　Rastrigin函数图形

PSO算法迭代过程如代码9-2所示，由于有2个变量，假设有n个粒子，则$\boldsymbol{V}$和$\boldsymbol{X}$都是$n \times 2$的矩阵。

```python
# 代码9-2，PSO算法解Rastrigin最小值
# 速度
# Vi+1 = w * Vi + c1 * r1 * (pbest_i - Xi) + c2 * r2 * (gbest_i - Xi)
# 位置
# Xi+1 = Xi + Vi+1
# vi和xi 分别表示粒子第i维的速度和位置
# pbest_i和gbest_i 分别表示某个粒子最好位置第i维的值、整个种群最好位置第i维的值

import numpy as np
import matplotlib.pyplot as plt
import matplotlib as mpl

mpl.rcParams['font.sans-serif'] = ['SimHei']  # 指定默认字体
mpl.rcParams['axes.unicode_minus'] = False  # 正常显示图像中的负号

```

首先定义3个函数，分别是适应度函数(fitness_func)、速度更新函数(velocity_update)、位置更新函数(position_update)，它们直接根据公式编写对应的代码即可。

```
def fitness_func(X):
    """计算粒子的适应度值,也就是目标函数值,X的维度是 size * 2 """
    A = 10
    pi = np.pi
    x = X[:, 0]
    y = X[:, 1]
    return 2 * A + x ** 2 - A * np.cos(2 * pi * x) + y ** 2 - A * np.cos(2 * pi * y)

def velocity_update(V, X, pbest, gbest, c1, c2, w, max_val):
    """
    根据速度更新公式、更新每个粒子的速度
    :param V: 粒子当前的速度矩阵,20*2 的矩阵
    :param X: 粒子当前的位置矩阵,20*2 的矩阵
    :param pbest: 每个粒子历史最优位置,20*2 的矩阵
    :param gbest: 种群历史最优位置,1*2 的矩阵
    """
    size = X.shape[0]
    r1 = np.random.random((size, 1))
    r2 = np.random.random((size, 1))
    V = w * V + c1 * r1 * (pbest - X) + c2 * r2 * (gbest - X)  # 直接对照公式写即可
    # 防止越界处理
    V[V < -max_val] = -max_val
    V[V > max_val] = max_val
    return V

def position_update(X, V):
    """
    根据公式更新粒子的位置
    :param X: 粒子当前的位置矩阵,维度是 20*2
    :param V: 粒子当前的速度矩阵,维度是 20*2
    """
    return X + V

```

这是PSO主函数，首先定义粒子群算法的参数，然后在每一轮的迭代中，更新局部最优和全局最优解，直到满足最大迭代次数，结束搜索如下。

```
def pso():
    # PSO的参数
    w = 1                     # 惯性因子,一般取1
    c1 = 2                    # 学习因子,一般取2
    c2 = 2
    r1 = None                 # 为(0,1)之间的随机数
    r2 = None
    dim = 2                   # 变量的个数
    size = 20                 # 种群大小,即种群中小鸟的个数
```

```
    iter_num = 1000                     # 算法最大迭代次数
    max_val = 0.5                       # 限制粒子的最大速度为0.5
    best_fitness = float(9e10)          # 初始的适应度值,在迭代过程中不断减小这个值
    fitneess_value_list = []            # 记录每次迭代过程中种群适应度值的变化
    # 初始化种群各个粒子的位置
    # 用一个 20*2 的矩阵表示种群,每行表示一个粒子
    X = np.random.uniform(-5, 5, size=(size, dim))
    # 初始化种群各个粒子的速度
    V = np.random.uniform(-0.5, 0.5, size=(size, dim))
    # 计算种群各个粒子的初始适应度值
    p_fitness = fitness_func(X)
    # 计算种群的初始最优适应度值
    g_fitness = p_fitness.min()
    # 添加到记录中
    fitneess_value_list.append(g_fitness)
    # 初始的个体最优位置和种群最优位置
    pbest = X
    gbest = X[p_fitness.argmin()]
    # 接下来,不断迭代
    for i in range(1, iter_num):
        V = velocity_update(V, X, pbest, gbest, c1, c2, w, max_val)  # 更新速度
        X = position_update(X, V)          # 更新位置
        p_fitness2 = fitness_func(X)       # 计算各个粒子的适应度
        g_fitness2 = p_fitness2.min()      # 计算群体的最优适应度
        # 更新每个粒子的历史最优位置
        for j in range(size):
            if p_fitness[j] > p_fitness2[j]:
                pbest[j] = X[j]
                p_fitness[j] = p_fitness2[j]
        # 更新群体的最优位置
        if g_fitness > g_fitness2:
            gbest = X[p_fitness2.argmin()]
            g_fitness = g_fitness2
        # 记录最优迭代结果
        fitneess_value_list.append(g_fitness)
        # 迭代次数+1
        i += 1

    # 输出迭代的结果
    print("最优值是:%.5f" % fitneess_value_list[-1])
    print("最优解是:x=%.5f, y=%.5f" % gbest)
    # 最优值是:0.00000
    # 最优解是:x=0.00000, y=-0.00000

    # 绘图
    plt.plot(fitneess_value_list, color='r')
    plt.title('迭代过程')
```

PSO算法的搜索过程如图9.3所示,初始位置的目标函数值很大,在迭代过程中快速下降,当迭代接近0次时基本达到最优解,后续的迭代求解适应度基本没有变化。说明粒子群算法是一种求解非线性优化问题的一种有效方法。

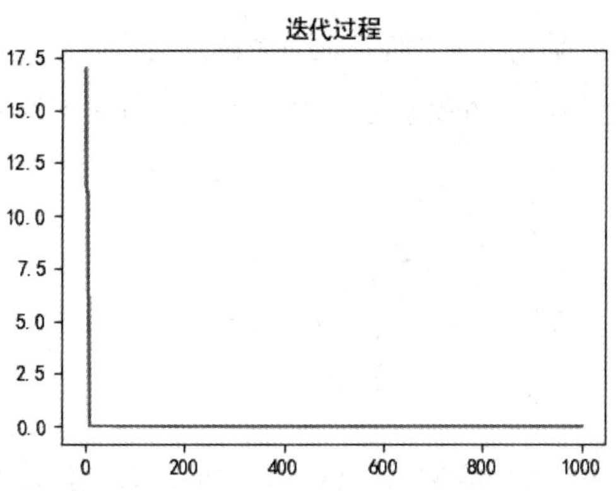

图9.3　PSO算法目标函数值的变化曲线

9.1.3　粒子群求解约束优化问题

讲解PSO求解无约束优化问题后,将继续讲解其求解约束优化问题,该问题比较常用的方法是罚函数法,即如果一个解x不满足约束条件,就对适应度值设置一个惩罚项。它的思想类似线性规划内点法,都是通过增加惩罚函数,迫使模型在迭代计算的过程中始终在可行域内寻优。

假设有如下带约束的优化问题:

$$\min f(x)$$
$$s.t.\begin{cases} g_i(x) \leqslant 0,\ i = 1,2,\cdots,l \\ h_j(x) = 0,\ j = l + 1,\cdots,m \end{cases}$$

问题中既含有等式约束,也含有不等式约束,当一个解x不满足约束条件时,则会对目标函数增加惩罚,这样就把带约束优化问题转变成无约束优化问题,新的目标函数如下:

$$F(x,\sigma) = f(x) + \sigma P(x)$$

其中σ是惩罚因子,一般取$\sigma = t\sqrt{t}$,$P(x)$是整体惩罚项,$P(x)$的计算方法如下。

(1)对于不等式约束$g_i(x) \leqslant 0$,惩罚项$e_i(x) = \max(0, -g_i(x))$,即如果$g_i(x) \leqslant 0$,则$e_i(x) = 0$,否则$e_i(x) = -g_i(x)$。

(2)对于等式约束需要先转化成不等式约束,一个简单的方法是设定一个等式约束容忍度值ε,新的不等式约束为$\left|h_j(x)\right| \leqslant \varepsilon$,即$\left|h_j(x)\right| - \varepsilon \leqslant 0$。因此等式约束的惩罚项为$e_j(x) = \max(0, \left|h_j(x)\right| - \varepsilon)$。

整体惩罚项$P(x)$是各个约束惩罚项的和,即:

$$P(x)=\sum_{i=1}^{l}e_i(x)+\sum_{j=1}^{m}e_j(x)$$
$$=\sum_{i=1}^{l}\max(0,\ -g_i(x))+\sum_{j=l+1}^{m}\max(0,\left|h_j(x)\right|-\varepsilon)$$

由于约束条件之间的差异，某些约束条件可能对个体违反约束程度起着决定性的作用，为了平衡这种差异，对惩罚项做归一化处理，为方便起见，下面的公式推导将不区分等式约束和不等式约束，在实际处理中做区分即可：

$$L_j=\frac{\sum_{i=1}^{N}e_j(x_i)}{\sum_{j=1}^{m}\sum_{i=1}^{N}e_j(x_i)},\ j=1,\cdots,m$$

其中L_j表示每个约束条件的违背程度，m为约束条件的个数。公式中分子的意思是，对每个粒子x_i计算违反第j个约束的惩罚项，然后求和；分母的意思是，对每个粒子x_i计算违反每个约束的惩罚项，然后求和。因此，L_j也可以看成是第j个约束惩罚项的权重。

最后得到粒子x_i的整体惩罚项$P(x)$的计算公式，即：

$$P(x_i)=L_je_j(x_i)$$
$$\sum_{j=1}^{m}L_j=1$$

在粒子群算法中，每一步迭代都会更新***Pbest***和***Gbest***，虽然可以将有约束问题转成无约束问题进行迭代求解，但是问题的解x_i依然存在不满足约束条件的情况，因此需要编制一些规则来比较两个粒子的优劣，规则如下。

(1)如果两个粒子x_i和x_j都可行，则比较其适应度函数值$f(x_i)$和$f(x_j)$，值小的粒子为优。

(2)当两个粒子x_i和x_j都不可行，则比较惩罚项$P(x_i)$和$P(x_j)$，违背约束程度小的粒子为优。

(3)当粒子x_i可行而粒子x_j不可行，选可行解。

下面用一个例子讲解粒子群是如何求解约束规划问题的，还是以前面的求解Rastrigin函数的极小值为例，但是加了两个约束条件，数学模型如下：

$$\min Z=2a+x^2-a\cos 2\pi x+y^2-a\cos 2\pi y$$
$$s.t.\begin{cases}x+y\leqslant 6\\3x-2y\leqslant 5\end{cases}$$

为方便粒子群算法的迭代计算写代码，可定义如下格式的矩阵，用来存储粒子群的每个粒子x_i的历史最优位置***Pbest***、总的适应度值*fitness*、目标函数的值、约束1的惩罚项e_1和约束2的惩罚项e_2，如表9.1所示。

表9.1 PSO迭代的数据矩阵

粒子序号	***Pbest_fitness***	***Pbest_e***	*fitness*	*f*	e_1	e_2	*e*
x_1	历史最优位置对应的适应度	历史最优位置对应的惩罚项	当前适应度 $fitness=f+e$	当前目标函数值	约束1的惩罚项 e_1	约束2的惩罚项 e_2	惩罚项的和 $e=L_1e_1+L_2e_2$
x_2							
…							

与无约束优化的粒子群代码结果类似，下面是带约束优化的粒子群算法代码和结果，如代码9-3所示。

```
# 代码9-3，PSO解带约束优化问题
import numpy as np
import matplotlib.pyplot as plt
import matplotlib as mpl

mpl.rcParams['font.sans-serif'] = ['SimHei']        # 指定默认字体
mpl.rcParams['axes.unicode_minus'] = False          # 正常显示图像中的负号

# PSO的参数
w = 1                                # 惯性因子，一般取1
c1 = 2                               # 学习因子，一般取2
c2 = 2
r1 = None                            # 为(0,1)之间的随机数
r2 = None
dim = 2                              # 变量的个数
size = 100                           # 种群大小，即种群中小鸟的个数
iter_num = 1000                      # 算法最大迭代次数
max_vel = 0.5                        # 限制粒子的最大速度为0.5
fitneess_value_list = []             # 记录每次迭代过程中的种群适应度值变化

```

这里定义一些函数，分别是计算适应度函数和计算约束惩罚项函数。

```
def calc_f(X):
    """计算粒子的适应度值，也就是目标函数值，X的维度是 size * 2 """
    A = 10
    pi = np.pi
    x = X[0]
    y = X[1]
    return 2 * A + x ** 2 - A * np.cos(2 * pi * x) + y ** 2 - A * np.cos(2 * pi * y)

def calc_e1(X):
    """计算第一个约束的惩罚项"""
    e = X[0] + X[1] - 6
    return max(0, e)
```

```

def calc_e2(X):
    """计算第二个约束的惩罚项"""
    e = 3 * X[0] - 2 * X[1] - 5
    return max(0, e)

def calc_Lj(e1, e2):
    """根据每个粒子的约束惩罚项计算Lj权重值,e1和e2列向量,表示每个粒子的第1个、第2个约束的
        惩罚项值"""
    # 注意防止分母为零的情况
    if (e1.sum() + e2.sum()) <= 0:
        return 0, 0
    else:
        L1 = e1.sum() / (e1.sum() + e2.sum())
        L2 = e2.sum() / (e1.sum() + e2.sum())
    return L1, L2

```

定义粒子群算法的速度更新函数、位置更新函数的方法,和前面的无约束优化的代码类似。

```
def velocity_update(V, X, pbest, gbest):
    """
    根据速度更新公式,更新每个粒子的速度
    :param V: 粒子当前的速度矩阵,20*2 的矩阵
    :param X: 粒子当前的位置矩阵,20*2 的矩阵
    :param pbest: 每个粒子历史最优位置,20*2 的矩阵
    :param gbest: 种群历史最优位置,1*2 的矩阵
    """
    r1 = np.random.random((size, 1))
    r2 = np.random.random((size, 1))
    V = w * V + c1 * r1 * (pbest - X) + c2 * r2 * (gbest - X)  # 直接对照公式写即可
    # 防止越界处理
    V[V < -max_vel] = -max_vel
    V[V > max_vel] = max_vel
    return V

def position_update(X, V):
    """
    根据公式更新粒子的位置
    :param X: 粒子当前的位置矩阵,维度是 20*2
    :param V: 粒子当前的速度矩阵,维度是 20*2
    """
    return X + V

```

定义每个粒子历史最优位置更新函数,以及整个群体历史最优位置更新函数,和前面的无约束优化的代码类似,所不同的是添加了违反约束的处理过程。

```
def update_pbest(pbest, pbest_fitness, pbest_e, xi, xi_fitness, xi_e):
    """
    判断是否需要更新粒子的历史最优位置
```

```
    :param pbest: 历史最优位置
    :param pbest_fitness: 历史最优位置对应的适应度值
    :param pbest_e: 历史最优位置对应的约束惩罚项
    :param xi: 当前位置
    :param xi_fitness: 当前位置的适应度函数值
    :param xi_e: 当前位置的约束惩罚项
    :return:
    """
    # 下面的0.0000001是考虑到计算机的数值精度位置,值等同于0
    # 规则1,如果 pbest 和 xi 都没有违反约束,则取适应度小的
    if pbest_e <= 0.0000001 and xi_e <= 0.0000001:
        if pbest_fitness <= xi_fitness:
            return pbest, pbest_fitness, pbest_e
        else:
            return xi, xi_fitness, xi_e
    # 规则2,如果当前位置违反约束而历史最优没有违反约束,则取历史最优
    if pbest_e < 0.0000001 and xi_e >= 0.0000001:
        return pbest, pbest_fitness, pbest_e
    # 规则3,如果历史位置违反约束而当前位置没有违反约束,则取当前位置
    if pbest_e >= 0.0000001 and xi_e < 0.0000001:
        return xi, xi_fitness, xi_e
    # 规则4,如果两个都违反约束,则取适应度值小的
    if pbest_fitness <= xi_fitness:
        return pbest, pbest_fitness, pbest_e
    else:
        return xi, xi_fitness, xi_e

def update_gbest(gbest, gbest_fitness, gbest_e, pbest, pbest_fitness, pbest_e):
    """
    更新全局最优位置
    :param gbest: 上一次迭代的全局最优位置
    :param gbest_fitness: 上一次迭代的全局最优位置的适应度值
    :param gbest_e:上一次迭代的全局最优位置的约束惩罚项
    :param pbest:当前迭代种群的最优位置
    :param pbest_fitness:当前迭代种群最优位置的适应度值
    :param pbest_e:当前迭代种群最优位置的约束惩罚项
    :return:
    """
    # 先对种群寻找约束惩罚项为0的最优个体,如果每个个体的约束惩罚项都大于0则找适应度最小的个体
    pbest2 = np.concatenate([pbest, pbest_fitness.reshape(-1, 1), pbest_e.reshape(-1, 1)], axis=1)  # 将几个矩阵拼接成一个矩阵
    pbest2_1 = pbest2[pbest2[:, -1] <= 0.0000001]  # 找出没有违反约束的个体
    if len(pbest2_1) > 0:
        pbest2_1 = pbest2_1[pbest2_1[:, 2].argsort()]  # 根据适应度值排序
    else:
        pbest2_1 = pbest2[pbest2[:, 2].argsort()] # 若所有个体都违反约束,则直接找出
                                                  #   适应度值最小的
    # 当前迭代的最优个体
```

```
    pbesti, pbesti_fitness, pbesti_e = pbest2_1[0, :2], pbest2_1[0, 2], pbest2_1[0, 3]
    # 当前最优和全局最优的比较
    # 如果两者都没有约束
    if gbest_e <= 0.0000001 and pbesti_e <= 0.0000001:
        if gbest_fitness < pbesti_fitness:
            return gbest, gbest_fitness, gbest_e
        else:
            return pbesti, pbesti_fitness, pbesti_e
    # 有一个违反约束而另一个没有违反约束
    if gbest_e <= 0.0000001 and pbesti_e > 0.0000001:
        return gbest, gbest_fitness, gbest_e
    if gbest_e > 0.0000001 and pbesti_e <= 0.0000001:
        return pbesti, pbesti_fitness, pbesti_e
    # 如果都违反约束,则直接取适应度小的
    if gbest_fitness < pbesti_fitness:
        return gbest, gbest_fitness, gbest_e
    else:
        return pbesti, pbesti_fitness, pbesti_e

```

使用主函数迭代求解带约束优化问题,在迭代过程中不断更新粒子群算法的最优位置,直到达到最大迭代次数。

```
# 初始化一个矩阵 info 记录:
# 1. 种群每个粒子的历史最优位置对应的适应度
# 2. 历史最优位置对应的惩罚项
# 3. 当前适应度
# 4. 当前目标函数值
# 5. 约束1惩罚项
# 6. 约束2惩罚项
# 7. 惩罚项的和
# 所以列的维度是7
info = np.zeros((size, 7))

# 初始化种群各个粒子的位置
# 用一个 20*2 的矩阵表示种群,其中每行表示一个粒子
X = np.random.uniform(-5, 5, size=(size, dim))

# 初始化种群各个粒子的速度
V = np.random.uniform(-0.5, 0.5, size=(size, dim))

# 初始化粒子历史最优位置为当前位置
pbest = X
# 计算每个粒子的适应度
for i in range(size):
    info[i, 3] = calc_f(X[i])     # 目标函数值
    info[i, 4] = calc_e1(X[i])    # 第一个约束的惩罚项
    info[i, 5] = calc_e2(X[i])    # 第二个约束的惩罚项
```

```
# 计算惩罚项的权重,及适应度值
L1, L2 = calc_Lj(info[i, 4], info[i, 5])
info[:, 2] = info[:, 3] + L1 * info[:, 4] + L2 * info[:, 5]  # 适应度值
info[:, 6] = L1 * info[:, 4] + L2 * info[:, 5]  # 惩罚项的加权求和

# 历史最优
info[:, 0] = info[:, 2]                  # 粒子的历史最优位置对应的适应度值
info[:, 1] = info[:, 6]                  # 粒子的历史最优位置对应的惩罚项值

# 全局最优
gbest_i = info[:, 0].argmin()            # 全局最优对应的粒子编号
gbest = X[gbest_i]                       # 全局最优粒子的位置
gbest_fitness = info[gbest_i, 0]         # 全局最优位置对应的适应度值
gbest_e = info[gbest_i, 1]               # 全局最优位置对应的惩罚项

# 记录迭代过程的最优适应度值
fitneess_value_list.append(gbest_fitness)
# 接下来开始迭代
for j in range(iter_num):
    # 更新速度
    V = velocity_update(V, X, pbest=pbest, gbest=gbest)
    # 更新位置
    X = position_update(X, V)
    # 计算每个粒子的目标函数和约束惩罚项
    for i in range(size):
        info[i, 3] = calc_f(X[i])      # 目标函数值
        info[i, 4] = calc_e1(X[i])     # 第一个约束的惩罚项
        info[i, 5] = calc_e2(X[i])     # 第二个约束的惩罚项
    # 计算惩罚项的权重,及适应度值
    L1, L2 = calc_Lj(info[i, 4], info[i, 5])
    info[:, 2] = info[:, 3] + L1 * info[:, 4] + L2 * info[:, 5]   # 适应度值
    info[:, 6] = L1 * info[:, 4] + L2 * info[:, 5]            # 惩罚项的加权求和
    # 更新历史最优位置
    for i in range(size):
        pbesti = pbest[i]
        pbest_fitness = info[i, 0]
        pbest_e = info[i, 1]
        xi = X[i]
        xi_fitness = info[i, 2]
        xi_e = info[i, 6]
        # 计算更新个体历史最优
        pbesti, pbest_fitness, pbest_e = \
            update_pbest(pbesti, pbest_fitness, pbest_e, xi, xi_fitness, xi_e)
        pbest[i] = pbesti
        info[i, 0] = pbest_fitness
        info[i, 1] = pbest_e
    # 更新全局最优
```

```
    pbest_fitness = info[:, 2]
    pbest_e = info[:, 6]
    gbest, gbest_fitness, gbest_e = \
        update_gbest(gbest, gbest_fitness, gbest_e, pbest, pbest_fitness, pbest_e)
    # 记录当前迭代全局之硬度
    fitneess_value_list.append(gbest_fitness)

```

输出迭代求解的结果,并绘制图形。

```
# 最后绘制适应度值曲线
print('迭代最优结果是:%.5f' % calc_f(gbest))
print('迭代最优变量是:x=%.5f, y=%.5f' % (gbest[0], gbest[1]))
print('迭代约束惩罚项是:', gbest_e)

# 迭代最优结果是:0.00000
# 迭代最优变量是:x=-0.00001, y=0.00002
# 迭代约束惩罚项是: 0.0
# 从结果看,有多个不同解目标函数值是相同的(多测试几次就会发现)

# 绘图
plt.plot(fitneess_value_list[: 30], color='r')
plt.title('迭代过程')
```

与无约束优化的迭代过程类似,由于初始化位置是随机的,因此最优解不是很理想,但随着迭代进行,适应度不断降低,迭代6次后基本能得到函数的最优解,其最优解在原点位置,如图9.4所示。

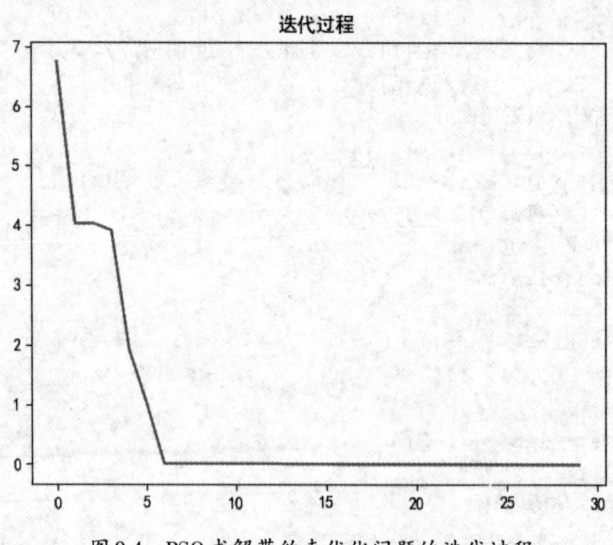

图9.4 PSO求解带约束优化问题的迭代过程

9.1.4 粒子群求解旅行商问题

旅行商问题(Traveling Salesman Problem,TSP)是一个经典的NP问题,假设有n个城市,需要确定一个访问顺序，使得每个城市都访问一遍，最后回到起点城市，且保证行走的总距离最短。

假设随机生成10个城市的坐标，城市之间的距离使用欧式距离表示，城市分布如图9.5所示，TSP规则问题如代码9-4所示。

```
# 代码9-4,绘制TSP城市位置
import numpy as np
import matplotlib.pyplot as plt
import matplotlib as mpl
import seaborn as sns

sns.set_style("whitegrid")
mpl.rcParams['font.sans-serif'] = ['SimHei']          # 指定默认字体
mpl.rcParams['axes.unicode_minus'] = False            # 正常显示图像中的负号

# 固定随机数种子
np.random.seed(1234)

# 问题的一些参数设置
city_num = 10          # 城市的数量
iter_num = 1000        # 算法最大迭代次数

# 随机生成city_num个城市的坐标,注意是不放回抽样
X = np.random.choice(list(range(1, 100)), size=city_num, replace=False)
Y = np.random.choice(list(range(1, 100)), size=city_num, replace=False)

plt.scatter(X, Y, color='r')
plt.title('城市坐标图')
```

最终绘制的城市坐标如图9.5所示。

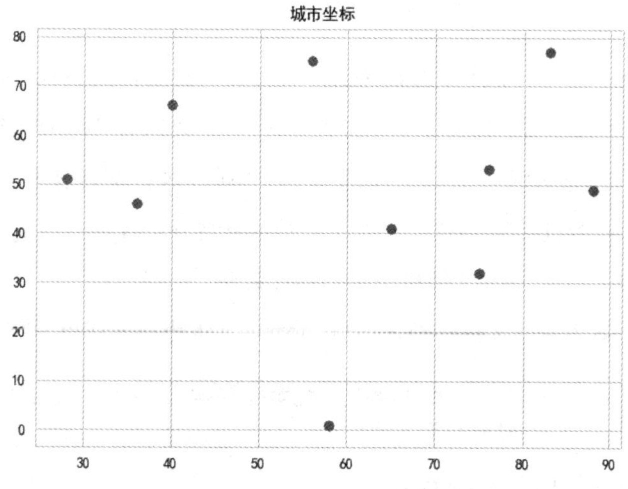

图9.5　TSP问题城市坐标

如何使用粒子群算法求解TSP问题呢？在前面的例子中，粒子x_i的值是有具体意义的实数，而这里需要优化序列的顺序，因此粒子x_i如何表示序列及序列的改进是应用粒子群算法的一个关键所在，同时也认识到，虽然智能优化算法的原理比较容易理解，但是应用在不同的领域问题中，巧妙地构造解x_i的表示形式，以及解x_i的进化方法，是应用智能优化算法的关键所在，在讲遗传算法时也会讲到如何巧妙构造解的形式对应用遗传算法的帮助。

在求解TSP问题时，可以用一个序列s表示城市的访问顺序，因此$\boldsymbol{x}_i$可以表示成如下形式：

$$\boldsymbol{x}_i = (1,3,2,5,4)$$

式中表示有5个城市的TSP问题，其访问顺序为1→3→2→5→4→1，因此全部城市的所有可能序列就构成了问题的搜索空间，粒子位置的更新意味着粒子$\boldsymbol{x}_i$从所有城市的一种序列$\boldsymbol{s}_i$变化成另一种序列$\boldsymbol{s}_j$。

那序列又是如何变化的呢？为此，引入了交换子和交换序列的概念。

交换子定义为$s = Swap\ \boldsymbol{x}(i,j)$，表示交换子$\boldsymbol{s}$作用在序列$\boldsymbol{x}$上使位置$i$上的元素和位置$j$上的元素相互交换。如$\boldsymbol{x} = (1,3,2,5,4)$，对其添加一个交换操作$\boldsymbol{s} = Swap\ \boldsymbol{x}(1,3)$，其新的序列为$\boldsymbol{x} = (2,3,1,5,4)$。在粒子群算法中，交换子可以看作是粒子的速度，能改变$\boldsymbol{x}$的位置。

交换序列定义为一组有前后顺序的交换子的集合，即$\boldsymbol{ss} = [Swap_1, Swap_2, \cdots]$，表示对$\boldsymbol{x}$连续进行多次交换操作。如$\boldsymbol{x} = (1,3,2,5,4)$，交换序列为$\boldsymbol{ss} = [(3,2), (1,5)]$，当序列$\boldsymbol{x}$经过交换序列$\boldsymbol{ss}$的变换后，新的序列为$\boldsymbol{x} = (4,2,3,5,1)$。

解释了交换子和交换序列，然后重新定义粒子的速度并更新公式，具体如下。

$$V_i^{t+1} = V_i^t \oplus r_1(\boldsymbol{Pbest}_i - x_i) \oplus r_2(\boldsymbol{Gbest}_i - x_i)$$
$$X_i^{t+1} = X_i^t + V_i^{t+1}$$

式中，$\boldsymbol{Pbest}_i - \boldsymbol{x}_i$表示有一个交换序列$\boldsymbol{ss}$，它使$\boldsymbol{x}_i$经过$\boldsymbol{ss}$变换后得到$\boldsymbol{Pbest}_i$，同理$\boldsymbol{Gbest}_i - \boldsymbol{x}_i$也是一个交换序列$\boldsymbol{ss}$；符号⊕表示两个交换序列合并为一个交换序列，如$[(3,2), (1,5)] \oplus [(4,2)] = [(3,2), (1,5), (4,2)]$；符号+表示对一个序列按照交换序列$\boldsymbol{ss}$执行交换操作，因此，位置更新公式$\boldsymbol{X}_i^{t+1} = \boldsymbol{X}_i^t + \boldsymbol{V}_i^{t+1}$，表示$\boldsymbol{X}_i^t$经过交换序列$\boldsymbol{V}_i^{t+1}$作用后得到新的序列$\boldsymbol{X}_i^{t+1}$；$r_1$和$r_2$为0~1之间的随机数，表示执行某个交换子的可能性，相当于随机舍弃一部分交换子的操作。

一般情况下会将$\boldsymbol{V}_i^t$置为空的交换序列，所以粒子群的速度更新公式可简化为：

$$\boldsymbol{V}_i^{t+1} = r_1(\boldsymbol{Pbest}_i - \boldsymbol{x}_i) \oplus r_2(\boldsymbol{Gbest}_i - \boldsymbol{x}_i)$$
$$\boldsymbol{X}_i^{t+1} = \boldsymbol{X}_i^t + \boldsymbol{V}_i^{t+1}$$

下面用代码来实现PSO求解TSP的问题。

首先定义粒子群的参数，和前面的粒子群代码类似，如代码9-5所示。

```
# 代码9-5,PSO解TSP问题
```

```
import numpy as np
import matplotlib.pyplot as plt
import matplotlib as mpl
import seaborn as sns

sns.set_style("whitegrid")
mpl.rcParams['font.sans-serif'] = ['SimHei']  # 指定默认字体
mpl.rcParams['axes.unicode_minus'] = False    # 正常显示图像中的负号

# 固定随机数种子
np.random.seed(1234)

# 参数的设置
city_num = 10                     # 城市的数量
size = 50                         # 种群大小,即粒子的个数
r1 = 0.7                          # pbest-xi 的保留概率
r2 = 0.8                          # gbest-xi 的保留概率
iter_num = 1000                   # 算法最大迭代次数
fitneess_value_list = []          # 每一步迭代的最优解

# 随机生成city_num个城市的坐标,注意是不放回抽样
X = np.random.choice(list(range(1, 100)), size=city_num, replace=False)
Y = np.random.choice(list(range(1, 100)), size=city_num, replace=False)

```

定义计算城市之间距离的函数,相当于回调函数的作用。

```
# 计算城市之间的距离
def calculate_distance(X, Y):
    """
    计算城市两地之间的欧氏距离,结果用NumPy矩阵存储
    :param X: 城市的X坐标,np.array数组
    :param Y: 城市的Y坐标,np.array数组
    """
    distance_matrix = np.zeros((city_num, city_num))
    for i in range(city_num):
        for j in range(city_num):
            if i == j:
                continue
            dis = np.sqrt((X[i] - X[j]) ** 2 + (Y[i] - Y[j]) ** 2) # 欧氏距离计算
            distance_matrix[i][j] = dis
    return distance_matrix

```

根据城市的访问顺序计算对应路径的总距离,即适应度函数值。

```
def fitness_func(distance_matrix, xi):
    """
    适应度函数,计算目标函数值
    :param distance: 城市的距离矩阵
```

```
    :param xi: PSO的一个解
    :return: 目标函数值,即总距离
    """
    total_distance = 0
    for i in range(1, city_num):
        start = xi[i - 1]
        end = xi[i]
        total_distance += distance_matrix[start][end]
    total_distance += distance_matrix[end][xi[0]]  # 从最后一个城市回到出发城市
    return total_distance

def plot_tsp(gbest):
    """绘制最优解的图形"""
    plt.scatter(X, Y, color='r')
    for i in range(1, city_num):
        start_x, start_y = X[gbest[i - 1]], Y[gbest[i - 1]]
        end_x, end_y = X[gbest[i]], Y[gbest[i]]
        plt.plot([start_x, end_x], [start_y, end_y], color='b', alpha=0.8)
    start_x, start_y = X[gbest[0]], Y[gbest[0]]
    plt.plot([start_x, end_x], [start_y, end_y], color='b', alpha=0.8)

```

下面的get_ss和do_ss分别是计算交换序列和执行交换操作的函数,可得到新的粒子群速度和位置。

```
def get_ss(xbest, xi, r):
    """
    计算交换序列,即 x2 经过交换序列ss得到x1,对应PSO速度更新公式的
    r1(pbest-xi) 和 r2(gbest-xi)
    :param xbest: pbest 或 gbest
    :param xi: 粒子当前解
    :return:
    """
    velocity_ss = []
    for i in range(len(xi)):
        if xi[i] != xbest[i]:
            j = np.where(xi == xbest[i])[0][0]
            so = (i, j, r)  # 得到交换子
            velocity_ss.append(so)
            xi[i], xi[j] = xi[j], xi[i]  # 执行交换操作
    return velocity_ss

def do_ss(xi, ss):
    """
    执行交换操作
    :param xi:
    :param ss: 由交换子组成的交换序列
    :return:
    """
```

```
    for i, j, r in ss:
        rand = np.random.random()
        if rand <= r:
            xi[i], xi[j] = xi[j], xi[i]
    return xi

```

下面的代码是粒子群搜索的主函数,在迭代过程中不断调用前面定义的函数来更新局部最优和历史最优解,直到达到最大迭代次数时停止。

```
# 计算城市之间的距离矩阵
distance_matrix = calculate_distance(X, Y)

# 初始化种群各个粒子的位置,作为个体的历史最优解pbest
# 用一个 50*10 的矩阵表示种群,每行表示一个粒子, 每行是0~9的不重复随机数,表示城市访问顺序
XX = np.zeros((size, city_num), dtype=np.int)
for i in range(size):
    XX[i] = np.random.choice(list(range(city_num)), size=city_num, replace=False)

# 计算每个粒子对应的适应度
pbest = XX
pbest_fitness = np.zeros((size, 1))
for i in range(size):
    pbest_fitness[i] = fitness_func(distance_matrix, xi=XX[i])

# 计算全局适应度和对应的解gbest
gbest = XX[pbest_fitness.argmin()]
gbest_fitness = pbest_fitness.min()

# 记录算法迭代效果
fitneess_value_list.append(gbest_fitness)

# 下面开始迭代
for i in range(iter_num):
    for j in range(size):           # 对每个粒子迭代
        pbesti = pbest[j].copy() # 此处要用copy,否则会出现浅拷贝问题
        xi = XX[j].copy()
        # 计算交换序列,即 v = r1(pbest-xi) + r2(gbest-xi)
        ss1 = get_ss(pbesti, xi, r1)
        ss2 = get_ss(gbest, xi, r2)
        ss = ss1 + ss2
        # 执行交换操作,即 x = x + v
        xi = do_ss(xi, ss)
        # 判断是否更优
        fitness_new = fitness_func(distance_matrix, xi)
        fitness_old = pbest_fitness[j]
        if fitness_new < fitness_old:
            pbest_fitness[j] = fitness_new
            pbest[j] = xi
```

```python
    # 判断全局是否更优
    gbest_fitness_new = pbest_fitness.min()
    gbest_new = pbest[pbest_fitness.argmin()]
    if gbest_fitness_new < gbest_fitness:
        gbest_fitness = gbest_fitness_new
        gbest = gbest_new
    # 加入到列表
    fitneess_value_list.append(gbest_fitness)

```

迭代结果如下所示,绘制的最优路径如图9.6所示,可看出TSP路径规划结果是比较不错的。

```python
# 输出迭代的结果
print('迭代最优结果是:', gbest_fitness)
print('迭代最优变量是:', gbest)
# 迭代最优结果是: 230.344
# 迭代最优变量是: [5 8 2 3 6 1 7 0 4 9]

# 绘制TSP路径图
plot_tsp(gbest)
plt.title('TSP路径规划结果')
```

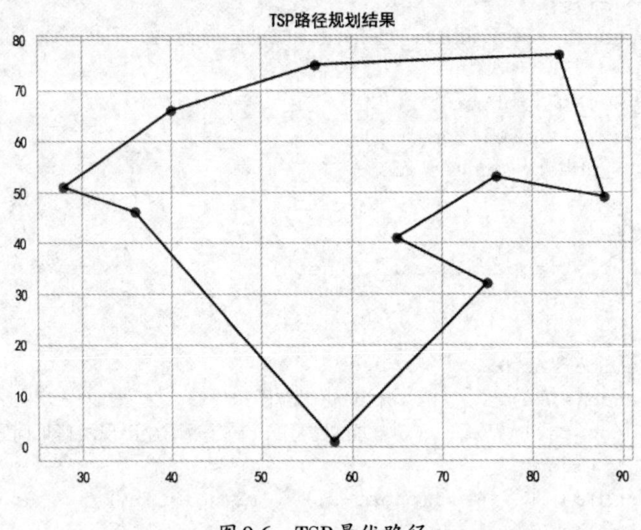

图9.6 TSP最优路径

粒子群算法作为应用较广的智能优化算法之一,其理论却是比较简单的。通过模拟鸟类捕食策略,每只小鸟代表一个粒子,每只小鸟的位置代表问题的一个解,小鸟的速度向量表示进化的方向,通过比较历史最优位置和全局最优位置来不断调整进化方向,最终使全局最优解趋向于问题的最优解。粒子群算法的难点在于如何设计解的形式,以及解的进化方式,在TSP问题中,解的形式是有序的序列,解的进化是序列的交换操作。而在有约束或无约束优化问题中,解的形式就是普通的多维向量,解的进化也是普通的向量四则运算操作。因此在实际应用粒子群算法过程中,需要根据实际问题的背景和专业领域知识才能设计出比较好解的表现形式，以及好的应用粒子群算法以求解实际问题。

9.2 遗传算法

除了粒子群算法，本节将讲解另外一个被广泛使用的优化算法——遗传算法（Genetic Algorithm，GA）。遗传算法是一种基于自然选择机制的搜索算法，其本质是定义了一种框架，在这种框架下人为干预和随机信息交换相结合，进而产生有可能的最优结果。由于是基于自然界的选择机制，在遗传算法的这种框架下，每一次新个体的产生都是基于上一代个体的信息，以及有可能的突变或交换信息而得到的结果。尽管是随机产生的突变结果，然而遗传算法得到的结果并不仅仅是随机查找的结果。遗传算法能够有效地探索新个体上一代的信息，进而演化得到更加优化的下一代，并且在这种基础之上，提高了计算性能。

9.2.1 遗传算法原理

遗传算法同粒子群算法一样，都是模仿生物行为，粒子群算法模拟的是鸟群捕食行为，遗传算法模拟的是生物种群生存的进化行为。

遗传算法起源于对生物系统所进行的计算机模拟研究，它是模仿自然界生物进化机制发展起来的随机全局搜索和优化方法，借鉴了达尔文的进化论和孟德尔的遗传学说，其本质是一种高效、并行、全局搜索的方法，能在搜索过程中自动获取和积累有关搜索空间的知识，并自适应地控制搜索过程以求得最佳解。遗传算法的寻优迭代流程如图9.7所示。

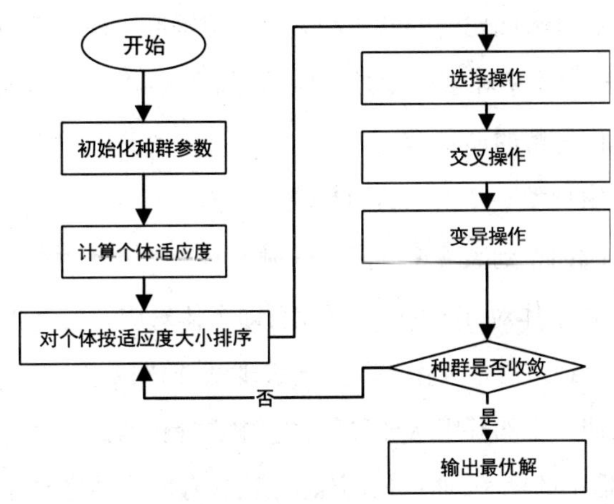

图9.7　遗传算法流程

在理解粒子群算法的原理后，再看遗传算法的迭代流程就很简单了，其基本流程都是先初始化生物种群，然后计算适应度，如果没有达到停止条件就进行迭代。遗传算法和粒子群算法的主要不同是迭代的方式不同，粒子群算法的迭代过程是更新粒子的速度和位置，使之逐渐向全局最优解靠近，而遗传算法的迭代过程是先筛选出优秀的个体（对于最小化问题是适应度最小，对于最大化问题是适应度最大），然后在两个个体（模拟父和母）之间进行交叉和变异，产生新的个体，得到新的种群。在粒子群算法中，个体是不会被丢弃的，而在遗传算法中，较差的个体会被抛弃，这是遗传算法和粒子群算法的一个不同点。另外一个不同点是遗传算法的编码方式，除了实数编码、符号编码，遗传算法常用的编码还有二进制编码、格雷编码等。

在了解了遗传算法的基本流程后，有必要再介绍一下遗传算法的术语，为理解遗传算法的过程做准备，名词对应的英文需要牢记，在后面编程时会经常用到。

（1）个体（individual）：既可以理解为一条染色体，也可以理解为问题的解，在粒子群算法中就是一个粒子。在理解为染色体时需要注意，生物学中的染色体一般成对出现，但是在遗传算法中，染色体都是单独存在的，只有在进行交叉操作时才会成对出现。

（2）群体（population）：多个个体组成的群体称为种群，个体的数量称为种群的规模。

（3）基因型（genotype）：在遗传算法中，由于编码方式不同，进化过程中解的形式和实际问题的形式会有不同。如原始问题的一个解为 $x_i=[-3,2]$，而二进制染色体的形式是 $x_i'=00110010100$，即染色体只能由数字0和1组成，所以需要一个映射函数和反映射函数，使问题的解和染色体表达形式能够进行编码（encoding）和解码（decoding），即：

$$
\begin{aligned}
&\text{encoding:} && \text{decoding:}\\
&x_i'=00110010100 && x_i=[-3,2]\\
&\quad =f(x_i) && \quad =f^{-1}(x_i')\\
&\quad =f([-3,2]) && \quad =f^{-1}(00110010100)
\end{aligned}
$$

而对于实数编码或整数编码，问题解的形式和染色体编码形式是一样的。

（4）表现型（phenotype）：表现型和基因型是对应的，如 $x_i'=00110010100$ 是基因型，$x_i=[-3,2]$ 是表现型，表现型是最终实际问题解的形式。

（5）编码（encoding）：从表现型到基因型的函数映射。

（6）解码（decoding）：从基因型到表现型的函数映射。

（7）适应度（fitness）：衡量个体对环境的适应程度，即个体对应解的优劣程度，其实就是计算目标函数值。需要注意的是，计算适应度值使用的是解的表现型，而非基因型。

（8）选择（selection）：按照一定的规则从种群（父代）中选择优秀的个体，一个常用的方法是根据个体的适应度值计算个体被选中的概率，然后使用轮盘赌法（有放回抽样）从父代种群选择优秀的个体形成新的种群（子代），父代种群和子代种群的规模是一样的。

(9)复制(reproduction):选择的过程也就是复制的过程,复制父代个体形成子代个体。

(10)交叉(crossover):交叉操作模拟父染色体和母染色体的交换操作,即交换部分染色体,模拟生物遗传中父母优秀基因的现象,如图9.8所示,演示了第3~5个基因随机交换的现象。

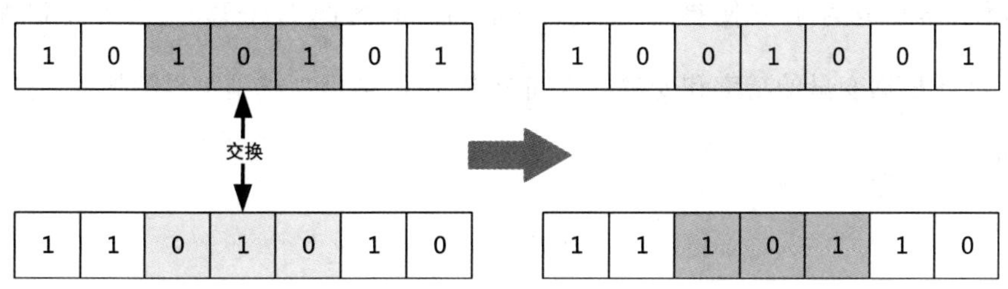

图9.8 个体交叉操作

(11)变异(mutation):染色体在复制和交叉的过程中,受环境影响可能会产生变异,在生物种群中,子代个体可能变得更聪明,或者由于变异产生某种遗传病。变异操作是染色体某个位置的随机突变,正常情况下这种突变概率很小,变异操作如图9.9所示,第3个和第5个位置的基因发生了突变。

图9.9 个体变异操作

(12)进化(evolution):进化就是种群不断迭代产生新的子代种群的过程,在智能优化算法中,进化是不断进行迭代的,最终使目标函数逼近全局最优解。

9.2.2 遗传算法的编码方法

遗传算法常用的编码方式有二进制编码、格雷编码、实数编码、符号编码、矩阵编码、树形编码等。在前面讲遗传算法基本概念时是使用二进制编码为例进行讲解的,由于二进制编码的方案与染色体基因的表现形式最接近,而且这种方案也最容易理解遗传算法的种群进化过程,因此讲遗传算法时都会以二进制编码为例,这里也不例外。

1. 二进制编码

遗传算法的二进制编码由0和1组成,二进制编码和实数之间存在一一对应关系,染色体的长度决定x_i的精度。如有一变量$x \in [-1,2]$,其精度精确到小数点后6位,则相当于将区间$[-1,2]$分成3×10^6等分,要用二进制表示这个区间范围,需要22位的染色体长度,即$2097152 = 2^{21} \leqslant 3 \times 10^6 \leqslant 2^{22} = 4194304$。

如何确定染色体的长度,要用多少位二进制才能表示对应的区间和精度,以及二进制编码与实数的转换关系,是使用二进制编码需要解决的问题。

假设有一决策变量$x \in [a,b]$,精度到小数点后c位,用l位长度的染色体表示,则:

$$\underbrace{000\cdots000}_{l\text{位}} = a = 2^0 - 1$$

$$\underbrace{111\cdots111}_{l\text{位}} = b = 2^m - 1$$

此处假设 $a=0$ 是为了方便推导公式，在不为0的情况时平移即可。得到编码精度为 $\Delta x = \frac{b-a}{2^m-1}$，因此根据变量的精度和变量的区间范围，可以得出二进制编码的长度与变量精度和范围的关系，即：

$$\frac{b-a}{10^c} \leqslant 2^m$$

将不等式当作等式处理，并求 m 得到：

$$m = \log_2(b-a) + c\log_2 10$$

所以染色体长度为：

$$l = \begin{cases} m, & m\text{为整数} \\ \mathrm{int}(m)+1, & m\text{不为整数} \end{cases}$$

如果有多个决策变量，则将所有的决策变量拼接在一起形成一个整体，相当于矩阵的一行。一个问题的解由3个变量组成，其对应染色体第1~8位是 x_1 的基因，第9~17位是 x_2 的基因，第18~26位是 x_3 的基因。因此，在进化及编码与解码的过程中，需要注意的是，应根据染色体的长度来截取对应变量的基因。

$$x = [1,3,2] = \left[\ \underbrace{00110101}_{x_1}\ \ \underbrace{100101010}_{x_2}\ \ \underbrace{100101010}_{x_3}\ \right]$$

得到染色体长度后，如何根据染色体的基因型反向计算表现型的值呢？

染色体是二进制数，而设计的变量是十进制数，因此需要将二进制数转成十进制数，转化公式是：

$$(b_0 b_1 \cdots b_l) = \sum_{i=0}^{l} 2^i b_i = x'$$

$$x = a + x' \frac{(b-a)}{2^l - 1}$$

类似的，十进制也可以转成二进制，下面用13为例进行说明，用13除以2，得到的商再除以2直到商为0，然后记录每次得到的余数，从后往前读，即为1101。

```
2 | 13   1(13÷2=6……1)
 2 | 6    0
  2 | 3    1
   2 | 1    1
       0
```

二进制编码不适合连续函数的优化问题，因为其局部搜索能力差。连续的数值之间有时存在海明距离大的问题，如63和64对应的二进制分别是0111111和1000000。十进制的63到64只增加1，而二进制的0111111变换到1000000却需要变换7次（连续数值对应的二进制数7位全都不同），对于高精度的问题，变异后可能会出现远离最优解的情况，表现得不稳定。

2. 格雷编码

为改进二进制编码两个连续整数间海明距离过大的问题，提出了格雷编码。格雷编码是指连续的两个整数所对应的编码之间只有一个码位是不同的，其余码位完全相同。二进制编码转格雷编码的公式是：

$$g_i = b_{i+1} \oplus b_i$$

式中，符号 $\oplus$ 是异或操作，$a \oplus b$ 表示如果 a 和 b 值不相同则为1，否则为0。

例如，有一个二进制编码为0110，下面演示转成对应格雷编码的步骤。

（1）二进制最右边0和其左边的1做异或，得到1，即得到格雷编码的最右边的数。

（2）二进制右边第二位的1和其左边的1异或，得到0，即得到格雷编码右边第二位数。

（3）二进制右边第三位数1和其左边的0异或，得到1，即得到格雷编码的右边第三位数。

（4）最后保持最高位不变。

最终得到格雷编码为0101。

格雷编码相对于二进制编码的改进，提升了局部搜索能力。二进制编码由于连续整数之间存在较大的海明距离，不适合进行连续函数的优化问题，且局部搜索能力差。

3. 浮点数编码

浮点数编码和粒子群算法的表示方式是一样的，有多少个决策变量就有多少个基因，染色体的长度等于决策变量的个数。染色体的表现型和基因型完全一样，没有编码和解码操作。

相比二进制编码，浮点数编码可以求解更大规模的优化问题。在二进制编码中，可能需要用22个基因位才能表达一个变量，而使用浮点数编码只需要一个基因位。同时浮点数编码的精度高，适用于连续变量问题，由于没有编码和解码操作，降低了程序计算的复杂度，从而提升了效率。

4. 符号编码

在使用符号编码时，由于使用符号表示不同的基因，不同的符号不能比较大小，但是符号的顺序不同却可以表示不同的意义。在讲粒子群求解TSP问题时，城市用不同的序号表示，城市之间不能比较大小,但是不同序号的顺序表示不同的路径方案。因此在使用符号编码时,交叉编译的结果是对符号顺序的改变,而不改变符号本身所表达的意义。

9.2.3 遗传算法的选择操作

遗传算法的选择操作是指选择种群中适应度较高的个体形成子代种群,常用的选择操作有轮盘赌法和精英策略。

1. 轮盘赌法

轮盘赌法的核心思想是不等概率有放回抽样。假设有种群规模为6,每个个体的适应度如表9.2所示,将个体的适应度做归一化计算,归一化值即为个体被选择的概率。

表9.2 轮盘赌法原理

个 体	适 应 度	归一化适应度	被选择概率
1	25	0.19	0.19
2	29	0.22	0.22
3	24	0.18	0.18
4	12	0.09	0.09
5	18	0.13	0.13
6	26	0.19	0.19

然后进行有放回抽样,直到抽样规模达到种群的规模时停止,个体被选中的概率由其适应度决定。在Python中实现指定概率抽样的代码如下。

```
import numpy as np

np.random.choice([1, 2, 3, 4, 5, 6], size=6, p=[0.19, 0.22, 0.18, 0.09, 0.13, 0.19])
# 输出
# array([6, 4, 6, 3, 6, 2])
```

2. 精英策略

精英策略(最优保存策略)是指把适应度最好的个体保留到下一代种群的方法。其基本思路是,当前种群中适应度最高的个体不参与交叉、变异运算,而是用它来替换经过交叉、变异等操作后所产生的适应度最低的个体。精英策略可以保证最优个体不会被交叉变异操作所破坏,它是遗传算法收敛性的一个重要保证。但是另一方面,它也容易使某个局部最优解不易被淘汰而快速扩散,从而使算法的全局搜索能力不强,因此该方法通常与其他方法配合使用。

9.2.4 遗传算法求解无约束优化问题

在讲解了遗传算法的迭代流程、编码方式及选择交叉变异操作的方法后，下面尝试使用遗传算法求解无约束优化问题，还是以粒子群算法章节中的无约束优化问题为例，求 Rastrigin 函数的极小值。

$$Z = 2a + x^2 - a\cos 2\pi x + y^2 - a\cos 2\pi y$$

在 Rastrigin 函数中有两个变量 x 和 y，取值范围都是[-5,5]，Z 精度精确到小数点后 5 位，所以染色体需要 40 个基因位，前 20 个基因位表示变量 x 的编码，后 20 个基因位表示变量 y 的编码。假设种群的规模为 50，则种群可表示为 50 × 40 的矩阵，矩阵的每一行都是一个个体，每个个体用包含两个变量的染色体表示，前 20 列是变量 x 的基因，后 20 列是变量 y 的基因。

根据遗传算法的迭代计算流程，写出对应的计算代码，如代码 9-6 所示。

```
# 代码 9-6，遗传算法求Rastrigin最小值
import numpy as np
import matplotlib.pyplot as plt

```

定义适应度函数，以及编码和解码的函数。

```
def fitness_func(X):
    # 目标函数，即适应度值，X是种群的表现型
    a = 10
    pi = np.pi
    x = X[:, 0]
    y = X[:, 1]
    return 2 * a + x ** 2 - a * np.cos(2 * pi * x) + y ** 2 - a * np.cos(2 * 3.14 * y)

def decode(x, a, b):
    """解码，即基因型到表现型"""
    xt = 0
    for i in range(len(x)):
        xt = xt + x[i] * np.power(2, i)
    return a + xt * (b - a) / (np.power(2, len(x)) - 1)

def decode_X(X: np.array):
    """对整个种群的基因解码，上面的decode是对某个染色体的某个变量进行解码"""
    X2 = np.zeros((X.shape[0], 2))
    for i in range(X.shape[0]):
        xi = decode(X[i, :20], -5, 5)
        yi = decode(X[i, 20:], -5, 5)
        X2[i, :] = np.array([xi, yi])
```

```
    return X2
```

定义选择操作，需要注意的是，问题中适应度越小越好，而在选择操作时，由于根据适应度来计算对应的被选择概率，因此这里定义个体被选中的概率等于个体适应度的倒数。

```
def select(X, fitness):
    """根据轮盘赌法选择优秀个体"""
    fitness = 1 / fitness  # fitness越小表示越优秀，被选中的概率越大，做 1/fitness 处理
    fitness = fitness / fitness.sum()  # 归一化
    idx = np.array(list(range(X.shape[0])))
    X2_idx = np.random.choice(idx, size=X.shape[0], p=fitness)  # 根据概率选择
    X2 = X[X2_idx, :]
    return X2
```

下面的函数实现了遗传算法的交叉、变异操作，一般来说变异发生的概率比较小。

```
def crossover(X, c):
    """按顺序选择2个个体与概率c进行交叉操作"""
    for i in range(0, X.shape[0], 2):
        xa = X[i, :]
        xb = X[i + 1, :]
        for j in range(X.shape[1]):
            # 产生0~1区间的均匀分布随机数，判断是否需要进行交叉替换
            if np.random.rand() <= c:
                xa[j], xb[j] = xb[j], xa[j]
        X[i, :] = xa
        X[i + 1, :] = xb
    return X

def mutation(X, m):
    """变异操作"""
    for i in range(X.shape[0]):
        for j in range(X.shape[1]):
            if np.random.rand() <= m:
                X[i, j] = (X[i, j] + 1) % 2
    return X
```

遗传算法主函数在迭代过程中不断进行选择交叉变异，更新函数的最优值，直到达到最大迭代次数时停止。

```
def ga():
    """遗传算法主函数"""
    c = 0.3                                    # 交叉概率
    m = 0.05                                   # 变异概率
```

```
    best_fitness = []                          # 记录每次迭代的效果
    best_xy = []
    iter_num = 100                             # 最大迭代次数
    X0 = np.random.randint(0, 2, (50, 40))     # 随机初始化种群,为50*40的0~1矩阵
    for i in range(iter_num):
        X1 = decode_X(X0)                      # 染色体解码
        fitness = fitness_func(X1)             # 计算个体适应度
        X2 = select(X0, fitness)               # 选择操作
        X3 = crossover(X2, c)                  # 交叉操作
        X4 = mutation(X3, m)                   # 变异操作
        # 计算一轮迭代的效果
        X5 = decode_X(X4)
        fitness = fitness_func(X5)
        best_fitness.append(fitness.min())
        x, y = X5[fitness.argmin()]
        best_xy.append((x, y))
        X0 = X4
    # 多次迭代后的最终效果
    print("最优值是:%.5f" % best_fitness[-1])

    print("最优解是:x=%.5f, y=%.5f" % best_xy[-1])
    # 最优值是:0.00000
    # 最优解是:x=0.00000, y=-0.00000
    # 输出效果
    plt.plot(best_fitness, color='r')
```

遗传算法的计算结果和粒子群算法的计算结果一致,如图9.10所示是遗传算法的迭代过程曲线,从图中可以看到,遗传算法的迭代结果并不稳定,即二进制编码方式存在海明距离过大的问题。此外交叉变异的概率也会影响遗传算法的稳定性,因此,在实际应用中需要根据问题的数学结构设计合理的遗传算子。

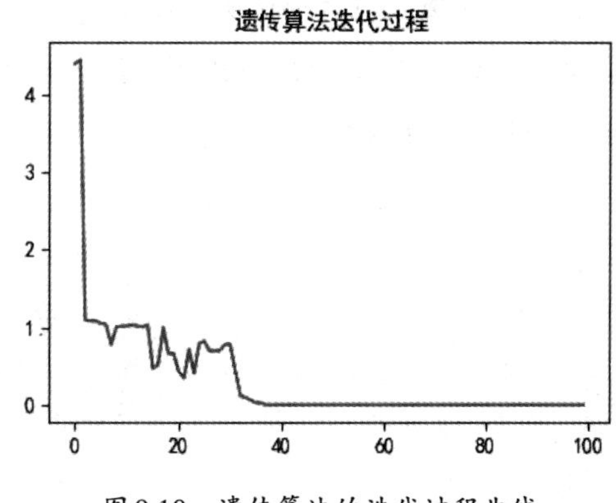

图9.10　遗传算法的迭代过程曲线

9.2.5　遗传算法库Geatpy的介绍

1. Geatpy相应应用

在实际的应用中,通常不会去编写复杂的遗传算法迭代过程代码,而是选择相应的框架,利用框架能大大加快解决问题的速度。这里选择的框架是Geatpy,Geatpy是一个Python进化算法库,它提供了许多已实现的遗传算法各项操作的函数,如初始化种群、选择、交叉、变异、重插入、多种群迁移等。Geatpy提供简便易用的Python进化算法框架,除了简单的函数封装,它还提供了许多能够直接帮助

解决实际问题的进化算法模板，利用这些函数封装和模板，可以实现多种改进的遗传算法、多目标优化、并行遗传算法等，可解决传统优化算法难以解决的问题。

需要说明的是，在写作本书时，Geatpy2版本即将发布，虽然官方提示Geatpy2版本和Geatpy1版本的代码不相互兼容，但是从整体结构设计和数据结构设计来看基本是不变的，因此掌握了Geatpy1再稍微花点功夫就能掌握Geatpy2了。

在学习使用Geatpy之前，先看一个简单的例子，以此对Geatpy有个简单的了解，以及基本的使用方法。这个例子来自Geatpy的使用文档，求解Mocormick函数的最小值，Mocormick函数图形如图9.11所示。

$$f(x,y) = \sin(x + y) + (x + y)^2 - 1.5x + 2.5y + 1$$

在学习了粒子群算法和遗传算法后，可以尝试编写出对应的代码，这里使用Geatpy来求解该函数的极小值问题。

注意：Geatpy要求将目标函数独立出来写到一个Python文件中，只将主函数导入该函数优化，而不是将目标函数和主函数都放到一个Python文件中。这里仅演示如何使用Geatpy求解优化问题，具体的函数接口和数据结构及使用方法将在后续讲解。

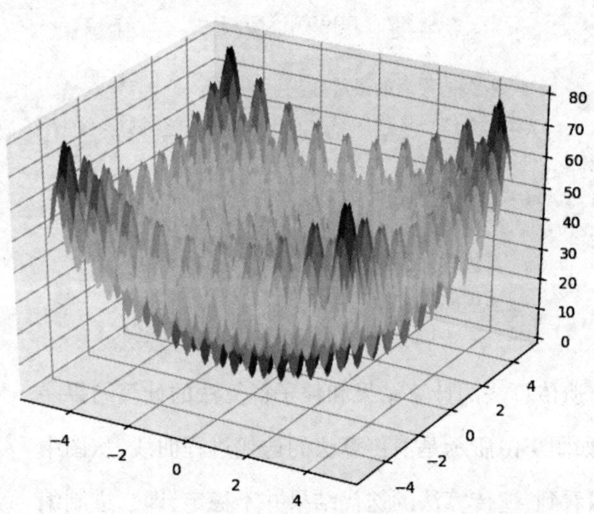

图9.11 Mocormick函数图形

目标函数py文件，如代码9-7所示。

```
# 代码9-7,geatpy求Mocormick函数最小值的目标函数文件代码
# 目标函数文件:aimfuc.py
import numpy as np

def aimfuc(Phen, LegV):
    # 目标函数
    x = Phen[:, [0]]
    y = Phen[:, [1]]
    f = np.sin(x + y) + (x + y) ** 2 - 1.5 * x + 2.5 * y + 1
    return [f, LegV]
```

主函数py文件，如代码9-8所示。

```
# 代码9-8,geatpy求mocormick函数最小值的主函数文件代码
```

```
# 主函数文件:main.py
import numpy as np
import geatpy as ga

# 导入目标函数
AIM_M = __import__('aimfuc')

# 变量设置
x1 = [-3, 12.1]          # 自变量1的范围
x2 = [4.1, 5.8]          # 自变量2的范围
b1 = [1, 1]              # 自变量包含下界
b2 = [1, 1]              # 自变量包含上界
codes = [0, 0]           # 自变量的编码方式,0表示采用标准二进制编码
precisions = [4, 4]      # 在二进制/格雷编码中代表自变量的编码精度,当控制变量是二进制/格雷编码
                         # 时,该参数可控制编码的精度
scales = [0, 0]                              # 是否采用对数刻度
ranges = np.vstack([x1, x2]).T               # 生成自变量的范围矩阵
borders = np.vstack([b1, b2]).T              # 生成自变量的边界矩阵
# 生成区域描述器
FieldD = ga.crtfld(ranges, borders, precisions, codes, scales)

# 调用编程模板
[pop_trace, var_trace, times] = ga.sga_new_code_templet(
    AIM_M, 'aimfuc', None, None, FieldD, problem='R', maxormin=-1,
    MAXGEN=1000, NIND=100, SUBPOP=1, GGAP=0.8, selectStyle='sus',
    recombinStyle='xovdp', recopt=None, pm=None, distribute=True,
    drawing=0)

# 最优的目标函数值为:316.946
# 最优的控制变量值为:
# 12.1
# 5.8
# 有效进化代数:1000
# 最优的一代是第 31 代
# 时间已过 1.681 秒
```

从上面的代码可以看到,使用Geatpy编写遗传算法是很简洁的,只需要定义目标函数、种群和进化的参数,然后调用对应的模板即可,这也是Geatpy推荐的方式。后续将基于Geatpy讲解约束和多目标优化问题的求解方法。

2. Geatpy数据结构简介

为了更好地学习Geatpy,有必要对Geatpy的数据结构做一番说明。在Geatpy中,大部分数据结构包括种群、染色体等都是用NumPy的array数组来存储的,可以简单地理解为,NumPy的array就是向量或矩阵。在使用Geatpy过程中,种群各参数命名最好保持与Geatpy的习惯一致,这样可使代码更简明易懂。

(1)种群染色体。在Geatpy中,种群染色体是一个二维矩阵,一般用 **Chrom** (Chromosome)命名,它是一个 NumPy 的二维array类型,每一行对应一条染色体,同时也对应着一个个体,染色体的每个元素是染色体上的基因。在Geatpy中,一般把种群的规模(种群的个体数)用 *Nind* 命名;把种群个体的染色体长度用 *Lind* 命名。

$$\boldsymbol{Chrom}=\begin{pmatrix} g_{1,1} & g_{1,2} & g_{1,3} & \cdots & g_{1,Lind} \\ g_{2,1} & g_{2,2} & g_{2,3} & \cdots & g_{2,Lind} \\ \vdots & \vdots & \vdots & \ddots & \vdots \\ g_{Nind,1} & g_{Nind,2} & g_{Nind,3} & \cdots & g_{Nind,Lind} \end{pmatrix}$$

(2)种群表现型。种群表现型一般用 **Phen**(Phenotype)来命名。它是种群矩阵 **Chrom** 经过解码操作后得到的基因表现型矩阵,每一行对应一个个体,每行中每个元素都代表着一个变量,并用 *Nvar* 表示变量的个数,具体如下。

$$\boldsymbol{Phen}=\begin{pmatrix} x_{1,1} & x_{1,2} & x_{1,3} & \cdots & x_{1,Nvar} \\ x_{2,1} & x_{2,2} & x_{2,3} & \cdots & x_{2,Nvar} \\ \vdots & \vdots & \vdots & \ddots & \vdots \\ x_{Nind,1} & x_{Nind,2} & x_{Nind,3} & \cdots & x_{Nind,Nvar} \end{pmatrix}$$

Phen 的值与采用的解码方式有关,Geatpy提供二进制/格雷编码转十进制整数或实数的解码方式,另外,Geatpy也可以使用不需要解码的“实值编码”种群,这个种群染色体的每个基因就对应变量的实际值,即 **Phen** 等价于 **Chrom**。

(3)目标函数值。目标函数矩阵一般命名为 **ObjV**,每一行对应种群矩阵的每一个个体。因此它拥有与 **Chrom** 相同的行数。每一列代表一个目标函数值。因此对于单目标函数,**ObjV** 只会有一列;而对于多目标函数,**ObjV** 就会有多列。例如,下面的 **ObjV** 是一个二元函数值矩阵,表示两个目标函数的值,具体如下。

$$\boldsymbol{ObjV}=\begin{pmatrix} f_1(x_{1,1},x_{1,2},\cdots,x_{1,Nvar}) & f_2(x_{1,1},x_{1,2},\cdots,x_{1,Nvar}) \\ f_1(x_{2,1},x_{2,2},\cdots,x_{2,Nvar}) & f_2(x_{2,1},x_{2,2},\cdots,x_{2,Nvar}) \\ \vdots & \vdots \\ f_1(x_{Nind,1},x_{Nind,2},\cdots,x_{Nind,Nvar}) & f_2(x_{Nind,1},x_{Nind,2},\cdots,x_{Nind,Nvar}) \end{pmatrix}$$

(4)个体适应度。Geatpy采用列向量来存储种群个体适应度,一般命名为 **FitV**(Fitness Vector),每一行对应种群矩阵的每一个个体,与 **Chrom** 有相同的行数,具体如下。

$$\boldsymbol{FitV}=\begin{pmatrix} fit_1 \\ fit_2 \\ \vdots \\ fit_{Nind} \end{pmatrix}$$

(5)个体可行性。在约束优化问题中,当个体违反某个约束时,该个体对应的解不可行,用0表示非可行解。如果个体没有违反约束,则表示该个体对应的解为可行解,用1表示可行解,个体可行性向量一般命名为***LegV***(Legal Vector)。在讲粒子群算法求解约束优化问题时,讲到可以使用罚函数法对不可行解添加惩罚,Geatpy中已经实现了该逻辑,只需要按照约定格式处理即可。***LegV***与***Chrom***有相同的行数,即:

$$\boldsymbol{LegV}=\begin{pmatrix} Legal_1 \\ Legal_2 \\ \vdots \\ Legal_{Nind} \end{pmatrix}$$

(6)区域描述器。区域描述器用来描述染色体的特征,如染色体中基因所表达控制变量的范围、是否包含范围的边界、采用什么编码方式,是否使用对数刻度等,即区域描述器就是变量属性说明,区域描述器一般用***FieldDR***命名,Geatpy使用"区域描述器"这个名词,其实用"变量属性说明矩阵"更加合适。

对于二进制/格雷编码的种群,使用7×n的矩阵***FieldDR***作为区域描述器,n是染色体所表达的控制变量个数。***FieldDR***的结构如下:

$$\boldsymbol{FieldDR}=\begin{pmatrix} lens \\ lb \\ ub \\ codes \\ scales \\ lb\,in \\ ubin \end{pmatrix} \Rightarrow \begin{pmatrix} \text{每个子染色体的长度}, sum(lens)\text{等于染色体长度} \\ \text{每个变量的下界} \\ \text{每个变量的上界} \\ \text{每个变量的编码方式}, 0\text{是二进制变量}, 1\text{是格雷编码} \\ \text{每个子染色体使用算数刻度,还是对数刻度} \\ \text{下界是否开区间}, 1\text{是闭区间}, 0\text{是开区间} \\ \text{上界是否开区间}, 1\text{是闭区间}, 0\text{是开区间} \end{pmatrix}$$

对于实值编码(不需要解码的编码方式)的种群,使用2×n的矩阵***FieldDR***作为区域描述器,其中n是染色体所表达的控制变量个数。***FieldDR***的结构如下:

$$\boldsymbol{FieldDR}=\begin{pmatrix} x_1\text{下界} & x_2\text{下界} & \cdots & x_n\text{下界} \\ x_1\text{上界} & x_2\text{上界} & \cdots & x_n\text{上界} \end{pmatrix}$$

在Geatpy中可以调用crtfld函数来快速生成区域描述器,上面的例子就是调用crtfld函数创建格雷编码的区域描述器。当前Geatpy支持如下6种编码方式。

①crtfld:生成区域描述器。

②crtbp:创建简单离散种群、二进制编码种群。

③crtip:创建整数型种群。

④crtpp:创建排列编码种群。

⑤crtrp:创建实数型种群。

⑥meshrng:网格化变量范围。

(7)进化追踪器。在使用Geatpy进行进化算法编程时,常常会建立一个进化追踪器(如pop_trace)来记录种群在进化过程中各代的最优个体,尤其是采用无精英保留机制时,进化追踪器可记录种群在进化过程中产生过的最优个体。待进化完成后,再从进化追踪器中挑选出"历史最优"的个体。这种进化记录器也是NumPy的array类型,结构如下:

$$\boldsymbol{trace}=\begin{pmatrix} a_1 & b_1 & c_1 & \cdots & w_1 \\ a_2 & b_2 & c_2 & \cdots & w_2 \\ a_3 & b_3 & c_3 & \cdots & w_3 \\ \vdots & \vdots & \vdots & \ddots & \vdots \\ a_{\mathrm{MAXGEN}} & b_{\mathrm{MAXGEN}} & c_{\mathrm{MAXGEN}} & \cdots & w_{\mathrm{MAXGEN}} \end{pmatrix}$$

其中MAXGEN是种群进化的代数。***trace***的每一列代表不同的指标,如第1列记录各代种群的最佳目标函数值,第2列记录各代种群的平均目标函数值,……***trace***的每一行对应每一代,如第1行代表第一代,第2行代表第二代,……

(8)全局最优集。在使用Geatpy进行多目标进化优化编程时,常常建立一个全局的帕累托最优集(***NDSet***)来记录帕累托最优解,结构如下:

$$\boldsymbol{NDSet}=\begin{pmatrix} f_1 & g_1 & h_1 & \cdots & \varphi_1 \\ f_2 & g_2 & h_2 & \cdots & \varphi_2 \\ f_3 & g_3 & h_3 & \cdots & \varphi_3 \\ \vdots & \vdots & \vdots & \ddots & \vdots \\ f_n & g_n & h_n & \cdots & \varphi_n \end{pmatrix}$$

式中,$f,g,h,\cdots,\varphi$表示不同的目标。***NDSet***的每一行都是一个帕累托非支配解。

3. 模板函数

为了进一步简化遗传算法的编码,Geatpy定义了很多常见问题的模板函数,在实际求解规划问题时,只需要定义决策变量的区域描述器、目标函数,以及约束条件,然后调用这些模板函数,就可以得到种群的迭代结果,使研究人员能将精力专注在问题本身,而不是编码。

当前Geatpy内置了以下13个常用的模板函数。

(1)sga_real_templet:单目标进化算法模板(实值编码)。

(2)sga_code_templet:单目标进化算法模板(二进制/格雷编码)。

(3)sga_permut_templet:单目标进化算法模板(排列编码)。

(4)sga_new_real_templet:改进的单目标进化算法模板(实值编码)。

(5)sga_new_code_templet:改进的单目标进化算法模板(二进制/格雷编码)。

(6)sga_new_permut_templet:改进的单目标进化算法模板(排列编码)。

(7)sga_mpc_real_templet:基于多种群竞争进化单目标编程模板(实值编码)。

(8)sga_mps_real_templet:基于多种群独立进化单目标编程模板(实值编码)。

(9)moea_awGA_templet:基于适应性权重(awGA)的多目标优化进化算法模板。

(10)moea_rwGA_templet:基于随机权重(rwGA)的多目标优化进化算法模板。

(11)moea_nsga2_templet:基于改进NSGA-Ⅱ算法多目标优化进化算法模板。

(12)moea_q_sorted_new_templet:改进的快速非支配排序法的多目标优化进化算法模板。

(13)moea_q_sorted_templet:基于快速非支配排序多目标优化进化算法模板。

在9.2.6小节中,我们将通过调用模板函数的方式实现约束优化和多目标优化问题。

9.2.6 使用Geatpy求解约束优化问题

使用Geatpy求解约束优化问题,以粒子群算法中的带约束优化问题为例,假设如下约束优化问题,并讲解如何通过Geatpy的模板来快速解决问题:

$$\min Z = 2a + x^2 - a\cos 2\pi x + y^2 - a\cos 2\pi y$$

$$s.t.\begin{cases} x + y \leqslant 6 \\ 3x - 2y \leqslant 5 \\ x,y = [-5, 5] \end{cases}$$

同样,按照Geatpy的习惯,将目标函数和约束处理写在aimfuc.py中,将主函数写在main.py中,具体如下。

目标函数和约束条件的处理写在aimfuc.py文件中,如代码9-9所示。

```
# 代码9-9,Geatpy解带约束优化问题的目标函数文件的代码
# 目标函数文件:aimfuc.py
import numpy as np

def aimfuc(Phen, LegV):
    # Phen是表现型矩阵,第1列是x变量,第2列是y变量,行数等于染色体个数
    x = Phen[:, [0]]
    y = Phen[:, [1]]
    a = 2
    pi = 3.14
    # 目标函数
    f = 2 * a + x * x - a * np.cos(2 * pi * x) + y * y - a * np.cos(2 * pi * y)
    # 约束条件
    idx1 = np.where(x + y > 6)[0]
    idx2 = np.where(3 * x - 2 * y > 5)[0]
```

```
    # 惩罚方法：标记非可行解在可行性列向量中对应的值为0,并编写punishing罚函数来修改非可行解的适应度
    # 也可以不写punishing,因为Geatpy内置的算法模板及内核已经对LegV标记为0的个体适应度做出了修改
    # 使用punishing罚函数实质上是对非可行解个体的适应度做进一步修改
    exIdx = np.unique(np.hstack([idx1, idx2]))
    LegV[exIdx] = 0
    return [f, LegV]
```

主函数写在main.py中，使用调用aimfuc.py文件，如代码9-10所示。

```
# 代码9-10,Geatpy解带约束优化问题的主函数文件代码
# 主函数:
import numpy as np
import geatpy as ga

# 获取函数接口地址
AIM_M = __import__('aimfuc')
# 变量设置

# 生成区域描述器
x1 = [-5, 5]                         # 自变量1的范围
x2 = [-5, 5]                         # 自变量2的范围
b1 = [1, 1]                          # 自变量包含下界
b2 = [1, 1]                          # 自变量包含上界
codes = [0, 0]                       # 自变量的编码方式,0表示采用标准二进制编码
precisions = [4, 4]                  # 在二进制/格雷编码中代表自变量的编码精度
scales = [0, 0]                      # 是否采用对数刻度
ranges = np.vstack([x1, x2]).T       # 生成自变量的范围矩阵
borders = np.vstack([b1, b2]).T      # 生成自变量的边界矩阵
# 生成区域描述器
FieldD = ga.crtfld(ranges, borders, precisions, codes, scales)

# 调用编程模板
[pop_trace, var_trace, times] = ga.sga_new_code_templet(
    AIM_M, 'aimfuc', None, None, FieldD, problem='R', maxormin=-1,
    MAXGEN=1000, NIND=100, SUBPOP=1, GGAP=0.8, selectStyle='sus',
    recombinStyle='xovdp', recopt=None, pm=None, distribute=True,
    drawing=1)

```

结果如下所示，需要说明的是，由于函数图像的对称性，可能会有不同的结果。

```
# 最优的目标函数值为:50.0005
# 最优的控制变量值为:
# -5.0
# 5.0
# 有效进化代数:1000
# 最优的一代是第 48 代
```

```
# 时间已过 3.128 秒
```

9.2.7 使用Geatpy求解多目标优化问题

前面讲多目标优划通常会使用单纯形法配合Gurobi来求解，前面已经介绍过用遗传算法求解多目标优化的NSGA-II算法，Geatpy中已经实现了NSGA-II算法，因此，只需要定义好种群参数，以及目标函数及其约束，调用对应的接口即可。

假设有如下多目标无约束优化问题，可以尝试使用Geatpy的moea_nsga2_templet模板来求解最优值：

$$
\begin{aligned}
&f_1 = x_1^4 - 10x_1^2 + x_1x_2 + x_2^4 - x_1^2x_2^2 \\
&f_2 = x_2^4 - x_1^2x_2^2 + x_1^4 + x_1x_2 \\
&s.t.\ \ x_1, x_2 = [-5, 5]
\end{aligned}
$$

同理，将目标函数写在aimfuc.py中，如代码9-11所示。

```
# 代码9-11，Geatpy解多目标优化问题的目标函数文件代码
# 目标函数 aimfuc.py
import numpy as np

def aimfuc(Phen, LegV):
    x1 = Phen[:, 0];
    x2 = Phen[:, 1]
    fun1 = x1 ** 4 - 10 * x1 ** 2 + x1 * x2 + x2 ** 4 - x1 ** 2 * x2 ** 2
    fun2 = x2 ** 4 - x1 ** 2 * x2 ** 2 + x1 ** 4 + x1 * x2
    # 对矩阵进行转置使得目标函数矩阵符合geatpy数据结构
    return [np.vstack([fun1, fun2]).T, LegV]
```

主函数写在main.py文件中，如代码9-12所示。

```
# 代码9-12，Geatpy解多目标优化问题的主函数文件代码
# 主函数main.py
import numpy as np
import geatpy as ga

AIM_M = __import__('aimfuc')
# 变量设置
ranges = np.array([[-5, -5], [5, 5]])  # 生成自变量的范围矩阵
borders = np.array([[1, 1], [1, 1]])  # 生成自变量的边界矩阵(1表示变量的区间是闭区间)
precisions = [1, 1]  # 根据crtfld的函数特性，这里需要设置精度为任意正值，否则在生成区域描
                     # 述器时会默认为整数编码，并对变量范围做出一定调整
FieldDR = ga.crtfld(ranges, borders, precisions)  # 生成区域描述器
# 调用编程模板
[ObjV, NDSet, NDSetObjV, times] = ga.moea_nsga2_templet(
    AIM_M, 'aimfuc', None, None, FieldDR, 'R', maxormin=1,
```

```
    MAXGEN=500, MAXSIZE=200, NIND=25, SUBPOP=1, GGAP=1,
    selectStyle='tour', recombinStyle='xovdp', recopt=0.9, pm=0.6,
    distribute=True, drawing=1)

print('其中一个最优解是', ObjV[0])
# 用时:3.41090 秒
# 帕累托前沿点个数:200 个
# 单位时间找到帕累托前沿点个数:58 个
# 其中一个最优解是 [ 90.081716    132.51084595]
```

可以看到，调用Geatpy的模板函数能够以较少的代码实现遗传算法的求解优化问题，使研究人员专注于问题本身，而不是将时间放在写代码上。

9.3 本章小结

本章讲解了如何使用粒子群算法和遗传算法求解约束规划问题，并完整实现了粒子群算法的代码开发，遗传算法则主要是使用Geatpy框架开发，掌握了这两种进化算法的原理和基本编码，对于其他进化算法如蚁群算法、鱼群算法、模拟退火算法等的理解都会很容易了。

通过比较数学规划和智能优化算法，相比线性规划、整数规划等数学规划算法，智能优化算法的优势在于可以求解很复杂的目标函数形式，而在使用Gurobi等求解器时，需要将问题建模成线性规划的凸优化形式，极大地限制了数学规划的应用范围，而智能优化算法则没有这个限制。此外，在面对大规模优化问题时，数学规划的方法往往效率较低，而智能优化算法可以在有限的时间内得到较优解，这也是智能优化算法得到广泛应用的原因。

前面也说到，使用进化算法求解问题最大的困难在于，如何构造问题解的形式，如TSP问题中使用符号编码表示访问顺序，遗传算法中使用二进制编码表示解的进化过程，因此，这就要掌握相关领域的知识，才能更好地完成建模求解的问题。